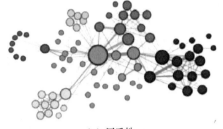

（a）同质性

（b）结构性

图 3-32　Node2vec 的可视化结果

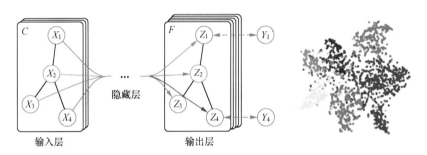

（a）GCN 网络　　　　　　　　　　　（b）隐藏层激活函数

图 3-34　GCN 框架（F 表示类别数）

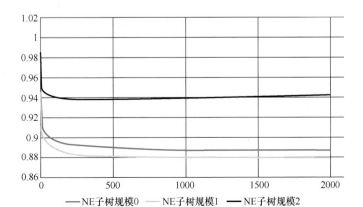

图 5-7　GBDT 子树规模与模型损失的关系曲线

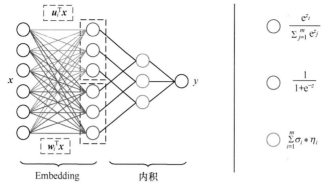

$$\frac{e^{z_i}}{\sum_{j=1}^{m} e^{z_j}}$$

$$\frac{1}{1+e^{-z}}$$

$$\sum_{i=1}^{m} \sigma_i * \eta_i$$

图 5-9　MLR 模型结构

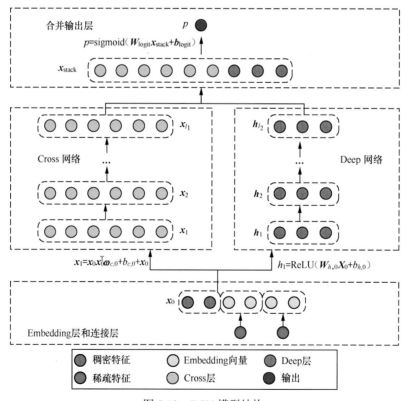

图 5-12　DCN 模型结构

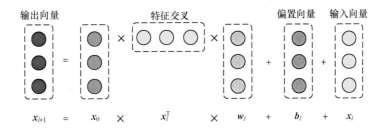

图 5-13　DCN 交叉层操作

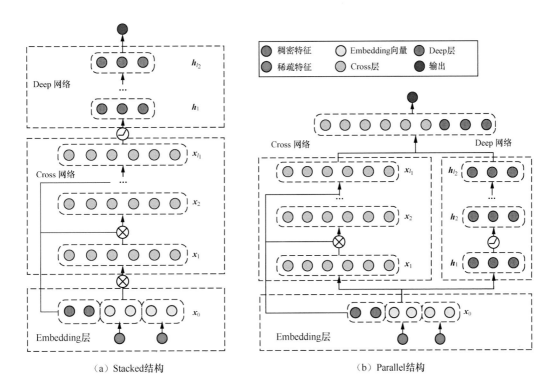

（a）Stacked结构　　　　　　　　　　（b）Parallel结构

图 5-14　DCN-v2 的两种模型结构

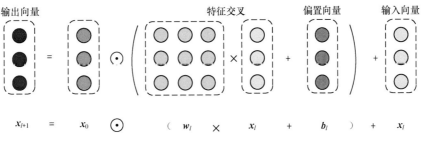

图 5-15　DCN-v2 交叉层操作

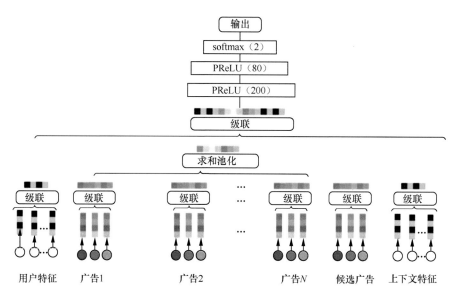

图 5-18　使用求和池化表达用户兴趣

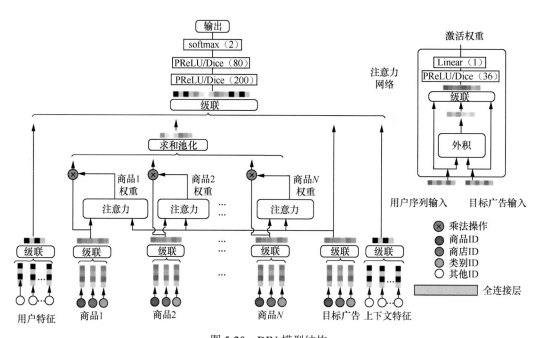

图 5-20　DIN 模型结构

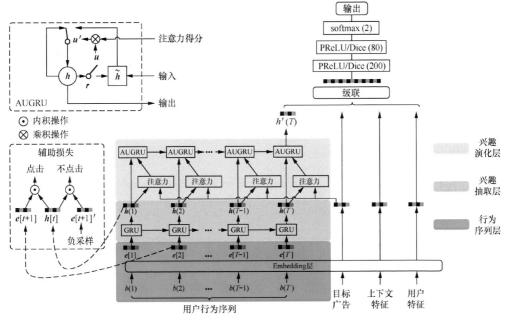

图 5-21　DIEN 模型结构

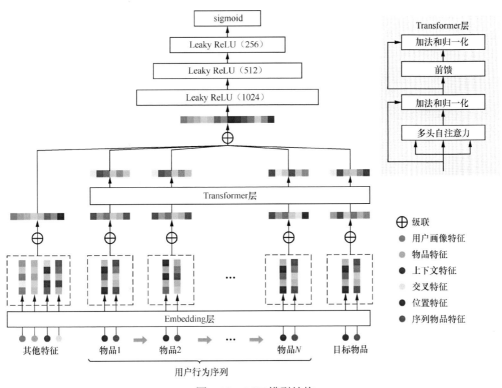

图 5-22　BST 模型结构

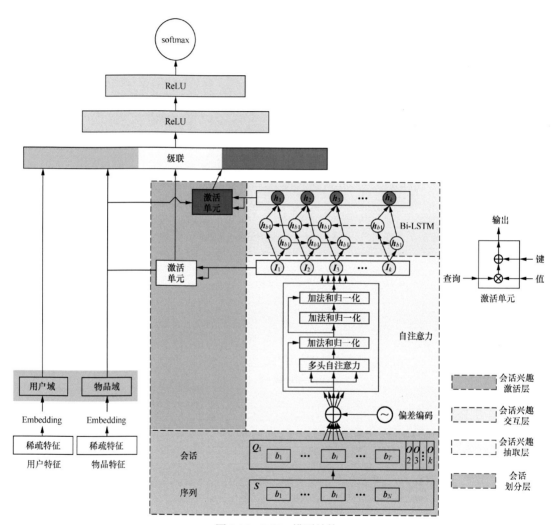

图 5-25　DSIN 模型结构

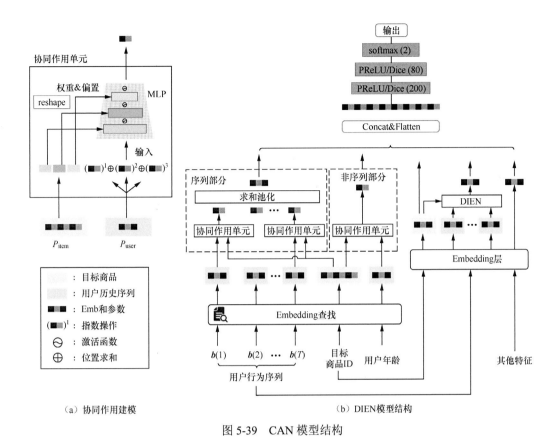

（a）协同作用建模 （b）DIEN模型结构

图 5-39 CAN 模型结构

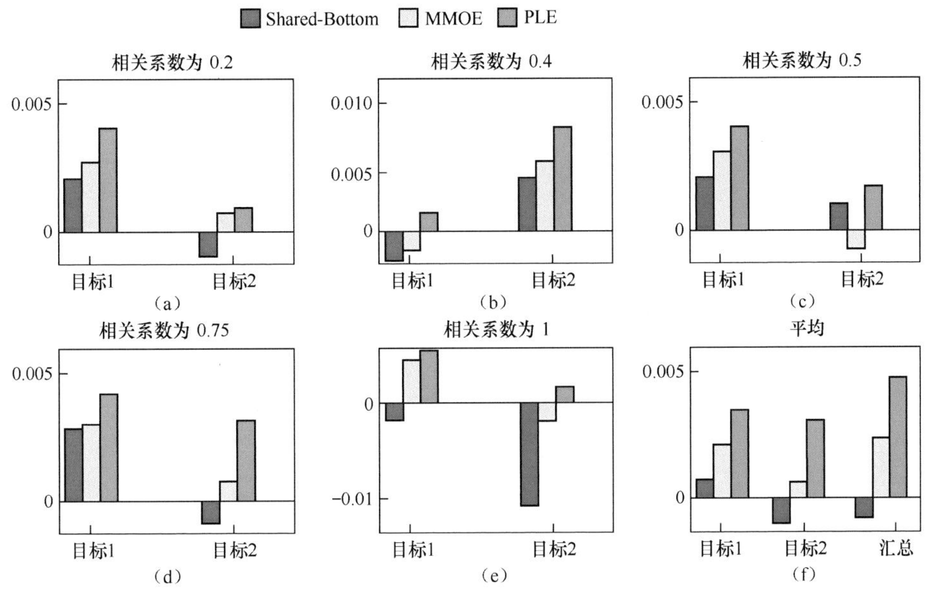

图 7-15 PLE 在人工数据集上的表现

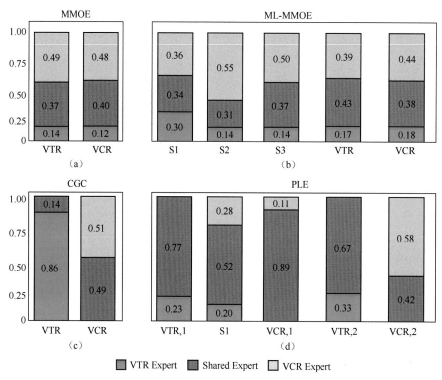

图 7-16　不同门控模型中专家系统的利用率

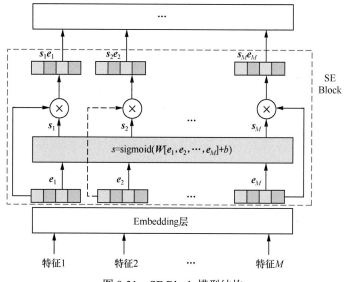

图 8-31　SE Block 模型结构

# 推荐系统
## 技术原理与实践

文亮 著

人民邮电出版社

北京

**图书在版编目（CIP）数据**

推荐系统技术原理与实践 / 文亮著. -- 北京：人
民邮电出版社，2023.6（2023.10重印）
ISBN 978-7-115-60980-9

Ⅰ. ①推… Ⅱ. ①文… Ⅲ. ①计算机网络－研究
Ⅳ. ①TP393

中国国家版本馆CIP数据核字(2023)第012663号

# 内 容 提 要

本书系统介绍推荐系统的技术理论和实践。首先介绍推荐系统的基础知识；然后介绍推荐系统常用
的机器学习和深度学习模型；接着重点介绍推荐系统的 4 层级联架构，包括召回、粗排、精排和重排，
以及谷歌、阿里巴巴等大型互联网公司在 4 层级联架构中的模型设计和实现原理；紧接其后介绍多目标
排序在推荐系统中的应用，具体介绍阿里巴巴、谷歌等大型互联网公司的实践；最后从不同角度审视推
荐系统，介绍公平性问题、知识蒸馏、冷启动等各种前沿实践。本书基于一线研发人员的视角向读者分
享推荐系统的实践经验，所有模型结构和前沿实践都在业务场景中落地。

本书适合推荐系统领域的从业者、高校科研人员、高校计算机专业学生，以及对推荐系统感兴趣的
产品研发人员和运营人员阅读。

◆ 著　　　文　亮
　　责任编辑　刘雅思
　　责任印制　王　郁　马振武

◆ 人民邮电出版社出版发行　　北京市丰台区成寿寺路 11 号
　　邮编　100164　电子邮件　315@ptpress.com.cn
　　网址　https://www.ptpress.com.cn
　　北京七彩京通数码快印有限公司印刷

◆ 开本：800×1000　1/16　　　彩插：4
　　印张：14.75　　　　　　　 2023 年 6 月第 1 版
　　字数：348 千字　　　　　　2023 年 10 月北京第 2 次印刷

定价：79.80 元

读者服务热线：(010)81055410　印装质量热线：(010)81055316
反盗版热线：(010)81055315
广告经营许可证：京东市监广登字 20170147 号

# 前言

2020 年，天猫"双 11"总成交额达到 4982 亿元，比 2019 年的 2684 亿元（数据来自东方财富网）高出约 86%。其背后的技术便是今天应用广泛的推荐算法，推荐算法具有非常大的转折意义。除了天猫、淘宝这样的电商平台，今日头条和百度也依靠信息流与推荐系统开创了内容分发的新格局。据统计，在亚马逊这样的电商平台中，推荐系统对用户购买的贡献率在 30%以上，而在今日头条这样的信息流平台中，推荐系统对用户点击率的贡献率在 50%以上（数据来自 36 氪网站）。推荐时代，实实在在地到来了。

回溯推荐系统的发展历史，1994 年，美国明尼苏达大学研究组推出第一个自动化推荐系统 GroupLens，提出将协同过滤作为推荐系统的重要技术。如果以此作为推荐系统领域的开端，那么推荐系统距今已有 28 年历史。在这 28 年中，推荐系统的技术发展日新月异。2016 年被称为"人工智能元年"，近年来推荐系统技术也正式步入了深度学习时代。2016 年后，谷歌、微软、百度、阿里巴巴等公司相继发表了将深度学习应用于推荐系统的论文，深度学习理论逐渐在推荐系统场景落地。2020 年以来，腾讯、YouTube、快手等公司成功地在推荐、广告等业务场景中应用强化学习模型，推荐系统进入蓬勃发展、百花齐放的新时代。

在这个技术日新月异、模型结构快速演变的时代，我们有必要系统地梳理推荐系统的知识结构，帮助读者构建推荐系统的技术框架。如果关注模型结构本身，读者会发现在 2016 年谷歌发表论文"Wide & Deep Learning for Recommender Systems"后，一大批相关的模型陆续出现，如 PNN、FNN、DeepFM、AFM、NFM 和 DCN 等。这些模型都致力于解决一个问题——通过提升模型的非线性拟合能力来优化特征的自动组合。在工业界，以阿里巴巴为例，它先后提出了 MLR、DIN、DIEN、DSIN、MIMN、SIM 和 CAN 等模型。这些模型主要包含两条技术路线，一条是提升特征交叉能力，另一条就是以实际业务为背景，充分利用用户的行为数据，更精准地刻画用户兴趣。本书希望帮助读者厘清这些模型结构内在的联系，构建推荐系统的技术框架。

本书介绍大型工业级推荐系统的多链路结构，因此会在推荐排序模型中引入粗排和精排的相关内容。粗排和精排在很多讲解推荐系统的图书中是被忽略的，但是站在推荐系统从业者的角度，它们是推荐系统不可或缺的部分，甚至能为 360 导航信息流推荐这样的业务带来 10%以上的收入增量。

## 1 写作背景

写作本书的动机，一是我一直有系统整理推荐系统相关知识的愿望，二是人民邮电出版社编辑的邀请。在这之前，我有在知乎平台总结平时工作内容的习惯，这段经历让我体会到，认真总结技术内容不仅可以提升自己的能力，也能让更多读者受益。目前，我已在推荐系统领域工作了超过 5 年，也承担过推荐系统中召回和排序等各方面的工作。因此，我选择了推荐系统技术原理与实践这个主题，以期把自己平时的实践经验分享给感兴趣的同行。

# 2 本书结构

本书重点介绍推荐系统的模型应用和实践经验，在介绍推荐系统每个模块涉及的具体技术的同时，力图介绍清楚技术发展的主要脉络和前因后果。

由于机器学习和深度学习算法在推荐系统模型中占据绝对核心的地位，无论是召回、粗排，还是精排、重排，都离不开机器学习和深度学习模型的应用，因此本书第 2 章着重介绍机器学习和深度学习的基础知识。之后的章节会依次介绍召回、粗排、精排、重排的技术细节和实践经验，并通过业界前沿的推荐系统实例将所有知识融会贯通。本书的内容主要分为以下 8 章。

### 第 1 章　推荐系统简介

本章首先介绍推荐系统的基础知识及其在互联网信息流中的作用和意义，然后介绍推荐系统的主要技术架构，使读者对推荐系统有宏观的认识，从而引出本书要讲的主要内容——推荐系统的 4 层级联架构。

### 第 2 章　推荐系统算法基础

本章主要介绍推荐算法的基础知识，以机器学习中应用极广的逻辑斯谛回归模型和深度学习中极简单的 MLP 模型为例，介绍模型的优化算法。

### 第 3 章　召回技术演进

本章首先介绍传统个性化召回和模型化召回的历史，然后介绍业界主流召回算法的发展过程和技术细节，主要包括微软、YouTube 和阿里巴巴等大型互联网公司的召回技术实践。

### 第 4 章　粗排技术演进

本章主要介绍粗排技术体系与新进展，包括深度学习在粗排中的应用，并以阿里巴巴的粗排模型 COLD 为例，介绍业界前沿的粗排技术。

### 第 5 章　精排技术演进

如果说召回和粗排是推荐系统的重要部分，那么精排就是整个推荐系统最重要的部分。本章详细介绍精排模型的技术细节和实践经验，并从特征自动组合和用户兴趣表达两个角度介绍精排模型的演进。

### 第6章　重排技术演进

重排是推荐模型的最后一个模块，本章介绍重排算法的技术细节，并以阿里巴巴的 PRN 重排模型为例，介绍重排算法的实践经验。

### 第7章　多目标排序在推荐系统中的应用

随着业务的发展，互联网公司不再只追求单一的目标，而是要同时考虑多个业务指标。比如在新闻推荐场景中，不仅要考虑点击率（CTR），还要考虑分享、点赞、评论、转发、收藏等指标，而前面的精排模型更多地关注 CTR 预估这一单一目标。本章将重点介绍多目标排序在推荐系统中的应用，主要分享业界前沿的实践经验，并以 360 实践为例，介绍多目标排序的具体应用。

### 第8章　推荐系统的前沿实践

本章从公平性、冷启动等多角度审视推荐系统，介绍推荐系统的前沿实践，覆盖推荐系统的公平性问题、多场景融合、冷启动问题等内容。

## 3　面向读者

本书的目标读者可以分为以下 3 类。

第一类是推荐、广告、搜索等领域的开发人员。本书能够帮助他们深入学习推荐系统的完整技术结构，并应用于业务工作中。

第二类是有一定机器学习基础，希望进入推荐系统领域的初学者。本书能够帮助他们了解推荐系统的技术原理以及大型互联网公司的业务实践。

第三类是高校计算机相关专业学生。本书能够帮助他们学习机器学习和深度学习的基础知识，从零开始了解推荐系统的知识体系。

# 资源与支持

本书由异步社区出品，社区（https://www.epubit.com）为您提供相关资源和后续服务。

## 提交勘误

作者和编辑尽最大努力来确保书中内容的准确性，但难免会存在疏漏。欢迎您将发现的问题反馈给我们，帮助我们提升图书的质量。

当您发现错误时，请登录异步社区，按书名搜索，进入本书页面，单击"提交勘误"，输入勘误信息，单击"提交"按钮即可。本书的作者和编辑会对您提交的勘误进行审核，确认并接受后，您将获赠异步社区的 100 积分。积分可用于在异步社区兑换优惠券、样书或奖品。

## 扫码关注本书

扫描下方二维码，您将会在异步社区微信服务号中看到本书信息及相关的服务提示。

## 与我们联系

我们的联系邮箱是 contact@epubit.com.cn。

如果您对本书有任何疑问或建议，请您发邮件给我们，并请在邮件标题中注明本书书名，以便我们更高效地做出反馈。

如果您有兴趣出版图书、录制教学视频，或者参与图书技术审校等工作，可以发邮件给本书的责任编辑（liuyasi@ptpress.com.cn）。

如果您来自学校、培训机构或企业，想批量购买本书或异步社区出版的其他图书，也可以发邮件给我们。

如果您在网上发现有针对异步社区出品图书的各种形式的盗版行为，包括对图书全部或部分内

容的非授权传播，请您将怀疑有侵权行为的链接通过邮件发给我们。您的这一举动是对作者权益的保护，也是我们持续为您提供有价值的内容的动力之源。

## 关于异步社区和异步图书

　　"异步社区"是人民邮电出版社旗下 IT 专业图书社区，致力于出版精品 IT 图书和相关学习产品，为作译者提供优质出版服务。异步社区创办于 2015 年 8 月，提供大量精品 IT 图书和电子书，以及高品质技术文章和视频课程。更多详情请访问异步社区官网 https://www.epubit.com。

　　"异步图书"是由异步社区编辑团队策划出版的精品 IT 专业图书的品牌，依托于人民邮电出版社的计算机图书出版积累和专业编辑团队，相关图书在封面上印有异步图书的 LOGO。异步图书的出版领域包括软件开发、大数据、AI、测试、前端、网络技术等。

　　　　　异步社区

　　　　　微信服务号

# 目录

# 第 1 章　推荐系统简介

如今，我们生活在一个"信息爆炸"的互联网时代，在这个时代，推荐系统无处不在。推荐系统的主要作用就是帮助我们从海量信息中挑选出感兴趣的信息。例如，今日头条这样的新媒体为我们推荐感兴趣的新闻，抖音、快手这样的短视频 App 为我们推荐感兴趣的短视频，淘宝、京东这样的电商 App 为我们推荐喜欢的商品。可以说推荐系统每时每刻都在影响着我们的生活。

站在算法工程师的角度，推荐系统的架构和算法迭代得越来越快，尤其是深度学习的广泛应用，加速了算法模型的迭代。本章将简述推荐系统的定义与发展历史，然后以推荐系统的几个应用场景为出发点，介绍推荐系统的作用和意义，并从系统结构的角度介绍推荐系统的技术架构。另外，本章会简单介绍大型工业推荐系统的 4 个重要组成部分，包括召回、粗排、精排和重排，这是本书的重点内容。

## 1.1　什么是推荐系统

什么是推荐系统？根据维基百科的定义，它是一种信息过滤系统，主要功能是预测用户对物品的评分和偏好。这一定义回答了推荐系统的功能是过滤信息、连接用户和推送信息。将这一定义扩展一下，推荐系统就是自动联系用户和物品的一种工具，它能够在信息过载的环境中帮助用户发现令他们感兴趣的信息，也能够将信息推送给感兴趣的用户。

推荐系统起源于 20 世纪 90 年代，经过 20 多年的积累和沉淀，已经逐渐成为一门独立的学科，并在学术研究和工业界的应用中取得了诸多成果，如图 1-1 所示。

如今，随着深度学习在推荐系统的广泛应用，推荐系统领域正式迈入了深度学习时代，微软（Microsoft）、谷歌（Google）、百度、阿里巴巴等公司成功地在推荐、广告等业务场景中应用了深度学习模型。推荐系统被应用于如下所示的诸多业务场景中。

- 信息流推荐场景，比如今日头条新闻推荐、360 快资讯、微信看一看等。
- 视频网站，比如 YouTube、腾讯视频、抖音等。
- 电商网站，比如淘宝、京东、亚马逊（Amazon）等。

- 个性化广告场景，比如百度、谷歌、360 等网站的广告推荐模块。
- 个性化音乐场景，比如 QQ 音乐、酷狗音乐等 App 的音乐推荐模块。
- 社交网站，比如 Facebook、微信、领英等。

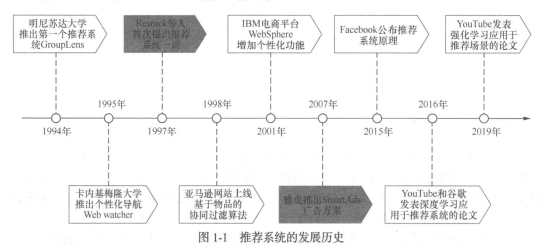

图 1-1　推荐系统的发展历史

# 1.2　推荐系统的作用和意义

　　站在互联网企业的角度，在互联网应用及用户规模"爆炸式"增长的时代，如何做到千人千面，为每个用户提供个性化的服务，从而提升产品的使用率和用户黏性呢？这是推荐系统需要解决的问题。站在用户的角度，面对海量的信息，如何高效检索自己感兴趣的内容呢？这也是推荐系统需要解决的问题。

　　和搜索引擎不同，个性化推荐系统需要依赖用户的行为数据。对于不同的应用场景，推荐系统的优化目标是不一样的，比如淘宝这样的电商平台关注的主要是用户点击后的转化率（conversion rate，CVR）；而 YouTube 这样的视频分享平台关注的主要是用户的观看时长，这是因为 YouTube 的主要收入源于广告，增加用户的观看时长可以提高广告的曝光度。

　　为了更直观地区分推荐系统在不同应用场景下发挥的作用，本章尝试用两个应用场景来描述。

　　第一个应用场景是今日头条 App 新闻推荐频道（见图 1-2）。2018 年 1 月，今日头条的算法架构师发文公布了今日头条的算法原理，文中提到今日头条关注的目标包含点击率（click-through

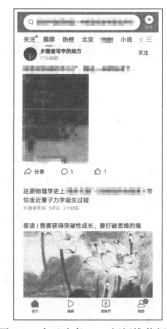

图 1-2　今日头条 App 新闻推荐频道

rate，CTR）、阅读时间、点赞、评论、转发等，而其中最主要的目标就是 CTR。这主要是因为点击量和公司的商业目标直接相关，而通过优化点击率来提升点击量是最直接的方法。

第二个应用场景是 YouTube 视频推荐。YouTube 是一个视频网站，成立于 2005 年，每天要为全球成千上万的用户提供高水平的视频上传、分发、展示、浏览服务。图 1-3 所示为 YouTube 网站首页，里面包含各种形式的视频。前面提到过 YouTube 主要优化的是用户观看时长，算法工程师需要根据业务指标调整模型结构和优化目标。早在 2016 年，YouTube 的算法工程师在 RecSys 会议上发表了论文"Deep Neural Networks for YouTube Recommendations"非常明确地指出了将优化用户观看时长设为最终优化目标的建模方法。在随后 2019 年的 WSDM 会议上，另一篇有关强化学习的论文"Top-KOff-Policy Correction for a REINFORCE Recommender System"提出的最终优化目标也是优化用户观看时长，模型上线后总的用户观看时长提升 0.86%。后面的章节将会详细介绍这两篇论文的技术细节。

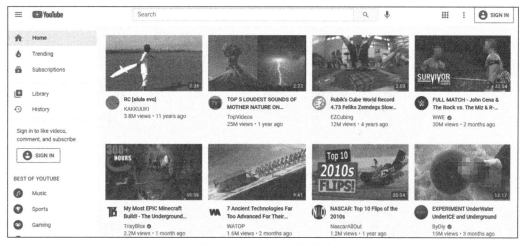

图 1-3　YouTube 网站首页

# 1.3　推荐系统的技术架构

通过 1.1 节和 1.2 节的介绍，读者应该对推荐系统有了大致的了解。推荐系统本质上是解决用户和"资源"的匹配问题，其中的"资源"既可以是资讯推荐系统里面的新闻，也可以是视频推荐系统里面的视频。推荐系统的作用就是根据用户的历史先验行为，从候选集中推荐匹配度最高的资源，可以表示为下面的形式：

$$f(\text{user profile},\text{item},\text{context},\text{user behavior seq})$$
$$\text{user profile},\text{item},\text{context},\text{user behavior seq} \in \text{data}$$

其中，user profile 表示用户信息，item 表示需要推荐的资源（比如音乐、电影、物品、新闻等），context 表示场景的上下文信息，user behavior seq 表示用户行为序列，$f$ 是推荐模型。

在实际的推荐系统中，我们可以将推荐系统按功能模块划分为离线、近线、在线和前端应用 4 个模块，如图 1-4 所示。

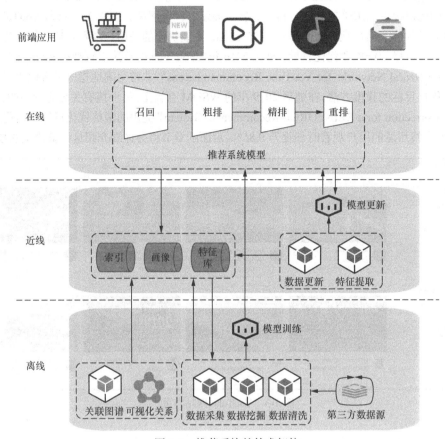

图 1-4  推荐系统的技术架构

（1）离线模块，主要包含日志收集、语料（点击日志、展现日志以及特征日志）对齐，以及模型训练。

（2）近线模块，主要包含构建索引、生成用户画像、构建特征库，以及模型更新。

（3）在线模块，主要是推荐系统模型的调用，包含召回、粗排、精排和重排 4 个阶段。对于像淘宝、天猫这样的电商平台的推荐系统，召回的规模超过 1000 万件商品，粗排的规模超过 1 万件商品，精排和重排的规模达到上百件商品。

（4）前端应用模块，主要是不同的场景展示不同的资源，比如图 1-4 展示了电商网站、新闻网站、视频网站、音乐网站和邮件 5 个不同的应用场景。

本书将详细地介绍图 1-4 中推荐系统的在线模块。按照一般工业推荐系统的多阶段级联架构，在线模块分为召回、粗排、精排和重排 4 个阶段。

# 1.4 推荐系统的召回阶段

如果粗略地划分，在线模块可以分为召回和排序两个阶段，召回后面的粗排、精排和重排都统一划分在排序阶段。召回阶段主要根据用户部分特征，从海量的物品库里快速找出一小部分用户潜在感兴趣的物品，然后进入排序阶段；排序阶段可以融入更多的特征，使用更复杂的模型来精准地进行个性化推荐。召回强调快，而排序强调准。

业界普遍采用的方式是多路召回，即从多个维度出发，在海量库里把相关度高的候选结果尽可能快速地检索出来。采用多路召回是出于以下多方面的考虑。

- **多样性**。从不同维度出发找到相关的候选结果。比如有些召回基于全局热度，有些召回则倾向于冷资源。
- **可解释性与灵活性**。每一路召回从单独维度出发可以很好地解释召回的逻辑，如果效果不理想，调整起来复杂度低且更加灵活。
- **鲁棒性**。即使某一路召回出现问题，其他召回也会正常返回数据而不至于影响主流程。

传统的个性化召回主要基于协同过滤和矩阵分解，最近发展起来的模型化召回主要包括图表征召回、浅层模型化召回、深度匹配模型化召回以及语言模型化召回。

# 1.5 推荐系统的粗排阶段

推荐系统的粗排阶段主要用于缓解精排的时间压力。在召回结果数量太多的情况下，精排往往耗时过长，因此在召回和精排之间增加了粗排。粗排是指通过少量用户和物品特征，使用简单模型对召回的结果进行简单排序，在保证一定精度的前提下，减少精排的排序数量。

粗排的目标是在满足算力约束的前提下，选出满足后链路需求的集合。和精排相比，粗排主要有以下两个特点。

- 算力约束：粗排打分量远高于精排，同时有较严格的延迟约束，一般在 50ms 以内。
- 解空间问题：粗排线上打分的候选集更大，往往是精排候选集的数十倍。

# 1.6 推荐系统的精排阶段

顾名思义，精排是对候选集进行精准排序。和粗排相比，精排更强调排序的准确性。精排阶段是推荐系统最关键、也最具技术含量的部分，目前大多数推荐技术都聚焦于精排性能的提升。

回顾整个工业界精排模型的演化历史，读者会发现，特征工程及特征交叉的自动化一直是推动

推荐系统技术演进最主要的方向。后续章节将详细地介绍精排模型的相关技术。

# 1.7　推荐系统的重排阶段

从推荐系统架构来看，重排阶段在精排结果输出之后，而精排已经对推荐物品做了比较准确的打分，所以重排阶段最后选出的数据基本都是前 $K$ 名（Top-$K$）的数据。与精排只关注单个目标不同，重排还需要考虑最后选出满足数据多样性的最优组合，以及实现整体收益的最大化。

以新闻推荐场景为例。从多样性角度出发，用户虽然喜欢娱乐，但是一屏里面不可能全是娱乐数据，还要考虑其他类别的数据，比如科技、历史等。从整屏效果出发，精排给出的 Top-$K$ 不一定是最优解，还要考虑上下文信息。

# 1.8　小结

本章简要介绍了推荐系统的基本概念、技术架构和各个阶段。有了这些宏观认识，读者可以开始阅读后续有关推荐系统技术细节的具体章节。后续章节中将依次展开讲解本章提到的推荐系统的 4 个阶段，带领读者一起畅游推荐系统的世界。

# 第2章 推荐系统算法基础

要想深入了解推荐系统的技术原理，首先需要了解什么是机器学习和深度学习。本章将对机器学习和深度学习的方法进行介绍，包括逻辑斯谛回归（logistical regression，LR）和多层感知机（multilayer perceptron，MLP）、机器学习常用的优化算法、深度学习常用的优化算法和激活函数、欠拟合和过拟合，以及深度学习中模型参数的初始化。本章的目的是为后续章节做铺垫，让读者对推荐系统的算法理论有基本的了解。

## 2.1  LR——应用极广的机器学习模型

在推荐系统中，由于 LR 简单、高效，因此它至今仍被各大互联网公司广泛应用，很多公司在业务发展初期将 LR 作为第一个推荐系统模型。在推荐场景中，LR 将推荐问题转化为点击率（click-through rate，CTR）预估问题，为早期互联网公司发展推荐系统提供了很好的工具。

### 2.1.1  LR 的数学原理

设 $x \in \mathbb{R}^n$ 表示模型的输入，$w \in \mathbb{R}^n$ 表示模型的权重，$n$ 表示参数的个数，则 LR 的数学形式如下所示。

$$g(x;w) = \text{sigmoid}(w \cdot x + b) = \frac{1}{1 + e^{-(w \cdot x + b)}} \tag{2-1}$$

其中，$w \cdot x$ 为 $w$ 和 $x$ 的内积，$b$ 为偏置项，sigmoid 函数将输入映射到 0～1。有时为了方便，将权重和输入加以扩充，表示为 $w = (w_1, w_2, \cdots, w_n, b)^{\mathrm{T}}, x = (x_1, x_2, \cdots, x_n, 1)^{\mathrm{T}}$，这时，LR 的数学形式如下所示。

$$g(x;w) = \text{sigmoid}(w \cdot x) = \frac{1}{1 + e^{-w \cdot x}} \tag{2-2}$$

需要注意的是，公式（2-1）和公式（2-2）这两种 LR 的数学形式，表示的是预测（或推断）时的数学公式，输出值表示预测为正样本的概率，即 $P(y{=}1|\boldsymbol{x};\boldsymbol{w}){=}g(\boldsymbol{x};\boldsymbol{w})$。

LR 的模型结构如图 2-1 所示。

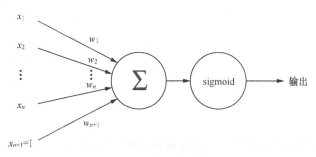

图 2-1　LR 的模型结构

## 补充知识——LR 为什么使用 sigmoid 函数

很多资料都提到 LR 可以用 sigmoid 函数作为预测结果的输出，但是很少有资料解释为什么要用 sigmoid 函数。

考虑到 LR 是二分类问题，即 $y\in\{0,1\}$，我们很自然地想到其输出服从伯努利（Bernoulli）分布，即 $P(y|\boldsymbol{x};\boldsymbol{w})\sim\mathrm{Bernoulli}(\phi)$。伯努利分布可以写成如下所示的指数族分布的形式。

$$
\begin{aligned}
P(y|\boldsymbol{x};\boldsymbol{w}) &= P(y;\phi)\\
&= \phi^{y}\left(1-\phi\right)^{1-y}\\
&= \exp\left(y\log\phi+(1-y)\log(1-\phi)\right)\\
&= \exp\left(y\log\frac{\phi}{1-\phi}+\log(1-\phi)\right)
\end{aligned}
\tag{2-3}
$$

指数族分布的概率分布如下所示[1]。

$$
P(y;\eta)=b(y)\exp(\eta^{\mathrm{T}}T(y)-a(\eta))
\tag{2-4}
$$

其中，$b(y)$ 是基础度量值，$\eta$ 是自然参数，$T(y)$ 是充分统计量，$\exp(-a(\eta))$ 起到归一化作用。统计学中的伯努利分布、高斯（Gaussian）分布、多项式分布都属于指数族分布。根据公式（2-3）和公式（2-4），可以得到

---

1　由于公式（2-4）中 $\eta$ 既可以是标量，也可以是向量，因此有转置符号 T；而在公式（2-5）的具体应用中，$\eta$ 是标量，因此没有符号 T。

$$T(y) = y$$

$$\eta = \log\frac{\phi}{1-\phi}$$

$$a(\eta) = -\log(1-\phi) = \log(1+e^{\eta}) \tag{2-5}$$

$$b(y) = 1$$

可以得到，其中 $\phi = \dfrac{1}{1+e^{-\eta}}$，于是有

$$P(y=1|\boldsymbol{x};\boldsymbol{w}) = \phi = \frac{1}{1+e^{-\eta}} \tag{2-6}$$

公式（2-6）正好是 sigmoid 函数形式。

图 2-1 中 sigmoid 函数的具体形式如下所示。

$$f(z) = \frac{1}{1+e^{-z}} \tag{2-7}$$

其函数曲线如图 2-2 所示。可以直观地看到 sigmoid 函数的取值范围为 0～1，和概率取值范围正好吻合。

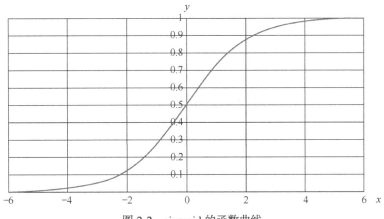

图 2-2　sigmoid 的函数曲线

对标准的 LR 模型来说，要优化的参数就是权重 $\boldsymbol{w}$ 以及偏置项 $b$，接下来会介绍 LR 中的训练方法。

## 2.1.2　LR 的训练方法

LR 常用的训练方法包括梯度下降法、FTRL 在线学习算法等，其中梯度下降法是应用非常广的训练方法，其衍生出了随机梯度下降法和小批量随机梯度下降法等方法。本节主要介绍如何使用梯

度下降法训练 LR 模型的参数。

使用梯度下降法求解 LR 模型的第一步是确定目标函数。对于给定的训练数据集 $T = \{(\boldsymbol{x}^{(1)}, y^{(1)}),$ $(\boldsymbol{x}^{(2)}, y^{(2)}), \cdots, (\boldsymbol{x}^{(N)}, y^{(N)})\}$，其中 $\boldsymbol{x}^{(i)} \in \mathbb{R}^n$，$y^{(i)} \in \{0,1\}$，$N$ 表示训练数据集的样本数，$i$ 表示第 $i$ 个样本，预测结果为正样本（类别 1）和负样本（类别 0）的概率如下所示。

$$P\left(y^{(i)} = 1 \mid \boldsymbol{x}^{(i)}; \boldsymbol{w}\right) = g\left(\boldsymbol{x}^{(i)}; \boldsymbol{w}\right)$$
$$P\left(y^{(i)} = 0 \mid \boldsymbol{x}^{(i)}; \boldsymbol{w}\right) = 1 - g\left(\boldsymbol{x}^{(i)}; \boldsymbol{w}\right) \tag{2-8}$$

将公式（2-8）中的两式合并在一起，可以表示为如下形式。

$$P\left(y^{(i)} \mid \boldsymbol{x}^{(i)}; \boldsymbol{w}\right) = \left(g\left(\boldsymbol{x}^{(i)}; \boldsymbol{w}\right)\right)^{y^{(i)}} \left(1 - g\left(\boldsymbol{x}^{(i)}; \boldsymbol{w}\right)\right)^{1 - y^{(i)}} \tag{2-9}$$

由极大似然估计原理可得出目标函数，如下所示。

$$L\left(\boldsymbol{w}\right) = \prod_{i=1}^{N} P\left(y^{(i)} \mid \boldsymbol{x}^{(i)}; \boldsymbol{w}\right) \tag{2-10}$$

为了便于求导，在公式（2-10）两侧分别取对数，将最大值问题转换成最小值问题，最终的目标函数如下所示。

$$\begin{aligned} J\left(\boldsymbol{w}\right) &= -\frac{1}{N} \log L\left(\boldsymbol{w}\right) \\ &= -\frac{1}{N} \sum_{i=1}^{N} y^{(i)} \log g\left(\boldsymbol{x}^{(i)}; \boldsymbol{w}\right) + \left(1 - y^{(i)}\right) \log\left(1 - g\left(\boldsymbol{x}^{(i)}; \boldsymbol{w}\right)\right) \end{aligned} \tag{2-11}$$

接下来需要对每个参数求偏导，得到梯度方向，对 $J\left(\boldsymbol{w}\right)$ 中的参数 $w_j$（即第 $j$ 个特征）求偏导的结果如下所示。

$$\frac{\partial J\left(\boldsymbol{w}\right)}{\partial w_j} = \frac{1}{N} \sum_{i=1}^{N} \left(g\left(\boldsymbol{x}^{(i)}; \boldsymbol{w}\right) - y^{(j)}\right) x_j^{(i)} \tag{2-12}$$

按照梯度下降法，即可得到如下模型参数的更新公式，其中 $\alpha$ 表示学习率。

$$w_j \leftarrow w_j - \alpha \frac{1}{N} \sum_{i=1}^{N} \left(g\left(\boldsymbol{x}^{(i)}; \boldsymbol{w}\right) - y^{(j)}\right) x_j^{(i)} \tag{2-13}$$

## 补充知识——梯度下降法的原理

这里以简单的一维梯度下降为例，解释梯度下降法可能降低目标函数值的原因。假设连续可导的函数 $f: \mathbb{R} \rightarrow \mathbb{R}$ 的输入和输出都是标量，给定绝对值足够小的数 $\varepsilon$，根据泰勒展开公式，可以得到如下的近似：

$$f(x + \varepsilon) \approx f(x) + \varepsilon f'(x) \tag{2-14}$$

其中，$f'(x)$ 是函数 $f$ 在 $x$ 处的梯度。接下来，找到一个常数 $\alpha > 0$，使得 $|\alpha f'(x)|$ 足够小，那么可以将 $\varepsilon$ 替换为 $-\alpha f'(x)$ 并得到

$$f(x - \alpha f'(x)) \approx f(x) - \alpha f'(x)^2 \tag{2-15}$$

如果导数 $f'(x) \neq 0$，那么 $\alpha f'(x)^2 > 0$，因此

$$f(x - \alpha f'(x)) < f(x) \tag{2-16}$$

这意味着，如果通过如下公式来迭代 $x$，函数 $f(x)$ 的值可能会降低。

$$x \leftarrow x - \alpha f'(x) \tag{2-17}$$

因此我们可以不断通过公式（2-17）来迭代 $x$，直到满足停止条件。

为了便于理解，举一个 LR 使用梯度下降法来训练参数的例子，如图 2-3 所示。初始化模型参数和学习率，每一步训练过程都需要计算损失函数到权重的梯度，再使用梯度下降公式更新参数。

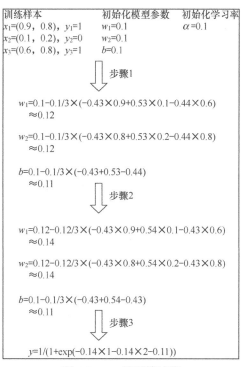

图 2-3 LR 的训练过程

在图 2-3 所示的例子中，我们设置的学习率是一个固定值，但是有时候不同参数对应的梯度下降的幅度是不一样的，这样会导致有些参数越过目标函数的最优解。针对这个问题，可以为每个变量设置不同的学习率。另外，随着模型的迭代，损失函数的值将趋于一个收敛范围，也可能错过最优解。针对这个问题，可以将学习率设置为一个随着训练步骤而衰减的函数。这些问题可以统称为

训练震荡，有很多方法可以优化这些问题，主要集中在学习率的动态调整以及优化算法的改进上，另外也有针对训练数据分布的优化，比如批量归一化。

### 2.1.3　LR 的训练优化

LR 能够综合利用用户、物品、上下文等多种不同的特征，被广泛应用于各大互联网公司。但是由于互联网公司中的数据大多是稀疏的（比如广告 ID，长尾广告出现的次数明显偏少），再加上各种人工的特征交叉，特征维度很容易达到上亿维，内存的消耗和训练的时间都大大增加。并不是所有的稀疏特征对 LR 的训练都是有用的，本节主要探讨对于训练 LR，哪些特征是完全可以过滤掉的。

沿用公式（2-11）定义的目标函数，为了减少过拟合现象，加入正则项，如下所示。

$$J^*\left(\boldsymbol{w}\right)=\frac{1}{N}\left(J\left(\boldsymbol{w}\right)+\lambda\sum_{i=1}^{m}\left|w_i\right|\right) \tag{2-18}$$

其中，对 $J\left(\boldsymbol{w}\right)$ 稍做修改，表示为公式（2-19）。

$$J\left(\boldsymbol{w}\right)=-\sum_{j=1}^{N}y^{(j)}\log g\left(\boldsymbol{x}^{(j)};\boldsymbol{w}\right)+\left(1-y^{(j)}\right)\log\left(1-g\left(\boldsymbol{x}^{(j)};\boldsymbol{w}\right)\right) \tag{2-19}$$

对于第 $i$ 维特征 $x_i^{(j)}\in\left\{0,1\right\}$，损失函数的梯度如下所示。

$$\frac{\partial J^*\left(\boldsymbol{w}\right)}{\partial w_i}=\frac{1}{N}\left(\frac{\partial J\left(\boldsymbol{w}\right)}{\partial w_i}+\lambda\text{sign}\left(w_i\right)\right) \tag{2-20}$$

其中，

$$\frac{\partial J\left(\boldsymbol{w}\right)}{\partial w_i}=-\sum_{j=1}^{N}\left(y^{(j)}-g\left(\boldsymbol{x}^{(j)};\boldsymbol{w}\right)\right)x_i^{(j)} \tag{2-21}$$

- 当 $w_i\geqslant 0$ 时，只要 $\dfrac{\partial J\left(\boldsymbol{w}\right)}{\partial w_i}+\lambda\geqslant 0$，则 $J\left(\boldsymbol{w}\right)$ 单调递增。

- 当 $w_i<0$ 时，只要 $\dfrac{\partial J\left(\boldsymbol{w}\right)}{\partial w_i}-\lambda<0$，则 $J\left(\boldsymbol{w}\right)$ 单调递减。

因此，当 $-\lambda\leqslant\dfrac{\partial J\left(\boldsymbol{w}\right)}{\partial w_i}\leqslant\lambda$ 时，$J^*\left(\boldsymbol{w}\right)$ 在 $w_i=0$ 处取得极小值，即满足公式（2-22）的约束条件。

$$-\lambda\leqslant-\sum_{j=1}^{N}\left(y^{(j)}-g\left(\boldsymbol{x}^{(j)};\boldsymbol{w}\right)\right)x_i^{(j)}\leqslant\lambda$$

$$-\lambda\leqslant\sum_{j=1}^{N}g\left(\boldsymbol{x}^{(j)};\boldsymbol{w}\right)x_i^{(j)}-\sum_{j=1}^{N}y^{(j)}x_i^{(j)}\leqslant\lambda \tag{2-22}$$

$$\sum_{j=1}^{N}y^{(j)}x_i^{(j)}-\lambda\leqslant\sum_{j=1}^{N}g\left(\boldsymbol{x}^{(j)};\boldsymbol{w}\right)x_i^{(j)}\leqslant\sum_{j=1}^{N}y^{(j)}x_i^{(j)}+\lambda$$

由于 $0 < g\left(\boldsymbol{x}^{(j)}; \boldsymbol{w}\right) < 1$，因此当 $\displaystyle\sum_{j=1}^{N} y^{(j)} x_i^{(j)} \leqslant \lambda$ 时，公式（2-22）中左边的不等式恒成立；当

$\displaystyle\sum_{j=1}^{N} x_i^{(j)} \leqslant \lambda + \sum_{j=1}^{N} y^{(j)} x_i^{(j)}$ 时，公式（2-22）中右边的不等式恒成立。

综上，当满足公式（2-23）时，$J^*\left(\boldsymbol{w}\right)$ 在 $w_i = 0$ 处取得极小值。

$$\begin{cases} \displaystyle\sum_{j=1}^{N} y^{(j)} x_i^{(j)} \leqslant \lambda \\ \displaystyle\sum_{j=1}^{N} x_i^{(j)} - \sum_{j=1}^{N} y^{(j)} x_i^{(j)} \leqslant \lambda \end{cases} \tag{2-23}$$

由于 $x_i \in \{0, 1\}$，因此在公式（2-23）中，$\displaystyle\sum_{j=1}^{N} y^{(j)} x_i^{(j)}$ 表示正样本中特征 $x_i$ 值非零个数，$\displaystyle\sum_{j=1}^{N} x_i^{(j)}$ 表示所有样本中特征 $x_i$ 值非零个数。公式（2-23）就可以描述为：对于特征 $\boldsymbol{x}$，若正样本中特征值非零个数小于或等于 L1 正则项，且负样本中特征值非零个数小于或等于 L1 正则项，那么该特征对 LR 训练没有帮助，可以直接过滤掉。

这个结论对高维稀疏场景中 LR 的训练很有意义。比如 L1 正则项取值为 10，那么对用户 ID 特征而言，如果用户点击量小于 10，那么这个用户 ID 可以在训练语料中直接过滤掉。例如，在新闻推荐场景，点击量小于 10 次的用户占有很高的比例，这样可以显著优化模型的训练时间。

---

**提示** 有关欠拟合、过拟合和正则项的内容会在 2.6 节介绍。

---

### 2.1.4 LR 的优势和局限性

LR 的优点在于简单易用、参数少、不容易发生过拟合；其局限性主要在于表达能力不强、无法进行特征交叉，需要人工设计复杂的特征交叉。为了改善这一问题，推荐模型朝着深度学习的方向继续发展，多层神经网络如 MLP 强大的表达能力可以安全解决 LR 模型的局限性。

## 2.2 MLP——极简单的深度学习模型

虽然深度学习似乎是最近几年刚兴起的，但它背后的神经网络模型和用数据编程的核心思想已经被研究了很多年。与传统的机器学习模型相比，深度学习模型的表达能力更强，能够挖掘出数据中潜藏的关系。

2012 年，Alex Krizhevsky 提出的深度学习模型 AlexNet 在 ImageNet 竞赛中一举夺魁，将深度学习的大幕正式拉开，其应用领域快速地从图像处理扩展到语音识别，以及自然语言处理（natural language processing，NLP），推荐系统领域也紧随其后，投入深度学习的浪潮之中。随着深度学习的发展，ImageNet 竞赛 Top-1 的准确率越来越高，图 2-4 所示为 ImageNet 历年 Top-1 准确率的变化曲线。

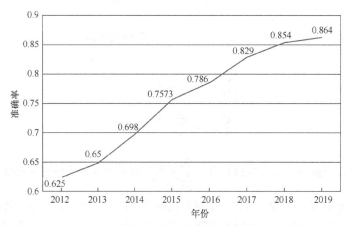

图 2-4　ImageNet 历年 Top-1 准确率的变化曲线（数据来自 ImageNet 竞赛官网）

由于深度学习的理论基础主要来源于神经网络，因此在介绍深度学习模型之前，先简单介绍什么是神经网络。

神经网络是一类典型的非线性模型，它的设计受到生物神经网络的启发。人们通过对大脑生物机制的研究，发现其基本单元是神经元。每个神经元通过树突从上游的神经元那里获得输入信号（脉冲），对输入信号进行加工处理后，再通过轴突将输出信号（脉冲）传递给下游的神经元。当神经元的输入信号总和达到一定强度时，就会激活一个输出信号，如图 2-5 所示。

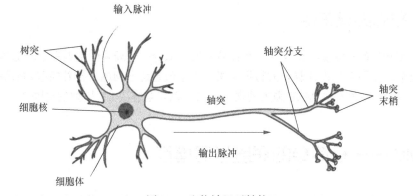

图 2-5　生物神经元结构

如果用数学语言表达这种生物学原理，就如图 2-6 所示。神经元对输入的信号 $x = (x_i)$ 进行线性加权求和 $\sum_i w_i x_i + b$，然后依据求和结果的大小驱动一个激活函数 $f$，用以生成输出信号。常用的激活函数包括 sigmoid 函数、双曲正切函数（tanh）、校正线性单元（rectified linear unit，ReLU）等。

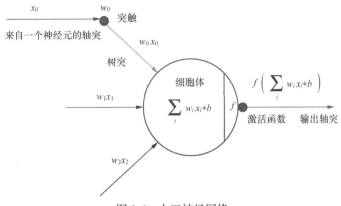

图 2-6 人工神经网络

结合图 2-1 和图 2-6，可以看出 LR 是一个单层的神经网络。然而深度学习主要关注多层模型，这里面的"深"就体现在多层模型上。本节将以多层感知机（multilayer perceptron，MLP）为例，介绍深度学习的相关内容。

## 2.2.1 MLP 的模型结构

神经元（neuron）又名感知机（perceptron），MLP 在单层神经网络的基础上引入了多个隐藏层（hidden layer）。隐藏层位于输入层和输出层之间。图 2-7 展示了 MLP 的模型结构示例。

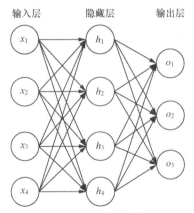

图 2-7 MLP 的模型结构示例

在图 2-7 所示的 MLP 结构中，输入和输出神经元个数分别为 4 和 3，中间的隐藏层中包含 4 个隐藏单元（hidden unit）。由于输入层不涉及计算，因此图 2-7 中的 MLP 的层数为 2。图 2-7 中，隐藏层中的神经元和输入层中的各个输入完全连接，输出层中的神经元和隐藏层中的各个神经元也完全连接。因此，MLP 中的隐藏层和输出层都是全连接层。

图 2-7 的多层感知机并没有像前面的 LR 一样引入 sigmoid 这样的非线性变换，因为这样做会很容易导致梯度消失。MLP 在实际的应用中会引入激活函数，关于激活函数的选择，会在后面的章节中详细介绍。

---

**提示**　MLP 如果不引入激活函数，其效果等价于一个单层的神经网络。

---

### 2.2.2　MLP 的训练方法

　　清楚了 MLP 的模型结构后，最重要的问题就是如何训练模型参数。这里需要用到神经网络的训练方法，正向传播（forward propagation，FP）和反向传播（back propagation，BP）。为了便于描述，以一个简单的 MLP 模型结构为例，如图 2-8 所示。

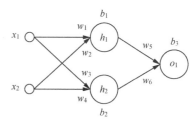

图 2-8　简单的 MLP 模型结构示例

　　正向传播的目的是在当前网络参数的基础上得到输入数据的预估值，这就是模型的预测过程。比如在图 2-8 中，确定模型参数后计算预估值，如下所示。

$$h_1 = f\left(w_1 x_1 + w_2 x_2 + b_1\right)$$
$$h_2 = f\left(w_3 x_1 + w_4 x_2 + b_2\right) \tag{2-24}$$
$$o_1 = f\left(w_5 h_1 + w_6 h_2 + b_3\right)$$

　　反向传播是计算神经网络参数梯度的方法。反向传播依据微积分中的链式法则，沿着从输出层到输入层的顺序，依次计算并存储目标函数有关的神经网络各层中间变量以及参数的梯度。对于图 2-8 所示的 MLP，利用反向传播计算参数 $w_1$ 的梯度，如下所示。

$$\frac{\partial L\left(o_1\right)}{\partial w_1} = \frac{\partial L\left(o_1\right)}{\partial h_1} \cdot \frac{\partial h_1}{\partial w_1} \tag{2-25}$$

　　计算完梯度后，就可以用梯度下降法进行参数更新。总结来说，MLP 的训练方法就是基于链式法则的梯度反向传播。

### 2.2.3　MLP 的优势和局限性

　　和 LR 相比，MLP 的表达能力更强，能学到更复杂的非线性关系。但是与此同时，MLP 也有其局限性：目标函数是非凸的，导致模型训练困难，不容易收敛；参数规模庞大，导致在小样本训练集上容易过拟合。

　　此外，MLP 的训练成本非常高。人工神经网络的起源可以追溯到 20 世纪 40 年代，但是真正被大规模使用也就在最近 10 年。这主要是因为 MLP 这样的神经网络模型的参数过于庞大，训练成本太高。2012 年 AlexNet 参数规模是 6000 万，2019 年的 FixResNeXt-101 模型参数达到了 8.29 亿，参数规模增加了十几倍。2016 年 DeepMind 推出的 AlphaGo 战胜了人类围棋顶尖选手李世石，但是 AlphaGo 的训练成本高达 3500 万美元，使用了 1202 个 CPU、176 个 GPU。

　　虽然 MLP 面临训练困难和容易过拟合的问题，但是业界已经提出了很多解决这些问题的方法，使得以 MLP 为基础的深度学习模型得到广泛应用。后面的章节将介绍深度学习模型的优化算法，以及解决过拟合的常用方法。

# 2.3　机器学习常用的优化算法

2.1.2 节和 2.1.3 节已经介绍了梯度下降法在 LR 中的应用，本节将介绍另外 3 种优化算法，包括随机梯度下降法、小批量随机梯度下降法和 FTRL 在线学习算法。

## 2.3.1　随机梯度下降法

在机器学习中，目标函数通常是训练集中各个样本损失值的均值。设 $L_i(\theta)$ 是第 $i$ 个训练样本的损失函数，$N$ 是训练样本数量，$\theta$ 是模型参数，则目标函数表示为

$$L(\theta)=\frac{1}{N}\sum_{i=1}^{N}L_i(\theta) \tag{2-26}$$

目标函数在 $\theta$ 处的梯度为

$$\nabla L(\theta)=\frac{1}{N}\sum_{i=1}^{N}\nabla L_i(\theta) \tag{2-27}$$

如果使用梯度下降法，每次自变量迭代的计算开销为 $O(N)$，随着 $N$ 线性增长。因此，当训练样本数量很大时，梯度下降法每次迭代的计算开销将会非常高。为了解决这个问题，便引入了随机梯度下降法（stochastic gradient descent，SGD）。

随机梯度下降法指每次迭代过程中随机采样一个样本，并计算梯度来更新参数，表示为

$$\theta \leftarrow \theta-\eta\nabla L_i(\theta) \tag{2-28}$$

可以看到，随机梯度下降法将每次迭代的计算开销从梯度下降法的 $O(N)$ 降低到了常数 $O(1)$，图 2-9 是梯度下降法和随机梯度下降法的自变量迭代轨迹，损失函数是 $f(x)=x_1^2+2x_2^2$。可以看到，随机梯度下降法的自变量迭代轨迹相对于梯度下降法更为曲折。

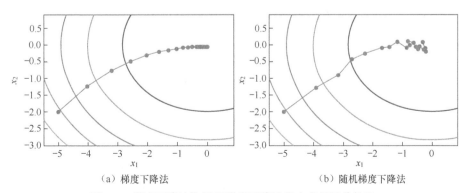

（a）梯度下降法　　　　　　　　（b）随机梯度下降法

图 2-9　梯度下降法和随机梯度下降法的自变量迭代轨迹

### 2.3.2 小批量随机梯度下降法

梯度下降法每次训练要使用所有样本，计算开销大，而随机梯度下降法虽然计算开销小，但是训练过程不稳定。有没有一种折中的方法？答案就是小批量随机梯度下降法。顾名思义，小批量随机梯度下降法就是指在每次迭代中随机、均匀地采样多个样本，然后使用这批样本计算梯度。

小批量随机梯度下降法每次迭代的计算开销是 $O(B)$，其中 $B$ 是批量大小。当批量大小为 1 时，该算法变成随机梯度下降法；当批量大小为 $N$ 时，该算法变成梯度下降法。当批量较小时，每次迭代使用的样本少，计算开销小，模型收敛的速度变慢，达到相同的效果需要更多的迭代步骤；当批量较大时，每次迭代使用的样本多，计算开销大。一般的经验值是设置成 128～1024。

在互联网公司的实际应用中，用户的行为日志很丰富，样本规模基本在 1 亿以上。这时梯度下降法变得非常不实用，一般都会选择小批量随机梯度下降法。

### 2.3.3 FTRL 在线学习算法

跟随正则化领导（follow the regularized leader，FTRL）是由谷歌的 H. Brendan McMahan 在 2010 年提出的优化算法，后来 H. Brendan McMahan 在 2013 年又和 Gary Holt 等人发表了一篇关于 FTRL 工程化实现的论文。有实验证明，L1-FOBOS 这一类基于梯度下降的方法有比较高的精度，但是 L1-RDA 能在损失一定精度的情况下产生更好的稀疏性。那么这两者的优点能不能在同一个算法上体现出来？这就是 FTRL，FTRL 兼顾了精度和稀疏性两方面的优势。

要讲清楚 FTRL 的具体原理，可能需要 10～20 页的篇幅，这里只对其进行简单介绍，读者可以把 FTRL 当作一个稀疏性很好、精度也不错的随机梯度下降法。由于 FTRL 是一种随机梯度下降法，因此可以做到对每一条样本实时训练，实现模型的在线更新。由于 FTRL 的训练效果很好，目前互联网公司使用的 LR 训练方法基本都是 FTRL。

## 2.4　深度学习常用的优化算法

实际上，2.3 节介绍的机器学习优化算法在深度学习中同样可以使用，比如 2.2.2 节介绍的就是使用梯度下降法训练 MLP。之所以要分开讲解，是因为原生的梯度下降法目前在深度学习模型中应用得比较少，FTRL 主要适用于 LR、因子分解机（factorization machine，FM）等浅层模型，而 AdaGrad、Adam 等优化算法对传统的梯度下降法都做了改进，更适合于复杂的深度学习模型。本节将介绍更适合用于深度学习模型训练的优化算法，包括 AdaGrad、RMSPorp、AdaDelta、Adam 等。

### 2.4.1 深度学习的优化挑战

在深度学习中，绝大多数目标函数都没有解析解，只能通过优化算法，经过有限次迭代尽可能降低损失函数的值。因此优化在深度学习中面临很多挑战，其一就是深度学习模型容易陷入局部最优解。比如对于如下给定的函数：

$$f(x) = x\sin(\pi x), \quad -2 \leqslant x \leqslant 2 \tag{2-29}$$

其函数图像如图 2-10 所示。可以看出，其局部最小值为 0，而全局最小值则小于 0。

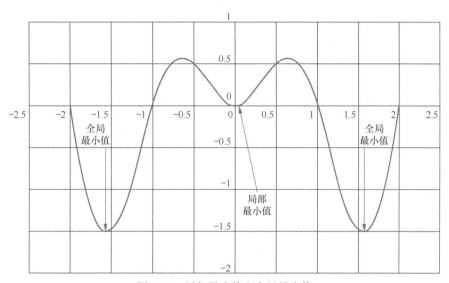

图 2-10　局部最小值和全局最小值

　　深度学习模型的目标函数可能有若干个局部最优解。当模型损失函数的解在局部最优解附近时，由于目标函数有关参数的梯度接近 0，最终求得的参数可能只是令目标函数值局部最小，而非全局最小。

　　在深度学习中，虽然找到目标函数的全局最优解很难，但是实际应用中不一定要求解全局最优解。本节将介绍深度学习常用的优化算法，使用这些优化算法时，即使无法找到全局最优解，在实际应用中依然能训练出十分有效的深度学习模型。

## 2.4.2　AdaGrad 算法

　　在 2.3 节介绍的梯度下降法中，每个参数在更新时使用相同的学习率，这会导致梯度较大的参数容易发散，而梯度较小的参数更新慢。本节介绍自适应的梯度（adaptive gradient，AdaGrad）下降算法，它可以根据每个参数的梯度值的大小动态调整各个参数的学习率，避免统一的学习率难以协调所有参数更新节奏的问题。

　　2011 年，加利福尼亚大学伯克利分校的 John Duchi 提出了 AdaGrad 算法，用于解决不同参数梯度不一致的问题。AdaGrad 的更新方法如下所示。

$$s_t \leftarrow s_{t-1} + g_t \odot g_t, \ x_t \leftarrow x_{t-1} - \frac{\alpha}{\sqrt{s_t + \varepsilon}} \odot g_t \qquad (2\text{-}30)$$

AdaGrad 会记录所有梯度的平方和，而学习率会随着梯度累加而衰减，因此随着迭代次数的增加，更新的幅度会变小。不同参数的梯度是不一样的，因此每个参数学习率的衰减幅度也不一样，对于梯度大的参数，学习率会衰减得更快。

下面仍然以目标函数 $f(x) = x_1^2 + 2x_2^2$ 为例，观察 AdaGrad 的迭代轨迹，如图 2-11 所示。我们设置了两个不同的初始学习率，分别是 0.4 和 2。可以看到，当初始学习率设置成 0.4 时，参数的迭代轨迹较为平滑，但由于梯度累加使得学习率不断衰减，参数在迭代后期的变化幅度逐渐缩小；而将初始学习率增加到 2 时，参数很快就逼近最优解。

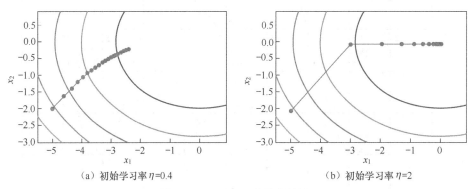

（a）初始学习率 $\eta$=0.4　　　　　　　　（b）初始学习率 $\eta$=2

图 2-11　AdaGrad 的迭代轨迹

### 2.4.3　RMSProp 算法

在前面的 AdaGrad 算法中，公式（2-30）中 $\sqrt{s_t + \varepsilon}$ 一直在累加，使得每个参数的学习率在迭代过程中一直在降低。当学习率在迭代初期降低得很快且当前解依然不佳时，AdaGrad 算法在迭代后期由于学习率过小，可能很难找到一个有用的解。为了解决这一问题，Geoffrey Hinton 在他的 Coursea 平台课程中提出了均方根梯度下降（root mean square prop，RMSProp）优化算法。

RMSProp 的更新方法如下所示。

$$s_t \leftarrow \gamma s_{t-1} + (1-\gamma) g_t \odot g_t, \ x_t \leftarrow x_{t-1} - \frac{\alpha}{\sqrt{s_t + \varepsilon}} \odot g_t, \ 0 \leqslant \gamma < 1 \qquad (2\text{-}31)$$

RMSProp 和 AdaGrad 的唯一区别就是 RMSP$_{rop}$ 对梯度累加 $s_t$ 做了指数加权移动平均。这样一来，每个参数的学习率在迭代过程中就不再一直降低。

本节仍然选取前面的目标函数 $f(x) = x_1^2 + 2x_2^2$，观察 RMSProp 的迭代过程，学习率设置为 0.4，超参数 $\gamma$ 设置为 0.9。图 2-12 所示为 AdaGrad 和 RMSProp 的迭代轨迹对比，AdaGrad 在迭代后期参数的变化幅度逐渐减小，而 RMSProp 会以更快的速度收敛到最优解。在 RMSProp 中，如果超参数 $\gamma$ 设置为 0，则相当于学习率按当前梯度大小衰减；如果超参数 $\gamma$ 设置为 1，则相当于只对学习率做了常数变化，退化为小批量随机梯度下降法。在实际的应用中，一般超参数 $\gamma$ 取值为 0～1。

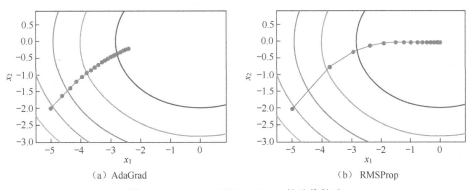

（a）AdaGrad　　　　　　　　　　　　（b）RMSProp

图 2-12　AdaGrad 和 RMSProp 的迭代轨迹

总结一下，AdaGrad 算法和 RMSProp 算法的不同之处在于 RMSProp 算法对参数梯度做了指数加权移动平均，以此来调整学习率。

### 2.4.4 AdaDelta 算法

除 RMSProp 算法之外，2012 年 Mattew D. Zeiler 提出了另一种现在常用的优化算法 AdaDelta。AdaDelta 算法也针对 AdaGrad 算法在迭代后期难以找到有用解的问题进行了改进。而和 RMSProp 不一样的是，AdaDelta 算法没有全局学习率 $\alpha$ 这一超参数。

AdaDelta 的迭代过程如下所示。

$$s_t \leftarrow \gamma s_{t-1} + (1-\gamma)g_t \odot g_t, \quad x_t \leftarrow x_{t-1} - \sqrt{\frac{\Delta x_{t-1}+\varepsilon}{s_t+\varepsilon}} \odot g_t \tag{2-32}$$

其中，$\Delta x_{t-1}$ 是额外的状态变量，初始化为 0，更新方法如下所示。

$$g_t' \leftarrow \sqrt{\frac{\Delta x_{t-1}+\varepsilon}{s_t+\varepsilon}} \odot g_t, \quad \Delta x_t \leftarrow \gamma\Delta x_{t-1} + (1-\gamma)g_t' \odot g_t' \tag{2-33}$$

可以看到，AdaDelta 算法和 RMSProp 算法的不同之处在于是否使用 $\sqrt{\Delta x_{t-1}+\varepsilon}$ 来替代全局学习率超参数 $\alpha$ 。

### 2.4.5 Adam 算法

自适应动量估计（adaptive moment estimation，Adam）是 Diederik P. Kingma 于 2015 年提出的一种优化算法，本质上是 RMSProp 和动量法的结合。Adam 算法的优点主要在于经过偏差修正后，每一次迭代的学习率都有一个确定范围，使得参数的变化比较平稳。Adam 算法引入了动量 $v_t$ 和 $s_t$，分别对梯度和梯度的平方做指数加权移动平均，表示如下。

$$v_t \leftarrow \beta_1 v_{t-1} + (1-\beta_1) g_t, \ s_t \leftarrow \beta_2 s_{t-1} + (1-\beta_2) g_t \odot g_t \tag{2-34}$$

在 Adam 算法中，对动量 $v_t$ 和 $s_t$ 做偏差修正，表示如下。

$$\widehat{v}_t \leftarrow \frac{v_t}{1-\beta_1^t}, \ \widehat{s}_t \leftarrow \frac{s_t}{1-\beta_2^t} \tag{2-35}$$

接下来，Adam 算法使用修正的变量对学习率进行调整，最优参数迭代如下所示。

$$x_t \leftarrow x_{t-1} - \frac{\alpha \widehat{v}_t}{\sqrt{\widehat{s}_t} + \varepsilon} \tag{2-36}$$

和 AdaGrad 算法、RMSProp 算法、AdaDelta 算法一样，Adam 算法的目标函数的每个参数分别拥有自己的学习率。

# 2.5　深度学习常用的激活函数

激活函数在深度学习中起着非常重要的作用，2.2 节提到，如果 MLP 不使用激活函数，本质上就是一个线性模型。本节将介绍深度学习中常用的激活函数。

## 2.5.1　引入激活函数的目的

本节以一个简单的神经网络模型为例，介绍激活函数的作用。我们复用 2.2.1 节中的神经网络模型结构，如图 2-7 所示。

这一神经网络模型的输入为 $n$ 条样本 $X \in \mathbb{R}^{n \times d}$，隐藏层 $H \in \mathbb{R}^{n \times h}$ 的权重和偏置分别为 $W_h \in \mathbb{R}^{d \times h}$、$b_h \in \mathbb{R}^{1 \times h}$，输出层 $O \in \mathbb{R}^{n \times q}$ 的权重和偏置分别为 $W_o \in \mathbb{R}^{h \times d}$、$b_o \in \mathbb{R}^{1 \times q}$。其中，$d$ 表示输入样本的维度，$h$ 表示隐藏层神经元个数，$q$ 表示输出层神经元个数。隐藏层、输出层的计算如下所示。

$$H = XW_h + b_h, \ O = HW_o + b_o \tag{2-37}$$

公式（2-37）可以转化为

$$O = (XW_h + b_h) W_o + b_o = XW_h W_o + b_h W_o + b_o \tag{2-38}$$

从公式（2-38）可以看出，图 2-7 所示的神经网络模型虽然加入了隐藏层，但是效果还是等同于单层神经网络的效果，权重为 $W_h W_o$，偏置为 $b_h W_o + b_o$。

上述多层神经网络等效于单层神经网络的根本原因在于全连接只是对数据做仿射变换，而多次仿射变换的叠加仍然是一次仿射变换。因此，有必要引入非线性变换，这种非线性变换就是激活函数。激活函数不仅能提升模型的非线性拟合能力，理论上还能拟合任何复杂关系。激活函数结合前面讲的优化算法，才能使深度学习真正在实际应用中发挥作用。

## 2.5.2 sigmoid 激活函数

2.1 节介绍 LR 模型时使用 sigmoid 函数映射最后的输出。很多深度学习模型也使用 sigmoid 函数提升模型的非线性拟合能力，那么 sigmoid 函数能不能直接用作激活函数？答案是不能，本节从深度学习训练中常见的梯度消失和梯度爆炸这两个问题来解释原因。

sigmoid 函数的定义为

$$f(x) = \frac{1}{1 + e^{-x}} \tag{2-39}$$

sigmoid 函数的导数可以表示为

$$f'(x) = f(x)(1 - f(x)) \in (0, \frac{1}{4}] \tag{2-40}$$

### 1. sigmoid 可能带来的梯度消失

图 2-13 所示为一个多层神经网络，输入为 $\boldsymbol{x}$，每一层的权重参数为 $\boldsymbol{w}^{(i)}$。

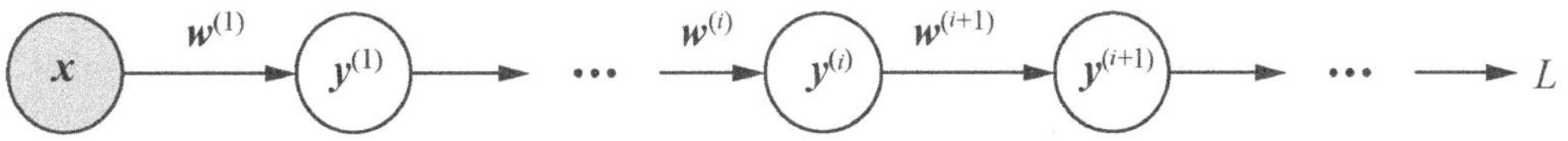

图 2-13　多层神经网络

图 2-13 最后的 $L$ 表示损失函数，前一层 $\boldsymbol{y}^{(i)}$ 和后一层 $\boldsymbol{y}^{(i+1)}$ 的关系如公式（2-41）和公式（2-42）所示。

$$\boldsymbol{y}^{(i+1)} = f\left(\boldsymbol{z}^{(i+1)}\right) \tag{2-41}$$

$$\boldsymbol{z}^{(i+1)} = \boldsymbol{w}^{(i+1)} \boldsymbol{y}^{(i)} + \boldsymbol{b}^{(i)} \tag{2-42}$$

其中，$\boldsymbol{y}^{(i)} \in \mathbb{R}^{d_i}, \boldsymbol{y}^{(i+1)} \in \mathbb{R}^{d_{i+1}}, \boldsymbol{z}^{(i+1)} \in \mathbb{R}^{d_{i+1}}, \boldsymbol{w}^{(i+1)} \in \mathbb{R}^{d_{i+1}}$，则反向传播计算 $\boldsymbol{w}^{(i)}$ 的梯度公式如下所示。

$$\frac{\partial L}{\partial \boldsymbol{w}^{(i)}} = \frac{\partial L}{\partial \boldsymbol{y}^{(i)}} \frac{\partial \boldsymbol{y}^{(i)}}{\partial \boldsymbol{z}^{(i)}} \frac{\partial \boldsymbol{z}^{(i)}}{\partial \boldsymbol{w}^{(i)}} = \frac{\partial L}{\partial \boldsymbol{y}^{(i)}} f'(\boldsymbol{z}^{(i)}) \boldsymbol{y}^{(i-1)} \tag{2-43}$$

从公式（2-43）可以看出，$\boldsymbol{w}^{(i)}$ 的梯度计算依赖 $\frac{\partial L}{\partial \boldsymbol{y}^{(i)}}$，$\frac{\partial L}{\partial \boldsymbol{y}^{(i)}}$ 的计算方式如下所示。

$$\frac{\partial L}{\partial \boldsymbol{y}^{(i)}} = \frac{\partial L}{\partial \boldsymbol{y}^{(i+1)}} \frac{\partial \boldsymbol{y}^{(i+1)}}{\partial \boldsymbol{z}^{(i+1)}} \frac{\partial \boldsymbol{z}^{(i+1)}}{\partial \boldsymbol{y}^{(i)}} = \frac{\partial L}{\partial \boldsymbol{y}^{(i+1)}} f'\left(\boldsymbol{z}^{(i+1)}\right) \boldsymbol{w}^{(i+1)} \tag{2-44}$$

根据公式（2-40）和公式（2-41）可知 $\left| f'\left(\boldsymbol{z}^{(i+1)}\right) \right| \leqslant \frac{1}{4}$，而网络权重一般会进行标准化，因此通常 $\boldsymbol{w}^{(i+1)} \leqslant 1$，从而 $\left| f'\left(\boldsymbol{z}^{(i+1)}\right) \boldsymbol{w}^{(i+1)} \right| \leqslant \frac{1}{4}$，进一步可得出如下结论：

$$\left| \frac{\partial L}{\partial y^{(i)}} \right| \leqslant \frac{1}{4} \left| \frac{\partial L}{\partial y^{(i+1)}} \right| \tag{2-45}$$

从公式（2-45）可以看出，随着反向传播链式求导，层数越多，最后参数的梯度越小，最终可能导致梯度消失。

**2．sigmoid 可能带来的梯度爆炸**

如果神经网络模型结构层数太多，使用 sigmoid 激活函数可能带来梯度消失问题，那么会不会带来梯度爆炸呢？这是有可能的，如果 $\left| f'\left(z^{(i+1)}\right) w^{(i+1)} \right| > 1$，即模型的参数 $w^{(i+1)}$ 比较大，就可能会出现梯度爆炸。那么出现梯度爆炸的概率到底有多大？下面会详细解答。为了便于表示，后面分别取 $w^{(i+1)}$、$z^{(i+1)}$ 中的一个元素，并简单记为 $w$、$z$。

由于 $\left| f'(z) \right| \leqslant \frac{1}{4}$，因此必须 $|w| > 4$，才可能出现 $\left| f'(z) w \right| > 1$，由此得出 $z$ 的取值范围：

$$\ln\left( \frac{|w| - 2 - \sqrt{\left(|w| - 2\right)^2 - 4}}{2} \right) < z < \ln\left( \frac{|w| - 2 + \sqrt{\left(|w| - 2\right)^2 - 4}}{2} \right) \tag{2-46}$$

由于 $z = wx + b$，因此可以求得 $x$ 的取值范围：

$$\frac{1}{|w|}\ln\left( \frac{|w| - 2 - \sqrt{\left(|w| - 2\right)^2 - 4}}{2} \right) - \frac{b}{w} < x < \frac{1}{|w|}\ln\left( \frac{|w| - 2 + \sqrt{\left(|w| - 2\right)^2 - 4}}{2} \right) - \frac{b}{w} \tag{2-47}$$

图 2-14 展示了参数 $x$ 的取值范围随 $w$ 的变化，可以看到 $x$ 的最大取值也仅为 0.45，因此仅在很窄的范围内才可能出现梯度爆炸。

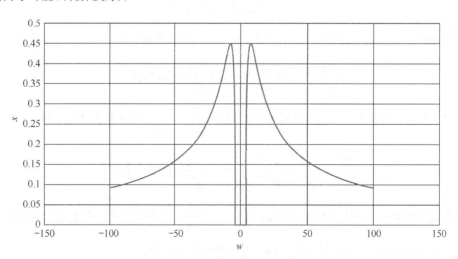

图 2-14　梯度爆炸参数 $x$ 的取值范围

根据上面的分析，我们可以得出以下结论。

● 在多层神经网络中，sigmoid 有极大的概率会引起梯度消失。

● 在多层神经网络中，sigmoid 有极小的概率会引起梯度爆炸。

鉴于 sigmoid 的局限性，后来很多人又提出了一些改进的激活函数，比如 ReLU、Leaky ReLU、PReLU、Dice、RReLU 等。

### 2.5.3　ReLU 激活函数

ReLU 是深度学习中应用最广泛的激活函数，它是 Krizhevsky、Hinton 等人于 2012 年在论文"ImageNet Classification with Deep Convolutional Neural Networks"中提出的一种激活函数，可以用来解决梯度消失的问题。ReLU 的数学形式如下所示。

$$\text{ReLU}(x) = \max(0, x) \qquad (2\text{-}48)$$

从公式（2-48）可以看出 ReLU 在正区间的导数为 1，因此不会发生梯度消失。ReLU 的函数曲线如图 2-15 所示。

ReLU 也有其缺点。神经网络在训练的时候，一旦没有设置好学习率，第一次更新权重的时候，输入是负值，那么这个含 ReLU 的神经元就会死亡，再也不会被激活。这是因为 ReLU 的导数在 $x>0$ 的时候是 1，在 $x \leq 0$ 的时候是 0，如果 $x \leq 0$，那么 ReLU 的输出是 0，反向传播中梯度也是 0，权重就不会被更新，导致神经元也不再学习。在实际训练中，如果学习率设置得太高，可能会发现网络中 40% 的神经元都会死掉，且在整个训练集中这些神经元都不会被激活。因此，设置一个合适的、较小的学习率，会减少这种情况的发生。为了解决神经元死掉的情况，业界后续提出了 Leaky ReLU、PReLU 等激活函数。

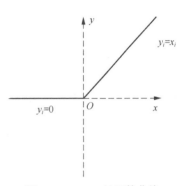

图 2-15　ReLU 的函数曲线

ReLU 的优缺点如下。

● 优点：ReLU 解决了梯度消失问题；此外，由于 ReLU 的线性特性，神经网络的计算和训练比 sigmoid 快得多。

● 缺点：ReLU 可能会导致神经元死亡，权重无法更新。

### 2.5.4　Leaky ReLU 激活函数

Leaky ReLU 是 Andrew L. Maas 等人于 2013 年在论文"Rectifier Nonlinearities Improve Neural Network Acoustic Models"中提出的一种激活函数。ReLU 将所有输入 $x$ 的负数部分的值设为 0，从而造成神经元的死亡。而 Leaky ReLU 是给予负值一个非零的斜率，从而避免神经元死亡。Leaky ReLU 的数学形式如下所示。

$$\text{LeakyReLU}(x) = \begin{cases} x, & x \geqslant 0 \\ \alpha x, & x < 0 \end{cases} \tag{2-49}$$

Leaky ReLU 的函数曲线如图 2-16 所示。

Leaky ReLU 很好地解决了 ReLU 中神经元死亡的问题，因为 Leaky ReLU 保留了 $x<0$ 时的梯度，在 $x<0$ 时，不会出现神经元死亡的问题。Leaky ReLU 的优缺点如下。

- 优点：Leaky ReLU 解决了 ReLU 中神经元死亡的问题；由于 Leaky ReLU 的线性特点，使用 Leaky ReLU 的神经网络的计算和训练比使用 sigmoid 快很多。

- 缺点：Leaky ReLU 中的超参数 $\alpha$ 需要人工调整。

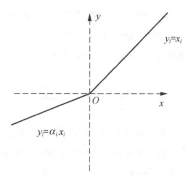

图 2-16　Leaky ReLU 的函数曲线

### 2.5.5　PReLU 激活函数

PReLU 是何恺明等人于 2015 年在论文 "Delving Deep into Rectifiers: Surpassing Human-Level Performance on ImageNet Classification" 中提出的激活函数。和 Leaky ReLU 相比，PReLU 将 $\alpha$ 变成可训练的参数，不再依赖于人工调整。如果参数 $\alpha$ 是一个小的固定值，那么 PReLU 就变成了 Leaky ReLU。实验表明相较 ReLU，Leaky ReLU 对模型的预估准确率几乎没有提升，而 PReLU 通过自适应地学习参数 $\alpha$，能够更好地适应数据分布的变化。

### 2.5.6　阿里巴巴的 Dice 激活函数

Dice 是 Guorui Zhou 等人于 2018 年在论文 "Deep Interest Network for Click-Through Rate Prediction" 中提出的激活函数。Dice 对 PReLU 进行了平滑，使拐点不再是固定的 0，而依赖于数据的分布，Dice 的数学形式如下所示。

$$\text{Dice}(s) = p(s) \cdot s + (1 - p(s)) \cdot \alpha s \tag{2-50}$$

其中，$p(s)$ 可以表示成公式（2-51）的形式，Dice 的函数曲线如图 2-17 所示。

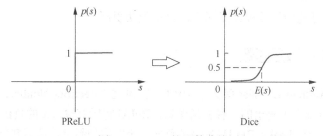

图 2-17　Dice 的函数曲线

$$p(s) = \frac{1}{1 + \exp\left(-\dfrac{s - E(s)}{\sqrt{\mathrm{Var}(s) + \varepsilon}}\right)} \tag{2-51}$$

Dice 可以表示成批归一化（batch normalization，BN）的形式，如下所示。

$$\mathrm{Dice}(s) = \mathrm{sigmoid}\big(\mathrm{BN}(s)\big) \cdot s + \big(1 - \mathrm{sigmoid}\big(\mathrm{BN}(s)\big)\big) \cdot \alpha s \tag{2-52}$$

其中，BN 超参数 $\gamma = 1, \beta = 0$。

### 补充知识——批归一化

批归一化的主要作用是解决内部协变量偏移（internal covariate shift，ICS）问题（在神经网络训练过程中，由网络参数变化引起隐藏层数据分布变化的过程），内部协变量偏移主要有两个方面的影响。

- 上层网络需要不断地调整参数来适应输入数据分布的变化，导致学习速度降低。
- 网络的训练过程不易收敛，容易导致梯度消失。

BN 的提出降低了以上两方面的影响。在训练阶段，BN 的变换如下所示。

$$\mathrm{BN}(x) = \gamma \frac{X - \mu}{\sqrt{\sigma^2 + \varepsilon}} + \beta \tag{2-53}$$

其中，$X$ 表示一个小批量（mini-batch）的样本，$\mu, \sigma^2$ 分别表示均值和方差。在测试阶段的相关计算如下所示。

$$\mathrm{BN}(X_{\text{test}}) = \gamma \frac{X - \mu_{\text{test}}}{\sqrt{\sigma_{\text{test}}^2 + \varepsilon}} + \beta$$

$$\mu_{\text{test}} = E(\mu_{\text{batch}}) \tag{2-54}$$

$$\sigma_{\text{test}}^2 = \frac{m}{m-1} E(\sigma_{\text{batch}}^2)$$

其中，$\mu_{\text{batch}}, \sigma_{\text{batch}}^2$ 分别表示训练阶段每组批量的均值和方差。可以发现，BN 在训练阶段和测试阶段的计算是不一样的。

## 2.5.7 RReLU 激活函数

随机校正线性单元（randomized rectified linear unit，RReLU）的首次提出是在 Kaggle 比赛 NDSB 中，它也是 Leaky ReLU 的一个变体。在训练过程中，$\alpha$ 是从均匀分布 $U(u,l)$ 中随机选取的。RReLU 的数学形式如下所示。

$$y_{j(i)} = \begin{cases} x_{j(i)} & ,x_{j(i)} \geqslant 0 \\ \alpha_{j(i)} x_{j(i)} & ,x_{j(i)} < 0 \end{cases} \tag{2-55}$$

其中，$\alpha_{j(i)} \sim U(u,l), l < u, u \in [1,0)$，$x_{j(i)}$ 表示样本 $j$ 的第 $i$ 维输入。图 2-18 是 RReLU 的函数曲线。

在测试阶段，$\alpha$ 取值为训练阶段所有 $\alpha_{j(i)}$ 的平均值，即 $\alpha_{j(i)} = (u+l)/2$。

从最初的 sigmoid 到后面的 Leaky ReLU、PReLU，再到近期的 SELUs、GELUs，激活函数的改进从来没有中断过。激活函数不仅解决了多层神经网络的梯度消失和爆炸问题，同时对模型的拟合能力和收敛速度起着至关重要的作用，因此理解激活函数的相关原理是非常有必要的。

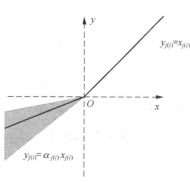

图 2-18　RReLU 的函数曲线

# 2.6　欠拟合和过拟合

在实际的模型训练中，我们经常遇到以下两种现象。

（1）模型的损失函数一直无法得到较低的值，没有真正收敛。

（2）模型在训练集上拟合得很好，损失函数的值降得很低，但是在测试集上的效果没有那么好。本节将介绍上述两种现象的原因和解决方案，以及特定技术。

## 2.6.1　欠拟合和过拟合的原因与解决方案

在解释本节前面提到的两个现象之前，我们需要区分训练误差和泛化误差。前者指模型在训练集上的误差，后者指模型在任意测试集上的误差。欠拟合指模型无法得到较低的训练误差，也就是前面的现象（1）。过拟合指模型的训练误差远小于泛化误差，也就是前面的现象（2）。很多会导致欠拟合和过拟合问题，这里重点讨论两个原因：模型复杂度和训练集大小。

### 1．模型复杂度

导致拟合问题的第一个重要原因就是模型复杂度。在给定训练集的情况下，如果模型的复杂度过低，很容易出现欠拟合现象；而如果模型的复杂度过高，就很容易出现过拟合现象。图 2-19 显示的是模型复杂度对欠拟合和过拟合的影响。

### 2．训练集大小

导致拟合问题的另一个重要原因就是训练集大小。如果训练集中样本数量过少，甚至比模型参数数量还少，通常会发生过拟合现象。因此，我们通常希望训练集的样本数量尽量多一些，特别是在模型复杂度较高时。

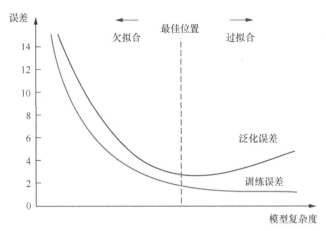

图 2-19 模型复杂度对欠拟合和过拟合的影响

既然模型复杂度和训练集大小是导致拟合问题的重要原因，那么通常可以从以下两方面入手，考虑问题的解决方案。

● 如果存在较明显的欠拟合问题，那么可以增加模型复杂度（比如添加神经网络的层数）。
● 如果存在较明显的过拟合问题，那么可以增加训练集中的数据量。

从理论上讲，如果能增加模型复杂度且可以无限制地增加训练集中的数据量，那么拟合问题都可以得到解决。但是实际上，不断增加模型复杂度会遇到算力问题，因为训练一个大型模型需要很多时间。增加模型的规模通常可以防止欠拟合，但也有发生过拟合的风险，图 2-19 就很好地体现了这一情况。但是，这种过拟合风险通常只在没有使用正则化技术的时候存在，如果精心设计正则化方法，通常可以安全地加大模型的规模，而不用担心加大过拟合风险。

使用深度学习方法时，如果使用 L2 正则化和 dropout 技术，并且在训练集上设置表现最优的正则化参数。此时加大模型规模，算法的表现往往会不变或提升，不太可能变差。在这种情况下，不使用更大模型的唯一原因是其将使计算代价变大。

目前，在大部分针对学习算法的改进方案中，有一些能增强模型的拟合能力，但是代价是加大过拟合风险。于是，我们就需要在欠拟合和过拟合之间进行"权衡"。例如，加大模型的规模通常可以避免欠拟合，但可能导致过拟合；加入正则化一般会降低过拟合，但是会增加模型的训练误差。

如今，数据的获得更加容易，计算机的算力更强，这种需要权衡的情况在变少，并且现在有更多的选择可以在不增加模型训练误差的同时降低泛化误差。例如，可以通过增加模型的规模并调整正则化的方法来降低训练误差，而不会显著增加泛化误差；通过增加训练数据，可以在不影响训练误差的情况下降低泛化误差。

下面将介绍处理欠拟合和过拟合的特定技术。

## 2.6.2 处理欠拟合的特定技术

一般来讲，处理欠拟合的特定技术可以总结为如下 4 种。

（1）加大模型的规模。这项技术能够使算法更好地拟合训练集，从而防止欠拟合。当增加模型规模引起过拟合时，可以通过加入正则化来防止过拟合发生，比如 L1 正则或 L2 正则。

（2）增加特征规模。理论上，增加更多的特征可能会引起过拟合，当这种情况发生时，可以加入正则化。

（3）减少正则化。通过减少 L1 正则、L2 正则或 dropout，可以避免模型欠拟合，但会增加过拟合风险。

（4）修改模型结构。比如修改神经网络模型结构，可以同时影响训练误差和泛化误差。

上面的 4 种特定技术，只要应用得当，都可以用来解决欠拟合问题。

### 2.6.3　处理过拟合的特定技术

一般来讲，处理过拟合的特定技术可以总结为如下 5 种。

（1）添加更多的训练数据。这是最简单可靠的防止过拟合的技术，对于欠拟合问题没有明显影响。

（2）加入正则化。比如 L1 正则、L2 正则、dropout。这种技术可以防止过拟合，但是会增加训练误差。

（3）提前终止模型训练。如图 2-19 所示，在训练误差和泛化误差都不再降低时，提前终止训练。但是这种技术会增加训练误差。

（4）通过特征选择减少特征的数量和种类。这种技术有助于防止过拟合，但是会增加模型的训练误差。如果模型特征从 100 减少到 90，可能影响不大，但是如果从 100 减少到 10，可能就会对模型训练产生很大影响。特征选择的方法有很多，常见的有树模型特征选择、单特征 ROC 曲线下面积（area under the curve，AUC）和皮尔逊相关系数等。

（5）减小模型规模。这种技术虽然可以防止过拟合，但是不推荐使用，因为这种方法可能会同时增加训练误差和泛化误差。

#### 补充知识——正则化方法（L1 正则、L2 正则、dropout）

正则化方法是用来解决模型过拟合问题的重要方法。常用的方法包括 L1 正则、L2 正则和 dropout，假设模型使用正则化后的损失函数为

$$J(w) = L(w) + \lambda \sum_{i=1}^{M} |w_i|^q \tag{2-56}$$

其中，$L(w)$ 是模型原来的损失函数，$w$ 是模型权重。$\lambda \sum_{i=1}^{M} |w_i|^q$ 就是正则项，其中 $\lambda$ 是正则化系数，$q$ 取 1 时被称为 L1 正则，$q$ 取 2 时被称为 L2 正则。可以看出，模型权重变大会使正则项变大。最终导致损失值变大。因此正则项可以减小模型的权重，权重的减小自然会使模型的输出波动变小，

从而使模型更加稳定，这也是正则项可以防止过拟合的原因。通常，L1 正则可以产生稀疏解，常用于特征稀疏的场景。

还有一种正则化方法是 dropout，常用于神经网络模型。dropout 的作用和 L2 正则类似，只不过它不是减小模型的权重，而是在训练的过程中随机删除某些节点，简化模型结构，从而起到正则化的效果。

dropout 和 L2 正则有相似之处，也有不同之处，总结为以下两点。

（1）相似点：都可以达到减小模型的权重，从而防止过拟合的目的。

（2）不同点：L2 正则使得所有权重都衰减，并且衰减程度不同。dropout 使得部分隐藏层单元随机消失。

# 2.7 深度学习中模型参数的初始化

前面几节介绍了模型的优化算法、激活函数以及欠拟合和过拟合的处理技术等。本节将介绍有关模型参数的初始化的内容。

模型参数主要分为两部分，一部分是模型自身的权重，比如 LR 中的 $w$ 和 $b$；另一部分是模型的超参数，比如梯度下降的初始学习率、模型的正则化系数 $\lambda$ 等。这两类参数对模型的效果都至关重要。本节将介绍参数初始化的方法，并介绍一个具体的案例。

## 2.7.1 权重和超参数的初始化

一般来讲，模型的初始权重都会做某种归一化处理，尤其是在神经网络模型中。神经网络模型中的参数初始值太大，有可能发生梯度爆炸，这在 2.5.2 节中已具体介绍。常见的模型权重初始化方法有常量初始化、正态分布初始化。但在有些场景中，需要零初始化，比如预测时遇到模型没有见过的新特征，这时如果使用正态分布初始化，在预测的时候，就相当于在预测时加入了噪声。

超参数初始化中最常见的是学习率初始化。对于不同的优化算法，初始学习率的选择标准也不一样。比如常用的梯度下降法，初始学习率不能设置得太大，否则容易错过有效解，一般取值范围为 0.001～0.1。而对于 AdaGrad 算法，由于学习率会随着训练过程衰减，因此初始学习率不能设置得太小，否则学习率最后可能趋于 0，导致训练停止。

有关模型参数初始化，下面会举一个具体的例子。

## 2.7.2 权重初始化案例——连续点击概率模型

在新闻推荐场景中，我们需要根据用户点击的新闻（用 item 表示）来预测用户下一次点击某个新闻的概率，这个概率被称为连续点击概率，以此构建的预测模型被称为连续点击概率模型。

本节先简单介绍连续点击概率模型的语料是如何构建的。图 2-20 展示了语料构建流程。具体地，针对当前 item2，从用户历史点击序列中采样 item1，构建正样本对 <item1, item2>；类似地，可以构建负样本对，然后将当前 item2 作为偏置（bias）。这里解释一下为什么选取 item2 作为偏置，主要有以下两个原因。

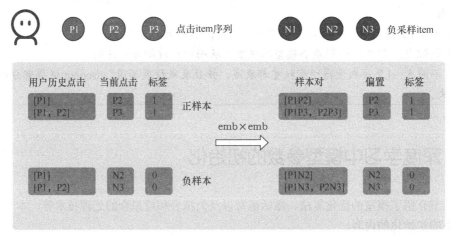

图 2-20　连续点击概率模型语料构建流程

（1）预测时对当前 item2 排序，单个用户的 item1 都是一样的，item1 起不到偏置的作用。

（2）偏置反映了待排序数据 item2 的全局热度。对于一个冷用户，item2 作为偏置相当于按 CTR 对数据进行排序。

连续点击概率模型的数学形式如下所示。

$$P\left(y\middle|\boldsymbol{x}_1,\boldsymbol{x}_2;\boldsymbol{w};\boldsymbol{b}\right)=\frac{1}{1+\exp\left(-\boldsymbol{x}_1\boldsymbol{w}\odot\boldsymbol{x}_2\boldsymbol{w}-\boldsymbol{x}_2\odot\boldsymbol{b}\right)} \tag{2-57}$$

其中，$\boldsymbol{x}_1,\boldsymbol{x}_2\in\mathbb{R}^d$ 分别表示 item1 和 item2 的输入向量（使用独热编码），$\boldsymbol{w}\in\mathbb{R}^{d\times e}$ 表示模型权重，$\boldsymbol{b}\in\mathbb{R}^d$ 是偏置项。目标函数表示如下。

$$\begin{cases}F\left(\boldsymbol{w}\right)=\dfrac{1}{N}\sum_{n=1}^{N}f_n\left(\boldsymbol{w}\right)\\[2mm]f\left(\boldsymbol{w}\right)=-y\log\left(p\right)-\left(1-y\right)\log\left(1-p\right)\end{cases} \tag{2-58}$$

先给出结论：如果模型的权重 $\boldsymbol{w}$ 初始化为 0，那么梯度始终是 0，权重无法更新。下面介绍具体的推导过程。

对于任意的样本对<item1, item2>，item1 表示为 $\boldsymbol{x}_1^i=(0,\cdots,1,\cdots,0)$，第 $i$ 个位置为 1；item2 表示为 $\boldsymbol{x}_1^k=(0,\cdots,1,\cdots,0)$，第 $k$ 个位置为 1。引入新的变量 $g(\boldsymbol{w})$，表示如下：

$$g(\boldsymbol{w}) = \boldsymbol{x}_1^i \boldsymbol{w} \odot \boldsymbol{x}_2^k \boldsymbol{w} + \boldsymbol{x}_2^k \odot \boldsymbol{b}$$
$$= (w_{i1}, w_{i2}, \cdots, w_{ie}) \odot (w_{k1}, w_{k2}, \cdots, w_{ke}) + b_k \qquad (2\text{-}59)$$
$$= \sum_{m=1}^{d} w_{im} \times w_{km} + b_k$$

对 $g(\boldsymbol{w})$ 求导，可以得到 $\dfrac{\partial g(\boldsymbol{w})}{\partial w_{ij}} = w_{kj}$，由于 $p = \dfrac{1}{1 + \exp(-g(\boldsymbol{w}))}$，因此对 $p$ 求导可得

$$\frac{\partial p}{\partial w_{ij}} = p(1-p)\frac{\partial g(\boldsymbol{w})}{\partial w_{ij}} = p(1-p)w_{kj} \qquad (2\text{-}60)$$

于是损失函数的梯度可以表示为

$$\frac{\partial f}{\partial w_{ij}} = -\frac{y}{p}\frac{\partial p}{\partial w_{ij}} - \frac{1-y}{1-p}\frac{\partial(1-p)}{\partial w_{ij}}$$
$$= -\frac{y}{p}p(1-p)w_{kj} + \frac{1-y}{1-p}p(1-p)w_{kj} \qquad (2\text{-}61)$$
$$= p(1-y)w_{kj}$$
$$= 0$$

由此可知损失函数的梯度始终为 0，因而模型权重无法更新。

从这个例子中可以看出，模型参数的初始化至关重要。在有些情况下，权重必须初始化为 0，比如 2.7.1 节讲的新特征权重零初始化；而有些情况下，权重又不能初始化为 0，比如刚刚介绍的这个例子。不过，大多数情况下，我们并不需要像上述例子一样推导参数设置是否合理，可以通过实验的反馈来选择合理的参数值。

# 2.8　小结

本章作为推荐系统的基础部分，对读者理解后面介绍的推荐系统模型非常重要。本章以两个简单模型为例，介绍了机器学习和深度学习的模型结构和训练优化。作为本章的重点，2.4 节和 2.5 节介绍了业界常用的优化算法和激活函数，分析了 sigmoid 激活函数在多层神经网络中可能引起的梯度消失和梯度爆炸问题。2.6 节介绍了处理模型欠拟合和过拟合的特定技术。2.7 节提出了模型参数的初始化可能遇到的问题，并结合实际案例分析了权重初始化不当导致的模型不更新问题。本节对所有优化算法进行总结（如表 2-1 所示），也对所有激活函数进行总结（如表 2-2 所示），希望帮助读者回顾其中的关键知识。

表2-1 优化算法总结

| 优化算法 | 基本原理 | 特点 | 局限性 |
| --- | --- | --- | --- |
| 梯度下降法 | 每次更新时，计算所有样本损失函数到权重的梯度，再按梯度大小进行更新 | 方法简单，适合小数据集 | 每次迭代计算开销大，统一的学习率难以协调所有参数更新节奏 |
| 随机梯度下降法 | 每次迭代随机采样一个样本进行梯度计算 | 每次迭代计算开销小，适合大数据集 | 容易出现训练震荡，不容易收敛 |
| 小批量随机梯度下降法 | 每次迭代随机均匀采样多个样本进行梯度计算 | 是梯度下降法和随机梯度下降法的折中，适合大数据集 | 统一学习率难以协调所有参数更新节奏 |
| FTRL | 动态调整学习率，实时更新参数 | 稀疏性很好，适合高维稀疏特征，适合大数据集 | 不太适合神经网络的训练 |
| AdaGrad | 根据每个参数的梯度大小动态调整各个维度上的学习率 | 解决了不同参数梯度下降不一致问题，参数学习率持续降低 | 初始学习率设置得太大容易错过最优解，设置得太小则学习率趋于0 |
| RMSProp | 相对于 AdaGrad，对梯度累加做了指数加权移动平均 | 相对于 AdaGrad，能以更快的速度收敛 | 相对于 AdaGrad，需要额外设置加权平均超参数 |
| AdaDelta | 相对于 RMSProp，引入了额外的状态变量 | 不用设置初始学习率这一超参数 | 相对于 AdaGrad，需要额外计算开销 |
| Adam | 通过引入两个动态变量对梯度指数加权移动平均 | 使用偏差修正，每一次迭代学习率都有确定范围 | 相对于 AdaGrad，需要额外的计算开销 |

表2-2 激活函数总结

| 激活函数 | 基本原理 | 特点 | 局限性 |
| --- | --- | --- | --- |
| sigmoid | $f(x) = \dfrac{1}{1+e^{-x}}$ | 增强模型的非线性拟合能力 | 在多层神经网络中容易引起梯度消失 |
| ReLU | $\text{ReLU}(x) = \max(0, x)$ | 不会引起梯度消失，计算开销比 sigmoid 小 | 可能导致神经元死亡，权重无法更新 |
| Leaky ReLU | $\text{Leaky ReLU}(x) = \begin{cases} x, & x \geq 0 \\ \alpha x, & x < 0 \end{cases}$ | 解决了 ReLU 中神经元死亡的问题，计算开销比 sigmoid 小 | 增加了额外的超参数 $\alpha$ |
| PReLU | 相对于 Leaky ReLU，将超参数 $\alpha$ 变成了可训练的参数 | 相对于 Leaky ReLU，不需要人工调整超参数 | 超参数学习不好，影响最终模型效果 |
| Dice | $\text{Dice}(s) = p(s) \cdot s + (1-p(s)) \cdot \alpha s$ | 对 PReLU 进行了平滑，使得拐点不再是固定的0 | 增加了计算的复杂度 |
| RReLU | $y_{ji} = \begin{cases} x_{ji}, & x_{ji} \geq 0 \\ \alpha_{ji} x_{ji}, & x_{ji} < 0 \end{cases}$ | 从均匀分布中随机选取超参数 | 固定拐点，效果不如 Dice |

在本章的基础上，第3章将介绍推荐系统模型中有关召回的相关知识。从召回技术演进的角度，揭开主流召回模型的相关技术。

# 第**3**章 召回技术演进

前两章已经简要介绍了推荐系统的技术要点和基础知识，本章将重点介绍推荐系统中的召回技术。推荐系统按功能特点可以分成召回阶段和排序阶段，召回阶段是推荐系统的第一层数据筛选阶段，负责从海量数据中快速筛选出用户感兴趣的内容。召回阶段的效果直接决定了排序阶段的效果，如果没有召回好的数据，再优秀的排序模型也无法向用户推荐好的数据。

在 Embedding 技术普及之前，业界的召回算法主要基于协同过滤和矩阵分解技术。2013 年谷歌提出 Word2vec 后，Embedding 技术迅速成为热点，召回算法开始朝着 Embedding 模型化方向演变。事实上，Embedding 技术远不止被应用于推荐系统，在其他场景也应用广泛，其实现方法也各不相同。

"万物皆可 Embedding"，Embedding 可用于表示词的语义信息，也可用于表示用户的兴趣分布。在学术界，Embedding 是图像处理、语音识别、NLP 等多个领域研究的热门技术；在工业界，Embedding 技术凭借其泛化能力强、易于上线部署的特点，成为深度学习中应用最广的技术之一。

从技术角度讲，推荐系统中的 Embedding 召回模型大量借鉴并融合了深度学习在图像处理、语音识别、NLP 方向的成果，表 3-3 列举的很多 Embedding 召回算法都有在上述方向上的成功应用。比如 Item2vec 是基于 NLP 中的词向量模型 Word2vec，图卷积网络（graph convolutional network，GCN）借鉴了图像处理中的经典模型卷积神经网络（convolutional neural network，CNN）。此外，我们以美团民宿为例，介绍如何改进序列 Embedding 模型，就借鉴了 Word2vec 中的 Skip-gram 模型。

本章将重点介绍 Embedding 技术在召回中的应用，也会简要介绍传统召回算法，具体内容如下。

（1）传统召回算法。

（2）Embedding 的基础知识以及 Embedding 召回的基本框架，包括 i2i 召回和 u2i 召回。

（3）基于内容语义的 i2i 召回算法，包括经典 Word2vec 算法和谷歌最新提出的 BERT 算法。

（4）基于 Graph Embedding 的召回算法，包括经典的 DeepWalk 算法、GCN 和 GraphSAGE。

（5）业界前沿的深度学习召回算法，包括经典的双塔模型和 YouTube 的深度学习召回算法。

（6）Embedding 召回的实践方案，结合业务特点改进序列 Embedding 算法。

# 3.1 召回层的作用和意义

图 3-1 展示了推荐系统的 4 个主要阶段，其中召回阶段负责从海量数据中快速筛选部分数据，供后面排序阶段使用。

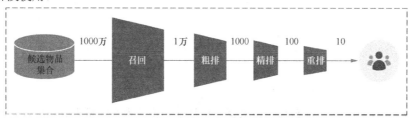

图 3-1 推荐系统的 4 个主要阶段

本质上，召回和后面的粗排、精排、重排都属于排序，分成召回阶段和排序阶段主要是基于工程上的考虑。在精排阶段，一般会使用复杂的模型和特征，比如使用多层神经网络模型和上千个特征域（field），如果精排上百万的候选集，肯定扛不住时间压力。因此，加入召回过程，利用少量的特征和简单的模型或规则对候选集进行快速筛选，可减少后面排序阶段的时间开销。此外，这也是出于业务上的考虑，排序阶段主要考虑单一目标，比如 CTR，而有时候我们希望多向用户多展现热点新闻或者时效性数据，这时可以多加两路召回。总结起来，召回和排序有如下特点。

（1）召回层：候选集规模大、模型和特征简单、速度快，尽量保证多召回用户感兴趣数据。

（2）排序层：候选集不大，目标是保证排序的精准，一般使用复杂的模型和特征。

在设计召回层时，需要同时考虑召回率和计算速度，前面提到既要召回用户感兴趣数据，又要召回热点和时效性数据，如果一次性同时召回，那么时间开销会是一个主要的问题。这时，我们可以考虑多路召回，如图 3-2 所示。

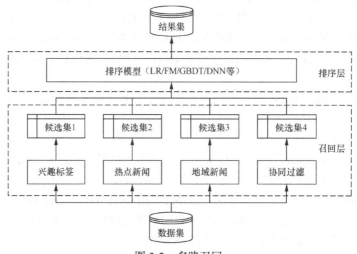

图 3-2 多路召回

图 3-2 以新闻推荐为例，展示了常用的多路召回策略，包括兴趣标签、热点新闻、地域新闻、协同过滤等。其中既包括一些计算效率高的简单模型（比如协同过滤），也包括一些基于统计的召回算法（比如兴趣标签），还包括一些预处理好的召回策略（比如热点新闻和地域新闻）。每一路召回策略都会返回若干条数据，对于不同的召回策略，返回数据的条数也不一样。比如对于兴趣广泛的用户，兴趣标签召回的数据就多，对于冷用户就没有兴趣标签召回的数据。

# 3.2 召回模型的演进

召回模型经历了传统协同过滤到 Embedding 模型化召回的演进。接下来会主要介绍 Embedding 模型化召回的相关内容，图 3-3 是召回技术的演进图谱。

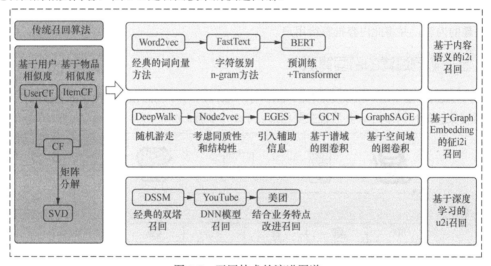

图 3-3 召回技术的演进图谱

召回技术的演进特点可以总结为以下几点。

（1）从协同过滤（collaborative filtering，CF）过渡到矩阵分解：通过矩阵分解计算用户和物品向量，解决协同过滤泛化能力弱、头部效应强的弱点。

（2）Word2vec 语义召回的演进：Word2vec 在很多场景中被广泛应用，后来谷歌提出的动态词向量方法 BERT，效果比 Word2vec 更好，在多个 NLP 任务中都取得了最佳效果。

（3）序列模型中引入图结构信息：经典的序列模型 Word2vec 和扩展版本 Item2vec 没有考虑复杂的图结构信息，DeepWalk 和 Node2vec 根据随机游走策略，使节点 Embedding 综合了图结构信息。

（4）Graph Embedding 中的冷启动：DeepWalk 和 Node2vec 无法解决新节点冷启动问题，阿里巴巴提出的 EGES 通过引入辅助信息（side information），解决了 Graph Embedding 中的冷启动问题。

（5）图神经网络：相较于 DeepWalk 和 Node2vec 通过随机游走策略捕捉图结构信息，图神经网络直接在图中提取拓扑图的空间结构，典型的应用是 GCN 和 GraphSAGE。

（6）深度学习中的 Embedding 技术：前面的语义模型和 Graph Embedding 方法只能生成物品 Embedding，而 YouTube 提出的召回模型能直接生成用户 Embedding 和视频 Embedding，是 u2i 召回的经典应用。

读者应该已经从上面的描述中感受到召回模型的发展之快、思路之广。本章将抽丝剥茧，详细介绍图 3-3 所示的各种召回技术。

# 3.3　传统召回算法

在介绍 Embedding 召回技术之前，我们先回顾一下经典的协同过滤。协同过滤应该是大多数推荐算法开发者最开始接触的模型。根据维基百科的定义，协同过滤（collaborative filtering）是一种在推荐系统中被广泛使用的技术，该技术通过分析用户或者事物之间的相似度（协同）来预测用户可能感兴趣的内容，并将此内容推荐给用户。

## 3.3.1　基于协同过滤的召回算法

在协同过滤中，基于用户相似度推荐的算法叫作 UserCF，基于物品相似度推荐的算法叫作 ItemCF。图 3-4 是协同过滤的一个例子，其流程主要包括以下 3 个步骤。

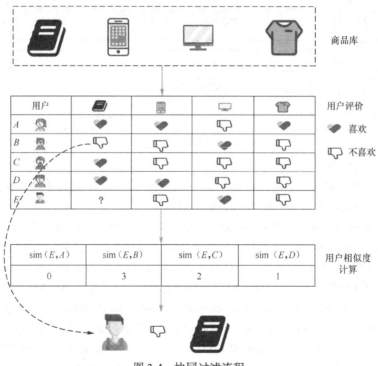

图 3-4　协同过滤流程

（1）构建共现矩阵。将图 3-4 中的用户评价转化为共现矩阵，用户作为行向量，商品作为列向量，喜欢设置为 1，不喜欢设置为-1，则共现矩阵可以表示为如下形式。

$$X = \begin{bmatrix} 1 & 1 & -1 & 1 \\ -1 & -1 & 1 & -1 \\ 1 & -1 & -1 & -1 \\ 0 & -1 & 1 & -1 \end{bmatrix} \tag{3-1}$$

（2）计算用户的相似度。计算用户 $E$ 和其他 4 个用户的相似度 $\text{sim}(E,i)$，用户 $E$ 的行为向量表示为共现矩阵中的行向量，即 $\boldsymbol{x}_E = (0,-1,1,1)$，从中选取相似度最高的 $n$ 个用户。

（3）将相似用户兴趣推荐给当前用户。找出相似度最高的用户 $B$，由于 $B$ 不喜欢"书"这个商品，因此预测用户 $E$ 也不喜欢"书"。

由于上述例子是基于用户相似度的推荐，因此对应算法是 UserCF。UserCF 主要包含 3 个步骤，首先构建共现矩阵，然后计算用户之间的相似度，最后基于相似度计算结果推荐给当前用户。在上述计算中，相似度计算主要基于雅卡尔距离（Jaccard distance），除雅卡尔距离之外，相似度计算还可以使用欧氏距离、余弦相似度等，在后面会详细介绍。下面详细介绍 UserCF 和 ItemCF 的原理。

### 1. UserCF 原理

在 UserCF 中，关键的步骤是用户相似度计算，共现矩阵中的行向量代表相应用户的用户向量，因此计算用户相似度就是计算两个向量的相似度。相似度的计算主要有以下 5 种方法。

（1）雅卡尔距离：

$$\text{sim}(\boldsymbol{x},\boldsymbol{y}) = \frac{|\boldsymbol{x} \cap \boldsymbol{y}|}{|\boldsymbol{x} \cup \boldsymbol{y}|} \tag{3-2}$$

（2）欧氏距离：

$$d(\boldsymbol{x},\boldsymbol{y}) = \sqrt{\sum_i (x_i - y_i)^2}$$
$$\text{sim}(\boldsymbol{x},\boldsymbol{y}) = \frac{1}{1 + d(\boldsymbol{x},\boldsymbol{y})} \tag{3-3}$$

（3）皮尔逊相关系数：

$$\text{sim}(\boldsymbol{x},\boldsymbol{y}) = \frac{\sum_i (x_i - \bar{\boldsymbol{x}})(y_i - \bar{\boldsymbol{y}})}{\sqrt{\sum_i (x_i - \bar{\boldsymbol{x}})^2}\sqrt{\sum_i (y_i - \bar{\boldsymbol{y}})^2}} \tag{3-4}$$

（4）余弦相似度：

$$\text{sim}(\boldsymbol{x},\boldsymbol{y}) = \frac{\boldsymbol{x} \cdot \boldsymbol{y}}{\|\boldsymbol{x}\| \cdot \|\boldsymbol{y}\|} \tag{3-5}$$

（5）Tanimoto 系数：

$$\text{sim}(x, y) = \frac{x \cdot y}{\|x\|^2 + \|y\|^2 - x \cdot y} \tag{3-6}$$

在获得 Top-$n$ 相似用户后，生成最终的排序结果。最常用的方法是对 Top-$n$ 用户评分进行加权平均，加权系数是用户相似度：

$$r_{u,p} = \frac{\sum_i w_{u,i} \cdot r_{i,p}}{\sum_i w_{u,i}} \tag{3-7}$$

其中，$w_{u,i}$ 是用户 $u$ 和用户 $i$ 的相似度，$r_{i,p}$ 是用户 $i$ 对物品 $p$ 的评分。

UserCF 比较好理解，就是找出目标用户的一些相似用户，把相似用户喜欢的物品推荐给目标用户。但是 UserCF 在工程和效果上都有一些缺陷，总结为以下两点。

（1）计算和存储开销非常大。UserCF 需要计算和存储用户之间的相似度，互联网企业的用户规模一般比较庞大，导致计算和存储的开销非常大。

（2）对稀疏用户效果不佳。用户的历史行为一般是比较稀疏的，比如在电商场景中，有些用户可能一个月只有几次购买行为，对这些用户计算出的相似度一般都不太准确，因此 UserCF 不太适合用户行为稀疏的场景。

既然通过用户协同过滤面临诸多问题，那么换一个角度，是否可以通过物品协同过滤？接下来介绍一下 ItemCF。

**2．ItemCF 原理**

由于 UserCF 在工程和效果上存在缺陷，因此大多数互联网企业选择 ItemCF。ItemCF 是基于物品相似度进行推荐的协同过滤算法。具体来讲，首先通过计算物品间的相似度，得到物品相似度矩阵，然后找到用户历史正反馈物品的相似物品进行排序和推荐，ItemCF 的步骤总结如下。

（1）构建共现矩阵。根据用户的行为，构建以用户为行向量，以物品为列向量的共现矩阵。

（2）构建物品相似度矩阵。根据共现矩阵计算两两物品之间的相似度，得到物品相似度矩阵。

（3）获取 Top-$n$ 相似物品。根据用户历史正反馈物品，找出相似度最高的 $n$ 个物品。

（4）计算用户对 Top-$n$ 相似物品的喜好度。用户对物品的喜好度定义为当前物品和用户历史物品评分的加权和，加权系数是前面计算的物品相似度：

$$r_{u,p} = \sum_i w_{p,i} \cdot r_{u,i} \tag{3-8}$$

其中，$r_{u,p}$ 表示预估的用户 $u$ 对物品 $p$ 的喜好度，$w_{p,i}$ 是加权系数，表示物品 $p$ 和 Top-$n$ 相似物品集合中物品 $i$ 的相似度，$r_{u,i}$ 表示用户 $u$ 对物品 $i$ 的评分。

（5）按喜好度生成排序结果。由于物品规模一般远远小于用户规模，因此 ItemCF 的计算和存储开销都比 UserCF 小得多。除了技术实现上的区别，UserCF 和 ItemCF 的应用场景也有所不同，总结为下面两点。

（1）UserCF 更适合新闻推荐场景。在新闻推荐场景中，新闻的兴趣点一般比较分散，比如虎嗅网的新闻受众群体一般是从事 IT 工作的人，用 UserCF 就可以快速找到从事 IT 工作的人群，然后把虎嗅网的新闻推荐给他们。

（2）ItemCF 更适合商品或视频推荐场景。商品和视频推荐场景有一个共同点——用户的兴趣比较稳定。以电商业务场景为例，ItemCF 可以用于推荐和兴趣点相似的商品，比如可以针对经常购买球鞋的人推荐球衣、球裤。

虽然 UserCF 和 ItemCF 各有优点，但是由于泛化能力弱等缺点，它们后来慢慢被其他方法所替代，其一就是矩阵分解。接下来介绍一下矩阵分解的相关原理。

## 3.3.2 基于矩阵分解的召回算法

协同过滤具有简单、可解释性强的优点，在早期推荐系统中被广泛应用。但是协同过滤也有泛化能力弱、热门物品头部效应强的缺点。为了克服上述缺点，矩阵分解技术应运而生。矩阵分解的过程如图 3-5 所示。

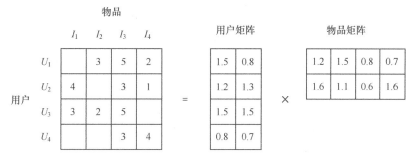

图 3-5　矩阵分解的过程

矩阵分解在推荐系统中的应用得益于 2006 年奈飞举办的推荐系统算法竞赛 Netflix Prize Challenge，当时奈飞提出能在现有推荐系统基础上降低 10% 误差的人可以赢得 100 万美元奖金，吸引了很多人参加。奈飞的比赛数据正是用户的评分数据，这次竞赛推动了无数推荐算法的产生，其中就包含一系列矩阵分解模型，最著名的便是 SVD 算法及其变种。

SVD 是奇异值分解（singular value decomposition）的简称，其具体原理是假设矩阵 $M$ 的大小为 $n \times m$，则该矩阵可以分解成 3 个矩阵相乘的结果：$M = U \sum V^{\mathrm{T}}$。其中，$U$ 是 $m \times m$ 的正交矩阵，$V$ 是 $n \times n$ 的正交矩阵，$\sum$ 是 $m \times n$ 的对角矩阵。只取对角矩阵 $\sum$ 的前 $k$ 个较大元素，则 SVD 可以近似表示如下。

$$M \approx U_{m \times k} \sum_{k \times k} V_{k \times n}^{\mathrm{T}}$$ （3-9）

将 SVD 应用在推荐系统中时，$U_{m \times k}$ 表示用户矩阵，$V_{n \times k}$ 表示物品矩阵，这样就可以计算用户和物品的相似度了。但是，SVD 在工程实现上会出现问题：奇异值分解的计算复杂度达到了 $O(mn^2)$，对于物品规模超过百万的互联网行业，这样的复杂度是无法接受的。另外，SVD 对于稀疏的共现矩阵的转化也不友好，需要人为填充缺失值，而互联网行业的用户行为大多是比较稀疏的。

针对计算复杂度过高以及对用户稀疏行为效果不好的问题，SVD 后来出现了改进的版本。用户 $u$ 的向量表示为 $\boldsymbol{p}_u$，物品 $i$ 的向量表示为 $\boldsymbol{q}_i$，用户对物品的评分表示为两个向量的内积 $\boldsymbol{p}_u \cdot \boldsymbol{q}_i$，假设真实的评分为 $r_{u,i}$，目标函数表示如下。

$$f(\boldsymbol{p}, \boldsymbol{q}) = \min_{\boldsymbol{p}^*, \boldsymbol{q}^*} \sum_{(u,i) \in K} \left( r_{u,i} - \boldsymbol{p}_u \cdot \boldsymbol{q}_i \right)^2 \tag{3-10}$$

其中，$K$ 是所有用户评分样本的集合，为了减少过拟合现象，在目标函数中加入正则项，如下所示。

$$f(\boldsymbol{p}, \boldsymbol{q}) = \min_{\boldsymbol{p}^*, \boldsymbol{q}^*} \sum_{(u,i) \in K} \left( r_{u,i} - \boldsymbol{p}_u \cdot \boldsymbol{q}_i \right)^2 + \lambda \left( \|\boldsymbol{q}_i\|^2 + \|\boldsymbol{p}_u\|^2 \right) \tag{3-11}$$

有了目标函数的定义，就可以使用梯度下降法求解。

由于不同用户的打分区间相差很大（有些用户评分为 3 就是比较差的评分，而有些用户评分为 1 才是比较差的评分），同时不同物品之间的评分也有很大区别，因此有必要消除用户和物品的打分偏差。常见的做法是加入用户和物品的偏置项，如下所示。

$$r_{u,i} = \mu + b_i + b_u + \boldsymbol{p}_u \cdot \boldsymbol{q}_i \tag{3-12}$$

其中，$\mu$ 是全局偏置，$b_i$ 是物品 $i$ 的偏置，$b_u$ 是用户 $u$ 的偏置。加入偏置项后，目标函数变成如下形式。

$$f(\boldsymbol{p}, \boldsymbol{q}) = \min_{\boldsymbol{p}^*, \boldsymbol{q}^*, b^*} \sum_{(u,i) \in K} \left( r_{u,i} - \mu - b_i - b_u - \boldsymbol{p}_u \cdot \boldsymbol{q}_i \right)^2 + \lambda \left( \|\boldsymbol{q}_i\|^2 + \|\boldsymbol{p}_u\|^2 + b_u^2 + b_i^2 \right) \tag{3-13}$$

### 3.3.3 传统召回算法小结

传统召回算法有简单、可解释性强的特点，但是也有其局限性。协同过滤和矩阵分解都没有加入用户、物品和上下文相关的特征，也没有考虑用户行为之间的相关性。随着 Embedding 技术的发展，召回技术开始朝着 Embedding 模型化的方向演变。

# 3.4 Embedding 模型化召回的基本框架

在介绍 Embedding 召回技术之前，先简单介绍一下什么是 Embedding。Embedding 其实就是用一个低维稠密的向量表示一个对象，这里的对象可以是一个词、一件商品，也可以是一篇新闻、一部电影，等等。直观地看，Embedding 相当于对独热编码做了平滑处理。下面先介绍一下 Embedding 的产生过程。

### 3.4.1 Embedding 的产生

当独热（one-hot）表示一个对象时，往往是高维稀疏的。以词向量为例，《牛津词典》收录的英语单词大概有 10 万个，因此独热表示就有约 10 万维。我们可以使用某个语言模型把它转化为低维的稠密向量，从而很方便地计算词之间的相似度，这个语言模型就是 Embedding 的产生过程，比如接下来要讲的 Word2vec。以图 3-6 为例，词向量经过 Embedding 化后，man 和 king 之间具有更高的相似度。

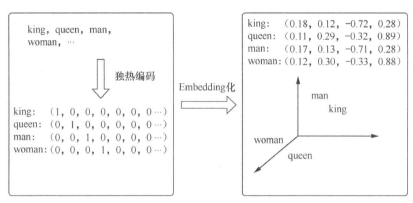

图 3-6　词向量 Embedding 化

图 3-6 展示了 Embedding 良好的表达能力。但是，Embedding 究竟是怎么产生的呢？前文所述的 SVD 已经隐约有了 Embedding 的影子。图 3-7 展示了 Embedding 的产生过程，可以看出，Embedding 是神经网络的中间产物，神经网络的隐藏层权重便是最终生成的 Embedding，生成 Embedding 表后，可以通过查表的方式获取具体的 Embedding 向量。

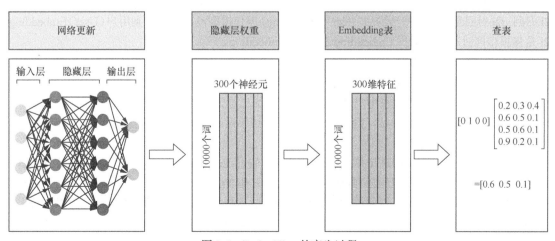

图 3-7　Embedding 的产生过程

## 3.4.2　Embedding 的发展

　　Embedding 最早由 Hinton 在 1986 年提出，后来谷歌在 2013 年提出了 Word2vec，使得 Embedding 这一研究话题迅速成为热点，并被成功地应用在了推荐系统等多个领域。谷歌在 2018 年提出的 BERT 在 11 项 NLP 测试中获得 SOTA（state-of-the-art，表示最优）后，Embedding 研究话题达到新高潮。图 3-8 总结了 Embedding 的发展历史（截至 2018 年），其中有 4 个关键节点，包括 1986 年首次提出 Embedding 概念、2013 年 Word2vec 诞生、2016 年谷歌发表 WDL、2018 年谷歌发表 BERT。

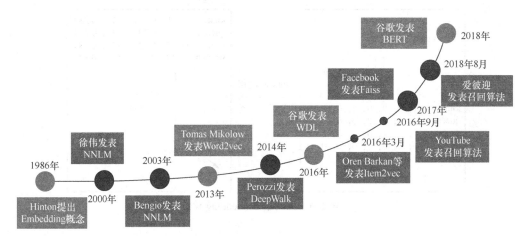

图 3-8　Embedding 的发展历史

## 3.4.3　基于 Embedding 的召回框架

　　介绍了 Embedding 的产生与发展后，本节介绍基于 Embedding 的召回框架，主要分为 i2i 召回和 u2i 召回。i2i 召回是指可以得到物品（Item）Embedding，但是模型没有直接得到用户（User）Embedding。u2i 是指模型同时得到了用户 Embedding 和物品 Embedding。

**1．i2i 召回的基本框架**

　　i2i 召回框架如图 3-9 所示。离线部分根据用户历史行为训练召回模型，输出物品 Embedding，存储到数据库中；线上部分接收用户请求，根据用户历史行为，从数据库中查找对应的 Embedding，然后检索相似度最高的 $n$ 个物品，最后将 Top-$n$ 召回结果返回给后面的排序模块。

**2．u2i 召回的基本框架**

　　如果召回模型能够直接推断出用户 Embedding 和物品 Embedding，那么就可以直接计算两者的相似度，然后进行召回。u2i 召回的典型应用是在 2016 年 YouTube 发表的召回算法中，它可以直接输出用户 Embedding。在 u2i 召回框架中，考虑到有时用户规模太大，不方便存储，可以在线上召回的时候直接通过模型请求获取用户 Embedding，再检索相似物品。图 3-10 展示了 u2i 召回框架，和图 3-9 相比，主要区别在于 u2i 可以直接基于用户 Embedding 进行检索。

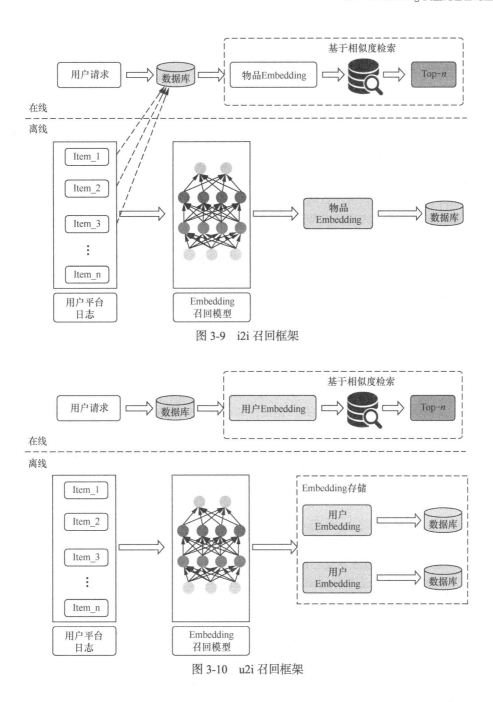

图 3-9    i2i 召回框架

图 3-10    u2i 召回框架

本章前面部分介绍了召回的基础知识，包括一些传统的基于协同过滤的召回算法，引出了 Embedding 技术在召回中的应用。后续会重点介绍基于内容语义、Graph Embedding 以及深度学习的召回。

# 3.5　基于内容语义的 i2i 召回

3.4.3 节介绍了 i2i 的召回框架，在获得物品 Embedding 后，可以基于相似度计算召回用户感兴趣的物品。在模型化召回中，有一类极其常用也最先能被想到的召回算法，那便是内容语义召回。在实际的推荐系统中，经常需要根据语义进行推荐。比如在新闻推荐场景，用户点击了科技新闻中有关某项人工智能技术的新闻，那么该用户自然也想看到相关的人工智能新闻；在视频推荐场景，用户观看了某部视频，那么该用户自然也想看到最新的视频相关的内容。无论是人工智能相关的新闻，还是视频相关的内容，内容语义都是相似的。因此，基于内容语义的 i2i 召回在推荐系统中被广泛应用。后文会依次介绍经典的语言模型。

语言模型原本用于解决 NLP 的相关任务，比如关键词匹配、文本分类、序列标注、智能问答等。由于在推荐场景，尤其是新闻推荐场景中，新闻有标题和内容，因此大家自然而然地就想到使用 NLP 的相关模型，典型的应用是使用语言模型生成新闻标题或内容的 Embedding，然后使用 i2i 的召回框架来召回语义相似的新闻。

## 3.5.1　物品 Embedding 生成

众所周知，语言模型一般都是基于词的，最后生成的都是词 Embedding，词是最小的单元，比如经典的词向量模型 Word2vec 就是如此。但是在 i2i 召回中，需要整个物品的 Embedding，比如新闻推荐场景需要标题或正文的 Embedding。常用的方法是对词 Embedding 做某种加权平均，得到整个物品的 Embedding，比如按 TF-IDF 加权，或者直接求均值。还有另外一种方法，就是将语言模型输入的词序列扩展为用户的行为序列，最后可以直接得到行为序列物品的 Embedding，这会在后面的 3.5.5 节提到。

## 3.5.2　Word2vec——经典的词向量方法

Word2vec 是 2013 年谷歌在论文 "Efficient Estimation of Word Representations in Vector Space" 中提出的语言模型，用于生成词 Embedding。Word2vec 有两种模型结构：Skip-gram 是指给定中心词来预测周围词，而 CBOW 是指给定周围词来预测中心词。比如，对于句子 "we soon believe what he desire"，如果中心词是 "believe"，滑动窗口大小是 2，则 Skip-gram 是用中心词 "believe" 来预测 "we" "soon" "what" "he"；而 CBOW 是用 "we" "soon" "what" "he" 来预测 "believe"。图 3-11 展示了 Word2vec 的两种模型结构。

可以看出 Skip-gram 和 CBOW 都是包含一个隐藏层的神经网络，模型结构略有不同。接下来分别从语料构建、模型结构、模型训练、负采样 4 个方面介绍 Skip-gram 和 CBOW。

1. Skip-gram

下面介绍 Skip-gram 模型具体的实现细节。

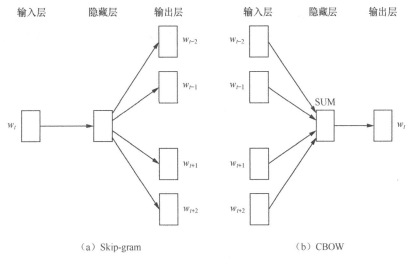

图 3-11　Word2vec 的两种模型结构

（1）Skip-gram 语料构建。还是以前面的"we soon believe what he desire"为例，滑动窗口大小 $C = 2$。图 3-12 展示了 Skip-gram 训练语料的生成过程。

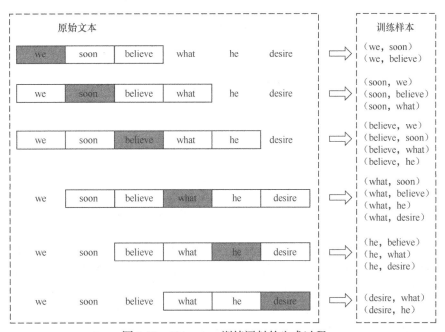

图 3-12　Skip-gram 训练语料的生成过程

Skip-gram 是一个多分类的模型，当中心词是"believe"时，应该使"We""soon""what""we"出现概率最大，即 $P$(We, soon, what, we | believe)最大化。

（2）Skip-gram 模型结构。图 3-13 展示了 Skip-gram 模型结构，输入词"believe"先经过一个隐藏层，得到隐向量 $\boldsymbol{v}_{w_I}$，然后和矩阵 $\boldsymbol{W}'_{N \times V}$ 相乘，最后"套上"softmax，得到所有词的输出概率。

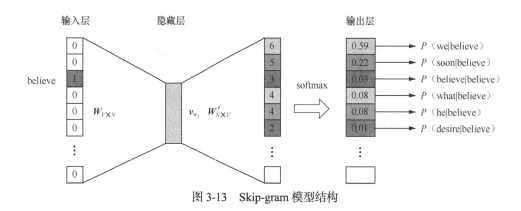

图 3-13　Skip-gram 模型结构

根据图 3-13 所示的模型结构可知，当给定输入词 $w_I$ 的词向量 $\boldsymbol{x} = [0, 0, \cdots, 1, \cdots, 0]$ 时，输出其他词的概率如下所示。

$$
\begin{aligned}
P\left(\cdot \middle| w_I\right) &= \text{softmax}\left(\boldsymbol{x} \cdot \boldsymbol{W} \cdot \boldsymbol{W}'\right) \\
&= \text{softmax}\left(\boldsymbol{v}_{w_I} \cdot \boldsymbol{W}'\right) \\
&= \text{softmax}\left(\boldsymbol{v}_{w_I} \cdot \left[\boldsymbol{v}'_{w_1}{}^{\mathrm{T}}, \boldsymbol{v}'_{w_2}{}^{\mathrm{T}}, \cdots, \boldsymbol{v}'_{w_V}{}^{\mathrm{T}}\right]\right) \\
&= \text{softmax}\left(\left[\boldsymbol{v}_{w_I} \cdot \boldsymbol{v}'_{w_1}{}^{\mathrm{T}}, \boldsymbol{v}_{w_I} \cdot \boldsymbol{v}'_{w_2}{}^{\mathrm{T}}, \cdots, \boldsymbol{v}_{w_I} \cdot \boldsymbol{v}'_{w_V}{}^{\mathrm{T}}\right]\right)
\end{aligned}
\tag{3-14}
$$

于是，可以得出输出 $w_I$ 的概率：

$$
P\left(w_j \middle| w_I\right) = \frac{\exp\left(\boldsymbol{v}_{w_I} \boldsymbol{v}'_{w_j}{}^{\mathrm{T}}\right)}{\sum_{j'=1}^{V} \exp\left(\boldsymbol{v}_{w_I} \boldsymbol{v}'_{w_{j'}}{}^{\mathrm{T}}\right)}
\tag{3-15}
$$

其中，$j$ 表示第 $j$ 个词的索引，$I$ 是 Input 的首字母，表示输入词的索引。这里举一个例子说明图 3-13 所示的模型结构是如何根据输入词 $w_I$ 来预测输出词 $w_I$ 的概率的。以计算 $P(\text{soon} \mid \text{believe})$ 为例，如图 3-14 所示。首先对所有单词进行独热编码，比如对中心词"believe"进行独热编码后为[0, 0, 1, 0, 0, 0]；然后和输入矩阵 $\boldsymbol{W}$ 相乘，得到隐藏层输出为[3, −2, 1]，这里输入矩阵的大小为 6×3；得到隐藏层输出后，再和输出矩阵（大小为 3×6）相乘，得到输出向量为[6, 5, 3, 4, 4, 2]；最后对输出向量进行 softmax 运算，得到所有词的输出概率。其中"desire"不是"believe"的周围词，输出的概率最小，约为 0.01。

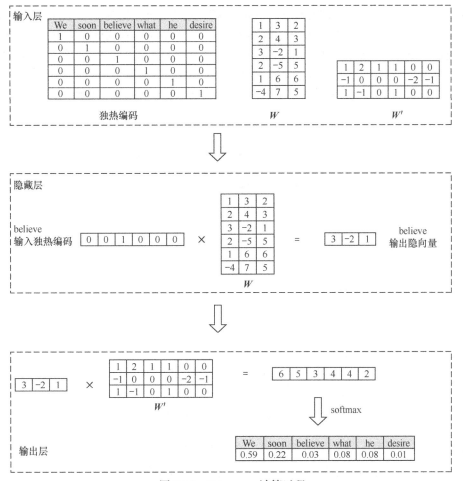

图 3-14　Skip-gram 计算过程

（3）Skip-gram 模型训练。Skip-gram 的目标是给定中心词，最大化上下文出现的概率，即最大化 $P(w_{O,1},\cdots,w_{O,C}|w_I)$。其中 $O$ 是 Output 的首字母，$C$ 是 Context 的首字母，$I$ 是 Input 的首字母。基于极大似然估计，损失函数可以表示如下。

$$
\begin{aligned}
E &= -\log P\left(w_{O,1},\cdots,w_{O,C}\mid w_I\right) = -\log \prod_{c=1}^{C} P\left(w_{O,C}\mid w_I\right) \\
&= -\log \prod_{c=1}^{C} \frac{\exp\left(\boldsymbol{v}_{w_I}\boldsymbol{v}'_{w_{O,c}}{}^{\mathrm{T}}\right)}{\sum_{j'=1}^{V}\exp\left(\boldsymbol{v}_{w_I}\boldsymbol{v}'_{w_{j'}}{}^{\mathrm{T}}\right)} \\
&= -\log \sum_{c=1}^{C} \boldsymbol{v}_{w_I}\boldsymbol{v}'_{w_{O,c}}{}^{\mathrm{T}} + C\log \sum_{j'=1}^{V}\exp\left(\boldsymbol{v}_{w_I}\boldsymbol{v}'_{w_{j'}}{}^{\mathrm{T}}\right)
\end{aligned}
\tag{3-16}
$$

（4）Skip-gram 负采样。前面给出了 Skip-gram 的训练方法，但事实上，完全按照上面的方法进行训练并不可行。假设语料库中词的数量为 10000，隐藏层神经元个数为 300，则每次训练都需要对 10000 个词计算输出概率，并且对 300 + 10000×3 个参数计算梯度，在实际训练中计算开销太大。

为了减轻 Skip-gram 的训练压力，我们往往采用负采样的方法进行训练。相比于原来需要计算所有词的预测误差，负采样方法只需要对采样出的几个负样本计算预测误差。这样一来，Skip-gram 模型的优化目标从一个多分类问题转化为一个近似二分类问题，模型结构变成图 3-15 所示的形式。

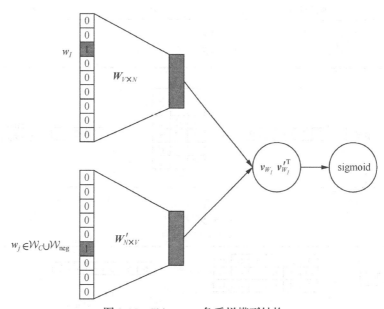

图 3-15　Skip-gram 负采样模型结构

在图 3-15 中，$w_I$ 是中心词，经过隐藏层后输出隐向量 $\boldsymbol{v}_{w_I}$，$w_J$ 是上下文词（即正样本）和负采样词构成的集合，经过隐藏层后输出隐向量 $\boldsymbol{v}'_{w_J}$。假设 $w_O \in \mathcal{W}_C$ 是正样本，$w_N \in \mathcal{W}_{\text{neg}}$ 是负样本，则损失函数可以表示如下。

$$E = -\sum_{w_O \in \mathcal{W}_C} \log \sigma\left(\boldsymbol{v}_{w_I} {\boldsymbol{v}'_{w_O}}^{\mathrm{T}}\right) - \sum_{w_N \in \mathcal{W}_{\text{neg}}} \log \sigma\left(-\boldsymbol{v}_{w_I} {\boldsymbol{v}'_{w_N}}^{\mathrm{T}}\right) \tag{3-17}$$

其中，$\sigma(x) = \dfrac{1}{1 + \mathrm{e}^{-x}}$。

### 2. CBOW

前面提到 Skip-gram 是根据中心词预测周围词，而 CBOW 是根据周围词预测中心词，即最大化 $P\left(w_I \mid w_{O,1}, \cdots, w_{O,C}\right)$。前面介绍了 Skip-gram 的样本构建模型，CBOW 与其相似，只是 CBOW 输入的是周围词，输出的是中心词，接下来主要介绍 CBOW 的模型结构、模型训练以及负采样。

（1）CBOW 模型结构。图 3-16 展示了 CBOW 模型结构，根据周围词可以得到中心词 "believe" 和其他词的输出概率。

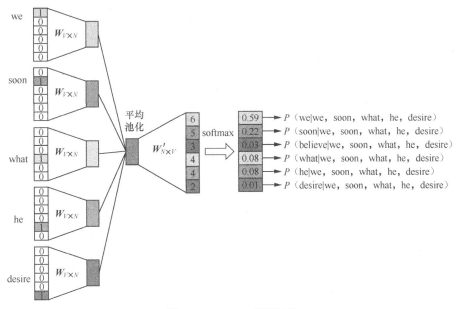

图 3-16　CBOW 模型结构

周围词（图 3-16 的 "we" "soon" 等）先经过一个隐藏层，得到其隐向量 $v_{w_{I,1}}, v_{w_{I,2}}, \cdots, v_{w_{I,C}}$，然后求均值得到 $h = \dfrac{v_{w_{I,1}} + v_{w_{I,2}} + \cdots + v_{w_{I,C}}}{C}$，再和矩阵 $W'_{N \times V}$ 相乘，最后 "套上" softmax，得到其他词的输出概率。

根据图 3-16 所示的模型结构可以得出，给定周围词后，经过隐藏层和平均池化后，得到隐向量均值 $h$，输出其他词的概率如下所示。

$$
\begin{aligned}
P\left(. \middle| w_{I,1}, \cdots, w_{I,C}\right) &= \mathrm{softmax}\left(h \cdot W'\right) \\
&= \mathrm{softmax}\left(h \cdot \left[v'_{w_1}{}^{\mathrm{T}}, \cdots, v'_{w_V}{}^{\mathrm{T}}\right]\right) \\
&= \mathrm{softmax}\left(\left[h \cdot v'_{w_1}{}^{\mathrm{T}}, \cdots, h \cdot v'_{w_V}{}^{\mathrm{T}}\right]\right)
\end{aligned}
\tag{3-18}
$$

于是，可以得出输出 $w_j$ 的概率，如下所示。

$$
P\left(w_j \middle| w_{I,1}, \cdots, w_{I,C}\right) = \frac{\exp\left(h \cdot v'_{w_j}{}^{\mathrm{T}}\right)}{\sum_{j'=1}^{V} \exp\left(h \cdot v'_{w_j}{}^{\mathrm{T}}\right)}
\tag{3-19}
$$

这里举一个例子说明图 3-16 所示的模型结构是如何根据周围词来预测其他词的输出概率的。仍然以计算 $P(\text{believe} \mid \text{we, soon, what, he, desire})$ 为例，如图 3-17 所示。

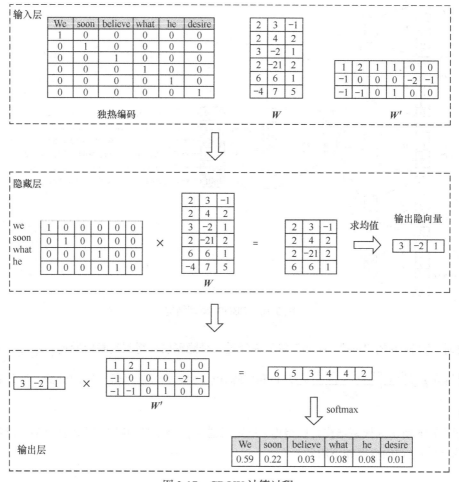

图 3-17 CBOW 计算过程

图 3-17 所示的 CBOW 计算过程和 Skip-gram 计算过程类似。首先对所有词进行独热编码；然后计算上下文词和输入矩阵的乘积，并对结果求均值得到输出隐向量；最后隐向量和输出矩阵做乘法操作并进行 softmax 运算，生成所有词的输出概率。

（2）CBOW 模型训练。CBOW 的目标是给定上下文词，最大化中心词出现的概率，即最大化 $P\left(w_O\middle|w_{I,1},\ldots,w_{I,C}\right)$，基于极大似然估计，损失函数可以表示如下。

$$
\begin{aligned}
E &= -\log P\left(w_O\middle|w_{I,1},\cdots,w_{I,C}\right) \\
&= -\log \frac{\exp\left(\boldsymbol{h}\cdot\boldsymbol{v}'_{w_O}{}^{\mathrm{T}}\right)}{\sum_{j'=1}^{V}\exp\left(\boldsymbol{h}\cdot\boldsymbol{v}'_{w_{j'}}{}^{\mathrm{T}}\right)} \\
&= -\boldsymbol{h}\cdot\boldsymbol{v}'_{w_O}{}^{\mathrm{T}} + \log\sum_{j'=1}^{V}\exp\left(\boldsymbol{h}\cdot\boldsymbol{v}'_{w_{j'}}{}^{\mathrm{T}}\right)
\end{aligned}
\tag{3-20}
$$

给定损失函数后，可以使用梯度下降法训练模型。

（3）CBOW 负采样。和 Skip-gram 类似，CBOW 也可以使用负采样降低计算开销，将多分类问题转化为近似的二分类问题。图 3-18 展示了 CBOW 负采样模型结构。

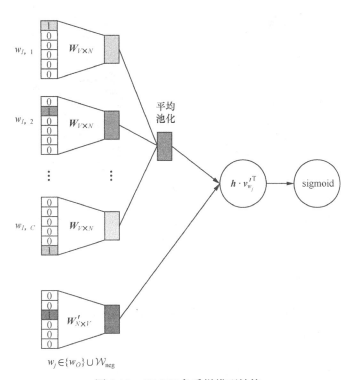

图 3-18　CBOW 负采样模型结构

在图 3-18 中，$w_{I,1}, \cdots, w_{I,C}$ 是周围词，经过隐藏层和平均池化后输出隐向量 $\boldsymbol{h}$，$w_j$ 是中心词（即正样本）和负采样集合中的词，经过隐藏层后输出 $\boldsymbol{v}'_{w_j}$。假设 $w_N \in \mathcal{W}_{\text{neg}}$ 是负样本，则损失函数可以表示为如下形式。

$$E = -\sum_{w_O \in \mathcal{W}_C} \log \sigma\left(\boldsymbol{h} \cdot \boldsymbol{v}'_{w_O}{}^{\mathrm{T}}\right) - \sum_{w_N \in \mathcal{W}_{\text{neg}}} \log \sigma\left(-\boldsymbol{h} \cdot \boldsymbol{v}'_{w_N}{}^{\mathrm{T}}\right) \tag{3-21}$$

由于负样本集合的大小非常有限，在每轮梯度下降过程中，计算复杂度将大大降低。

在获得输入向量矩阵 $\boldsymbol{W}$ 后，其中每一行对应的权重向量就是词 Embedding。由于所有词都采用了独热编码，因此向量矩阵可以转换成 Word2vec 查找表，如图 3-19 所示。

图 3-19 展示了 Word2vec 词向量的获取方式，但是我们知道，Word2vec 还有一个输出词向量矩阵，那为什么输入和输出不用同一个词向量矩阵？在斯坦福 NLP 课程 CS224N 第二讲有关 Word2vec 的部分中提到，主要原因是当有两个向量时在数学上更简单，两个向量在优化时相互独立，也更容易进行优化操作。最后可以使用其中一个向量或者取两者平均值使用。

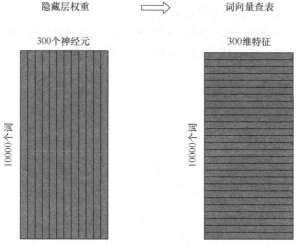

隐藏层权重　　　⟹　　　词向量查表

300个神经元　　　　　　　　　300维特征

图 3-19　Word2vec 查找表

　　Word2vec 的提出使得 Embedding 这一研究话题成为热点，在 Word2vec 的研究中提出的模型结果、目标函数、负采样方法，在后续的模型中也被反复使用。

### 3.5.3　FastText——字符级别 n-gram 方法

　　FastText 是 Facebook 在 2016 年提出的文本分类模型，Embedding 是 FastText 分类的副产物。本节主要从输入表示、模型结构、词向量生成 3 个方面介绍 FastText。

　　**1．FastText 输入表示**

　　FastText 的输入是整个文本的词序列，同时在表示单个词 Embeddiing 的时候，引入了单个词的 n-gram 特征，最后的词 Embedding 就可以用 n-gram 向量的均值表示。接下来介绍 n-gram 特征是如何生成的。

　　Word2vec 把语料中的每个单词作为最小单元，最后为每个单词生成一个 Embedding。这忽略了单词内部的结构，比如 "china" 和 "chines"，两个单词有很多公共字符，它们的内部结构相似。但是在传统的 Word2vec 中，这种单词内部结构信息因为被转换成不同的 ID 而丢失了。为了解决这个问题，FastText 使用了字符级别的 n-gram 来表示一个单词。对于单词 "where"，假设 $n$ 的取值为 3，则 n-gram 表示为<wh, whe, her, ere, re>。其中，<表示前缀，>表示后缀。进一步，我们可以用这 5 个字符的向量叠加表示 "where" 的词向量。同时，FastText 保留了整个单词<where>，需要注意的是<her>表示的是单词 "her"，而 her 表示的是 where 中的 tri-gram。

　　有了单个词的 n-gram 特征表示，词 Embedding 就可以用 n-gram 向量的均值表示。比如上面提到的词 "where"，输入特征为 "<wh" "whe" "her" "ere" "re>" "<where>"，经过独热编码后与权重矩阵相乘，得到 $v_1,v_2,v_3,v_4,v_5,v_6$，那么词 "where" 的 Embedding 就可以表示为 $v_1\sim v_6$ 的均值。

　　**2．FastText 模型结构**

　　上文介绍了 FastText 每个词的 Embedding 表示，由 n-gram 向量生成。FastText 的模型结构如

图 3-20 所示，和 Word2vec 的 CBOW（见图 3-16）非常相似。从图 3-20 可以看出，FastText 和 CBOW 都是由输入层、隐藏层、输出层构成的，只是在输入层词向量的表示以及输出层的目标上不一样，总结成表 3-1 所示的内容。

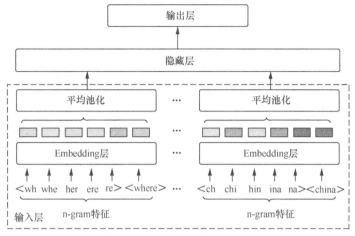

图 3-20　FastText 的模型结构

表 3-1　FastText 模型和 CBOW 模型对比

| 层名 | FastText 模型 | CBOW 模型 |
| --- | --- | --- |
| 输入层 | 文本所有词、词 n-gram 特征 | 中心词的上下文 |
| 隐藏层 | 词 Embedding 加权平均 | 词 Embedding 加权平均 |
| 输出层 | 输出文本分类 | 输出中心词概率 |

### 3. FastText 词向量生成

FastText 的词向量由 n-gram 向量的均值得到。和 Word2vec 相比，FastText 有以下两个优点。

- 对低频词生成的词向量效果会更好，因为它们的 n-gram 可以和其他词共享。
- 对训练词库之外的单词，仍然可以构建它们的词向量。我们可以叠加它们的字符级 n-gram 向量。

## 3.5.4　BERT——动态词向量方法

在介绍 BERT 之前，先直观地解释一下为什么 BERT 是动态词向量方法。假设有两个句子"I have an apple""I have an apple phone"，把这两个句子分别作为 BERT 的输入。由于在 BERT 算法中每个词会与上下文做复杂的注意力（attention）计算，两个句子中"apple"对应的 Embedding 是不一样的，因此 BERT 是动态词向量方法。而如果使用 Word2vec，由于训练好了 lookup table，上面两个句子中"apple"的 Embedding 只需要查询 lookup table，因此 Word2vec 是静态词向量方法。

来自变换器的双向编码表示（bidirectional encoder representation from transformer，BERT）是 2018 年谷歌 AI 团队提出的预训练语言模型，在 11 项 NLP 任务上刷新了最好指标，可以说是近年来 NLP

领域取得的最重大的进展之一。BERT 论文也斩获了 NLP 领域顶会 NAACL 2019 的最佳论文奖。在 BERT 提出的同年，业界还提出了基于循环神经网络（recurrent nerual network，RNN）的 ELMo 和 ULMFiT、基于 Transformer 的 OpenAI GPT，当然最引人注目的还是 BERT。预训练语言模型的成功，证明了我们可以从海量的无标注文本中学到潜在的语义信息，而无须为每一项下游 NLP 任务单独标注大量训练数据。此外，预训练语言模型的成功也开创了 NLP 研究的新范式，即首先使用大量无监督语料进行语言模型预训练（pre-training），再使用少量标注语料进行微调（fine-tuning）来完成具体的 NLP 任务（比如分类、序列标注、句间关系判断和机器阅读理解等）。目前，大部分 NLP 深度学习任务都会使用预训练好的词向量方法（如 Word2vec）进行网络初始化（而非随机初始化），从而加快网络的收敛速度。

Word2vec 也可以作为预训练语言模型，但是 Word2vec 生成的词向量对上下文信息考虑不足，无法处理一词多义问题。比如前面提到的"apple"一词，在不同语境中可能表示"苹果"，也可能表示"苹果手机"，但是在 Word2vec 中对应相同的词向量。BERT 的提出极大程度上解决了这个问题，接下来从模型结构、输入表示、预训练目标、微调、动态词向量获取这 5 个方面介绍 BERT。

**1. BERT 模型结构**

BERT 是基于 Transformer 的深度双向语言表征模型，其模型结构如图 3-21 所示，本质上是利用 Transformer 结构构造一个多层双向的编码（encoder）网络。

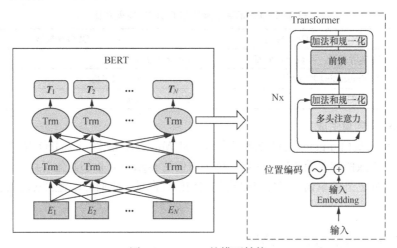

图 3-21　BERT 的模型结构

**2. BERT 输入表示**

针对不同的任务，BERT 模型的输入可以是单句或者句对。对于每一个输入的标记（token），它的表征由其对应的标记表征（token embedding）、段表征（segment embedding）和位置表征（position embedding）相加产生，如图 3-22 所示。

图 3-22 中的[CLS]表示起始词，对应最终的隐藏状态（hidden state），即 Transformer 的输出，可以用来表征整个句子，用于下游的分类任务，如果没有分类任务，可以忽略此向量。[SEP]用于区分两个句子。

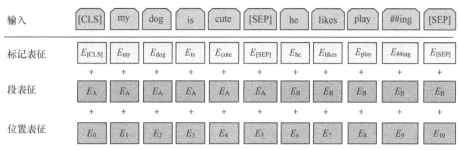

图 3-22　BERT 输入表示

### 3．BERT 预训练目标

BERT 预训练过程包含两个不同的预训练任务，分别是掩码语言模型（masked language model，MLM）和下一句预测（next sentence prediction，NSP）。

（1）MLM。MLM 通过随机掩盖一些词（替换为统一标记符[MASK]）后预测这些被掩盖的词来训练双向语言模型，并且使每个词的表征参考上下文信息。这样做有以下两个缺点。

- 预训练和微调时的样本不一致，因为在微调时[MASK]总是不可见的。
- 由于每个批量（batch）中只有 15%的词会被预测，因此模型的收敛速度比单向的语言模型更慢，训练花费的时间更长。

对于第一个缺点，其解决办法是：把 80%需要被替换成[MASK]的词进行替换，10%随机替换为其他词，10%保留原词。比如执行下面的过程。

- 80%：用[MASK]标记替换单词。例如：I have an apple→I have an [MASK]。
- 10%：用一个随机的单词替换该单词。例如：I have an apple→I have an egg。
- 10%：保持不变。例如：I have an apple→I have an apple。

由于 Transformer 编码并不知道哪个词需要被预测，哪个词是被随机替换的，因此就强迫每个词的表达参照上下文信息。

（2）NSP。为了训练一个能理解句子间关系的模型，如问答（question and answer，QA）和自然语言推理（natural language inference，NLI），引入下一句预测任务。这一任务的训练语料可以通过从语料库中抽取句子对（包括两个句子 A 和 B）来生成，其中有 50%的概率 B 是 A 的下一句，有 50%的概率 B 是语料中的一个随机句子。NSP 任务预测 B 是否是 A 的下一句。

### 4．BERT 微调

对于下游分类任务，BERT 直接取第一个[CLS]最终的输出向量作为下游分类任务的输入，最后经过 softmax 运算后预测输出类别。需要强调的一点是，BERT 中的 NSP 任务就是一个分类任务。BERT 微调用于分类任务（如图 3-23 所示），[CLS]最终输出的向量 $C$ 用于下游分类任务的输入。

### 5．动态词向量获取

图 3-21 中最后 Transformer 输出的 $T_1, T_2, \cdots, T_N$ 便是我们需要的词向量，针对不同语境，同一个词的输出 Embedding 也不一样。最后，我们可以将所有词 Embedding 的均值作为整个文本的 Embedding。

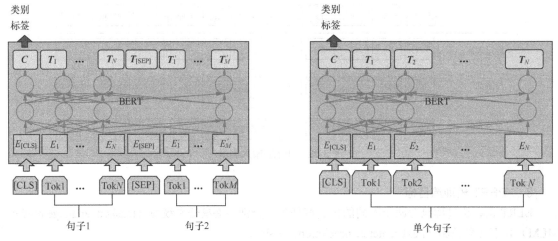

图 3-23　BERT 微调

## 3.5.5　语言模型扩展为序列模型

由于 Word2vec 和 BERT 可以对"词序列"中的词进行 Embedding，因此对于用户"新闻点击序列"中的一条新闻，或用户"观看序列"中的一部电影，就可以使用 Word2vec 或者 BERT 生成对应的 Embedding。以新闻推荐场景为例，分别基于 Word2vec 和 BERT 生成新闻 Embedding。

### 1. 基于 Word2vec 生成新闻 Embedding

在 Word2vec 诞生之后，Embedding 的思想迅速从 NLP 领域扩展到推荐系统等其他领域。基于 Word2vec 的原理，微软于 2016 年提出了计算物品 Embedding 的方法 Item2vec（这里的物品可以是新闻、物品、视频等）。

Word2vec 利用"词序列"生成词 Embedding，而 Item2vec 利用"新闻点击序列"生成新闻 Embedding。假设使用 Word2vec 时有一个长度为 $T$ 的句子 $w_1, w_2, \cdots, w_T$，则其优化目标函数如下所示。

$$L = \min \frac{1}{T} \sum_{t=1}^{T} \sum_{-c \leqslant j \leqslant c, j \neq 0} \log P\left(w_{t+j} \mid w_t\right) \tag{3-22}$$

假设使用 Item2vec 时有一个长度为 $K$ 的用户历史点击序列 $item_1, item_2, \cdots, item_K$，则 Item2vec 的优化目标函数如下所示。

$$L = \min \frac{1}{K} \sum_{i=1}^{K} \sum_{1 \leqslant j \leqslant K, j \neq i} \log P\left(item_j \mid item_i\right) \tag{3-23}$$

观察公式（3-22）和公式（3-23）的区别可以看出，Word2vec 与 Item2vec 唯一区别在于：Item2vec 摒弃了时间窗口的概念，认为序列中任意两个物品都相关。两者其他的训练过程和最终物品 Embedding 的生成完全一样。

### 2. 基于 BERT 生成新闻 Embedding

将 BERT 应用于新闻推荐场景，只考虑 MLM 任务，则输入可以表示为图 3-24 所示的形式。图 3-24 中的物品 Embedding 对应 BERT 中的标记 Embedding，会话 Embedding 对应段 Embedding。可以看出，此时的 BERT 有两点和标准 BERT 不一样。

（1）图 3-24 中并没有位置 Embedding，这主要是因为用户的点击序列不会有重复的物品，因此如果加上位置 Embedding，效果就相当于重复加上了物品 Embedding。

（2）图 3-24 中的 BERT 没有像标准 BERT 那样，在第一个位置加上标记[CLS]，主要是因为其仅考虑了 MLM 任务。

除了输入表示和标准 BERT 不同，图 3-24 中的 BERT 的 MLM 采样方法、模型结构与标准 BERT 完全一样。

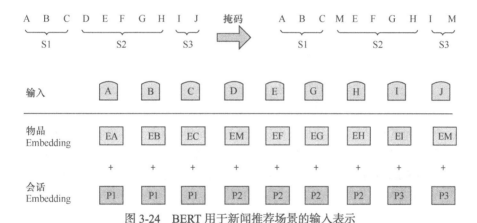

图 3-24　BERT 用于新闻推荐场景的输入表示

## 3.5.6　内容语义召回小结

本节主要介绍了基于内容语义语言模型在召回中的应用。其中，重点介绍了 Word2vec 和 BERT 的基本原理，很多词向量模型都基于 Word2vec 和 BERT 演化而来，而 BERT 预训练模型在很多场景都被广泛应用。Word2vec 和 BERT 针对词序列的 Embedding，可以自然而然地扩展到推荐场景的点击序列。

虽然 Word2vec 和 BERT 有诸多优点，但是它们都只考虑了序列关系，而没有考虑复杂的图结构信息。在推荐场景中，数据对象之间呈现的更多是图结构信息。3.6 节将介绍 Graph Embedding 在召回中的应用。

# 3.6　基于 Graph Embedding 的 i2i 召回

　　3.5 节提到，Item2vec 作为 Word2vec 的推广，在推荐系统中常被用来生成序列物品的 Embedding。但是序列模型有其局限性，在互联网场景下，用户的行为数据往往呈现为图结构，如图 3-25 所示。单独看每个用户，点击序列都是不同的，但是不同用户之间有交集，比如第一个用户和第二个用户都点击了 $D$ 和 $B$。这些图结构信息在序列模型中很难被捕捉到，而在互联网场景中，用户的行为丰富多样，图结构信息也非常丰富。

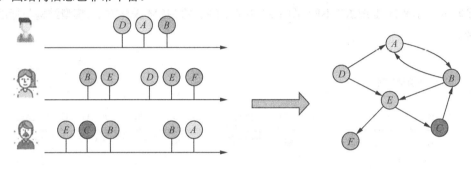

（a）用户行为序列　　　　　　　　　　　　（b）用户行为图结构

图 3-25　用户行为数据呈现为图结构

　　Item2vec 等序列模型更多的是捕捉用户行为序列之间的相关性，并没有考虑图结构中的二度邻接点关系。以图 3-26 为例，节点 $B$ 和 $C$、$D$ 都共线，但是由于 $C$ 和 $D$ 出现在两个序列中，因此最终序列模型生成的 Embedding 并不相似。如果考虑图结构，那么 $C$ 和 $D$ 应该也比较相似。

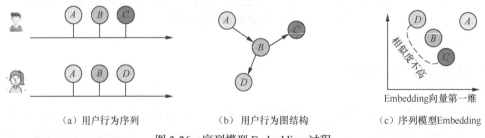

（a）用户行为序列　　　　　　（b）用户行为图结构　　　　　（c）序列模型Embedding

图 3-26　序列模型 Embedding 过程

　　正是由于在面对图结构时，传统的序列模型 Embedding 方法表达能力有限，因此 Graph Embedding 成为新的研究方向，在召回中得以广泛应用。

　　Graph Embedding 是一种对图结构中的节点进行 Embedding 的方法，最终生成的节点 Embedding 一般包含图的全局结构信息以及邻接点的局部相似度信息。接下来介绍常用的 Graph Embedding 方法，包括 DeepWalk、EGES、Node2vec、GCN 以及 GraphSAGE。

### 3.6.1 DeepWalk——随机游走图表征

DeepWalk 是近年来第一个有影响力的大规模 Graph Embedding 方法，它的本质是在图结构上随机游走，生成物品序列，然后将这些物品序列作为训练样本输入 Skip-gram 进行训练，得到物品 Embedding。图 3-27 展示了 DeepWalk 的算法流程。

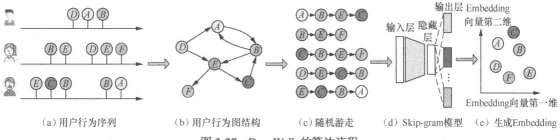

（a）用户行为序列　　（b）用户行为图结构　　（c）随机游走　　（d）Skip-gram模型　　（e）生成Embedding

图 3-27　DeepWalk 的算法流程

图 3-27（a）是用户行为序列，将其转化为图 3-27（b）所示的图结构，然后通过随机游走重新生成图 3-27（c）所示的物品序列，将这些物品序列输入图 3-27（d）所示的 Skip-gram 模型中，最终生成图 3-27（e）所示的 Embedding。

在 DeepWalk 的算法流程中，最重要的就是随机游走过程。随机游走是一个非常基础的基于图结构的算法，它的本质是从一个节点出发，随机选择它的一个邻接点，再从这个邻接点出发到下一个节点，重复这个步骤并记录下所经过的所有节点。随机游走的关键是如何选择邻接点，当到达节点 $v_i$ 后，下一步遍历 $v_i$ 的邻接点 $v_j$ 的概率可以表示为

$$P\left(v_j \mid v_i\right) = \frac{w_{ij}}{\sum_{w_k \in \mathcal{N}_+(v_i)} w_{ik}}, v_j \in \mathcal{N}_+\left(v_i\right) \tag{3-24}$$

其中，$i$、$j$、$k$ 是节点的索引，$\mathcal{N}_+\left(v_i\right)$ 是 $v_i$ 的邻接点集合，$w_{ij}$ 是节点 $v_i$ 到 $v_j$ 边的权重，随机游走的概率就是跳转边的权重占所有邻接点边权重之和的比例。

DeepWalk 是一个非常简单但很有创意的方法，它将基于图的经典方法——随机游走和 NLP 中的 Skip-gram 模型结合，得到了一个简单好用的图表征学习方法。这也是深度学习第一次被应用在大规模图网络上。

### 3.6.2 EGES——阿里巴巴的 Graph Embedding 方法

DeepWalk 有一个问题，它单纯使用行为序列构建图结构，虽然可以生成物品 Embedding，但是如果遇到新的物品，或者出现次数少的物品，则 Embedding 效果会很差，这就是推荐系统常见的冷启动问题。为了使冷启动的物品也有效果不错的 Embedding，2018 年，阿里巴巴公布了在淘宝应用的 Graph Embedding 方法 EGES，其主要思想就是在 DeepWalk 生成 Embedding 的过程中引入物品的辅助信息。

在阿里巴巴的淘宝平台中，物品就是衣服、电器这些商品，可以引入的辅助信息包含物品的类别、对应的商店、风格、颜色等。有了物品的多个辅助信息，接下来的问题是如何融合物品的多个 Embedding，使之形成物品最后的 Embedding。最简单的方法是在 Skip-gram 网络中加入平均池化（avg pooling），比如对于物品 $v$，假设包含 $n$ 个辅助信息，加上物品 ID，一共有 $n+1$ 个特征，对应的 Embedding 表示为 $W_v^0, W_v^1, \cdots, W_v^n \in \mathbb{R}^d$，$d$ 表示 Embedding 的维度，使用平均池化，最后物品 $v$ 的 Embedding 表示为

$$H_v = \frac{1}{n+1} \sum_{s=0}^{n} W_v^s \tag{3-25}$$

平均池化虽然简单，但是也存在一些问题，即忽略了不同信息之间的差异，比如店铺信息应该比颜色信息更重要。为了解决这个问题，EGES 在此基础上对每个 Embedding 进行加权平均，模型结构如图 3-28 所示。对每类特征对应的 Embedding 向量，分别赋予权重 $a_1, a_2, \cdots, a_n$。图 3-28 中的隐藏层就是对不同 Embedding 进行加权平均，将加权平均后的 Embedding 输入 softmax 层采样，得到输出节点的概率分布。

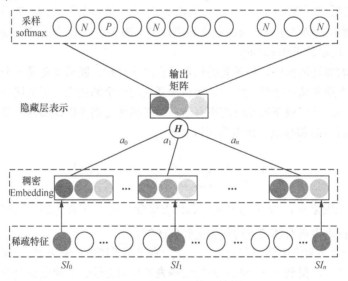

图 3-28　EGES 的模型结构

图 3-28 中加权平均的计算方式如下所示。

$$H_v = \frac{\sum_{j=0}^{n} e^{a_v^{(j)}} W_v^j}{\sum_{j=0}^{n} e^{a_v^{(j)}}} \tag{3-26}$$

使用 $e^{a_v^{(j)}}$ 而不是 $a_v^{(j)}$ 是为了保证权重大于 0，$\sum_{j=0}^{n} e^{a_v^{(j)}}$ 用来对权重进行归一化。

不同辅助信息对于最终 Embedding 的贡献不一样，一般而言，权重最大的应该是物品自身。图 3-29 是不同辅助信息的权重，可以看出，在淘宝平台中，用户更倾向于在同一家商店购买物品。

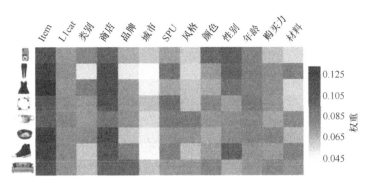

图 3-29　不同辅助信息的权重

从 EGES 模型结构来看，它并没有复杂的理论，但是给出了一个融合多种 Embedding 的方法，同时解决了物品的冷启动问题。

## 3.6.3　Node2vec——优化图结构的 Graph Embedding 方法

为了克服 DeepWalk 模型的随机游走（random walk）策略相对简单的问题，斯坦福大学的研究人员在 2016 年提出了 Node2vec 模型。该模型通过调整随机游走权重的方法使节点的 Embedding 向量更倾向于体现网络的同质性或结构性。

同质性指的是距离相近的节点的 Embedding 向量应相似，如图 3-30 所示，与节点 $u$ 相连的节点 $s_1$、$s_2$、$s_3$、$s_4$ 的 Embedding 向量应相似。为了使 Embedding 向量能够表达网络的同质性，需要让随机游走倾向于深度优先搜索（depth first search，DFS）。因为 DFS 更有可能通过多次跳转，到达远方的节点上，使游走序列集中在一个较大的集合内部，这就使得在一个集合内部的节点具有更高的相似性，从而表达图的同质性。

结构性指的是结构相似的节点的 Embedding 向量应相似。如图 3-30 所示，与节点 $u$ 结构相似的节点 $s_6$ 的 Embedding 向量应相似。为了表达结构性，需要让随机游走倾向于宽度优先搜索（width first search，BFS），因为 BFS 会更多地在当前节点的邻域中游走，相当于对当前节点的网络结构进行扫描，从而使得 Embedding 向量能够刻画当前节点邻域的结构信息。

Node2vec 主要通过控制节点间的跳转概率来控制 BFS 和 DFS 的倾向。图 3-31 所示为 Node2vec 算法中从节点 $t$ 跳转到节点 $v$，再从节点 $v$ 跳转到周围节点的跳转概率。

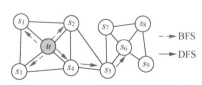

图 3-30　Node2vec 不同的游走方式

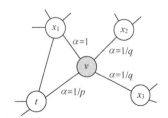

图 3-31　Node2vec 随机游走

从节点 $v$ 跳转到下一个节点 $x$ 的概率为

$$P_{vx} = \alpha_{pq}(t,x)w_{vx} \tag{3-27}$$

其中，$w_{vx}$ 是边 $vx$ 的权重，$\alpha_{pq}(t,x)$ 的定义为

$$\alpha_{pq}(t,x) = \begin{cases} \dfrac{1}{p} & ,d_{tx}=0 \\ 1 & ,d_{tx}=1 \\ \dfrac{1}{q} & ,d_{tx}=2 \end{cases} \tag{3-28}$$

其中，$d_{tx}$ 是节点 $t$ 到节点 $x$ 的最短距离，参数 $p$ 和 $q$ 用来控制随机游走算法的 BFS 和 DFS 倾向性。参数 $p$ 被称为返回参数（return parameter），$p$ 越小，随机游走返回节点 $t$ 的概率越大，Node2vec 更注重表达网络的结构性。参数 $q$ 被称为进出参数（in-out parameter），$q$ 越小，随机游走到远方节点的概率越大，Node2vec 更注重表达网络的同质性。当 $p=q=1$ 时，Node2vec 就退化成了 DeepWalk 算法。

图 3-32 为 Node2vec 通过调整 $p$ 和 $q$，使 Embedding 向量更倾向于表达同质性和结构性的可视化结果。图 3-32（a）为 Node2vec 更注重同质性的体现，可以看到距离相近的节点颜色更为接近；图 3-32（b）为结构性的体现，结构特点相近的节点颜色更为接近（见文前彩插）。

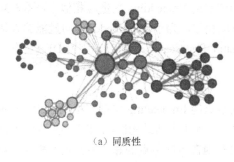

（a）同质性

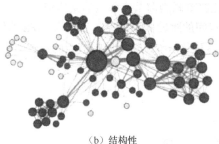

（b）结构性

图 3-32　Node2vec 的可视化结果

相较于 DeepWalk，Node2vec 通过设计带偏置的随机游走（biased-random walk）策略，能对图

中节点的结构性相似和同质性相似进行权衡，使得模型生成的 Embedding 更加灵活，实用性更强。

Node2vec 应用于新闻推荐场景，同质性相似度高的新闻很可能是同类别的新闻，比如同样是娱乐类新闻，而结构性相似度高的新闻很可能是一些热点新闻。

前面讲的浅层图模型 DeepWalk、Node2vec 等实际上是通过随机游走得到行为序列，最后还是通过序列模型学习节点 Embedding，图结构信息主要通过随机游走控制。近年来，研究人员尝试将深度图模型和神经网络结合，直接在图中提取拓扑图的空间特征，这一类方法统称为图神经网络。

图神经网络主要分为四大类：图卷积网络（graph convolution network，GCN）、图注意力网络（graph attention network，GAT）、图自编码（graph autoencoder，GAE）网络和图生成网络（graph generative network，GGN）。后面主要介绍 GCN 的两个经典算法：基于谱域的 GCN，以及基于空间域的图采样聚合（graph sample and aggregate，GraphSAGE）。

### 3.6.4　GCN——基于谱域的图神经网络

在介绍 GCN 之前，先介绍提取拓扑图空间特征的两种主要方法。

（1）基于空间域（spatial domain）或顶点域（vertex domain）的方法。

（2）基于频域（frequency domain）或谱域（spectral domain）的方法。

简单来说，空间域可以类比为直接在图片的像素点上进行卷积，而频域可以类比为对图片进行傅里叶变换后，再进行卷积。

（1）基于空间域：基于空间域卷积的方法是直接将卷积操作定义在每个节点的连接关系上，和传统的 CNN 中的卷积更相似一些。它主要有两个问题，即按照什么条件去寻找中心节点的邻接点，以及按照什么方式处理包含不同数目邻接点的特征。

（2）基于谱域：基于谱域是指借助卷积定理可以通过定义频谱域上的内积操作来得到空间域图上的卷积操作。

图神经网络的核心工作是对空间域中节点的 Embedding 进行卷积操作（即聚合邻接点 Embedding 信息），而 Graph 和 Image 数据的差别在于节点的邻接点个数、顺序都是不定的，使得传统用于 Image 上的卷积操作不能直接用在图上，因此需要在谱域上重新定义卷积操作，再通过卷积定理转换回空间域上。

谱域卷积是直接对图结构数据及节点进行卷积操作，其定义为给定信号 $x \in \mathbb{R}^N$（每个节点的向量，$N$ 是节点数）和卷积核 $g_\theta = \mathrm{diag}\,\theta, \theta \in \mathbb{R}^N$，则图上的卷积表示如下。

$$g_\theta * x = U g_\theta U^\mathrm{T} x \tag{3-29}$$

其中，$U$ 是归一化的拉普拉斯矩阵，拉普拉斯矩阵 $L$ 如下所示。

$$L = D - A = I_N - D^{-\frac{1}{2}} A D^{-\frac{1}{2}} = U \Lambda U^\mathrm{T} \tag{3-30}$$

其中，$I_N$ 是单位矩阵，$A$ 和 $D$ 分别是图的度矩阵和邻接矩阵，$\Lambda$ 表示对角矩阵。

这里介绍什么是度矩阵和拉普拉斯矩阵，如图 3-33 所示。其中，Labeled graph 是带标签的图结构，Degree matrix 是度矩阵，Adjacency matrix 是邻接矩阵，Laplacian matrix 是拉普拉斯矩阵，3 个矩阵的维度相同。

| 带标签的图结构 | 度矩阵 | 邻接矩阵 | 拉普拉斯矩阵 |
|---|---|---|---|
| 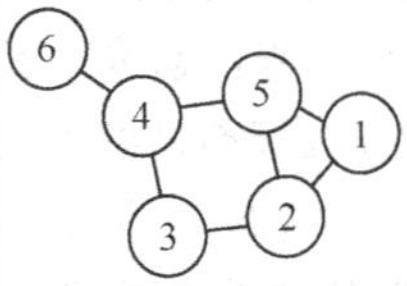 | $\begin{pmatrix} 2 & 0 & 0 & 0 & 0 & 0 \\ 0 & 3 & 0 & 0 & 0 & 0 \\ 0 & 0 & 2 & 0 & 0 & 0 \\ 0 & 0 & 0 & 3 & 0 & 0 \\ 0 & 0 & 0 & 0 & 3 & 0 \\ 0 & 0 & 0 & 0 & 0 & 1 \end{pmatrix}$ | $\begin{pmatrix} 0 & 1 & 0 & 0 & 1 & 0 \\ 1 & 0 & 1 & 0 & 1 & 0 \\ 0 & 1 & 0 & 1 & 0 & 0 \\ 0 & 0 & 1 & 0 & 1 & 1 \\ 1 & 1 & 0 & 1 & 0 & 0 \\ 0 & 0 & 0 & 1 & 0 & 0 \end{pmatrix}$ | $\begin{pmatrix} 2 & -1 & 0 & 0 & -1 & 0 \\ -1 & 3 & -1 & 0 & -1 & 0 \\ 0 & -1 & 2 & -1 & 0 & 0 \\ 0 & 0 & -1 & 3 & -1 & -1 \\ -1 & -1 & 0 & -1 & 3 & 0 \\ 0 & 0 & 0 & -1 & 0 & 1 \end{pmatrix}$ |

图 3-33　图结构的度矩阵、邻接矩阵和拉普拉斯矩阵

邻接矩阵比较好理解，这里主要介绍度矩阵和拉普拉斯矩阵是如何得到的。把邻接矩阵的每一列元素加起来得到 $N$ 个数，然后把它们放在对角线上，组成一个 $N×N$ 的对角矩阵，得到的就是度矩阵。实际上度矩阵表示的是图中每个节点的邻接点个数，而拉普拉斯矩阵就是度矩阵减去邻接矩阵而得到的。

由于上述卷积运算的计算复杂度高（$U$ 相乘的计算复杂度为 $O(N^2)$），因此传统的卷积无法有效应用。为了降低计算复杂度，Hammond 在 2011 年的论文 "Wavelets on graphs via spectral graph theory" 中提出可以用切比雪夫多项式近似核卷积，如下所示。

$$g_{\theta'} * x \approx \sum_{k=0}^{K} \theta'_k T_k(\tilde{L}) x \tag{3-31}$$

其中，$\tilde{L} = \dfrac{2}{\lambda_{max}} L - I_N$，$\lambda_{max}$ 表示拉普拉斯矩阵 $L$ 最大特征值，$\theta' \in \mathbb{R}^K$ 是切比雪夫多项式系数向量，切比雪夫多项式递归定义为 $T_k(x) = 2x T_{k-1}(x) - T_{k-2}(x)$，其中 $T_0(x) = 1, T_1(x) = x$。通过使用切比雪夫多项式展开，卷积运算可以通过递归近似，取多项式的前 $k$ 项表示对 $k$ 跳的邻接点及特征进行卷积运算。

Thomas 等人 2017 年在论文 "Semi-Supervised Classification with Graph Convolutional Networks" 中对公式（3-31）做了进一步简化，限制每个卷积层仅处理一阶邻接点特征，通过采用分层传播规则叠加多层卷积，从而实现对多阶邻接点特征的传播。通过限制卷积核的一阶近似能缓解节点度分布非常宽的图对局部邻域结构的过度拟合问题。

多层图卷积的传播规则如下所示。

$$H^{(l+1)} = \sigma\left( \tilde{D}^{-\frac{1}{2}} \tilde{A} \tilde{D}^{-\frac{1}{2}} H^{(l)} W^{(l)} \right) \tag{3-32}$$

其中，$H^{(l)} \in \mathbb{R}^{N×D}$ 表示第 $l$ 层卷积核的输出，$H^{(0)} = X$ 是输入节点特征，$\tilde{D}^{-\frac{1}{2}} \tilde{A} \tilde{D}^{-\frac{1}{2}}$ 是卷积核的一阶近似（可以简单理解为邻接点特征的加权平均），$\tilde{A} = A + I_N$，$\tilde{D}$ 是 $\tilde{A}$ 的度矩阵，$W^{(l)}$ 是第 $l$ 层权重参数。

下面分别介绍 GCN 框架、GCN 训练、两层 GCN 例子、多层 GCN 结构。

### 1. GCN 框架

图 3-34 所示为 GCN 框架，包含输入层、隐藏层和输出层（见文前彩插）。

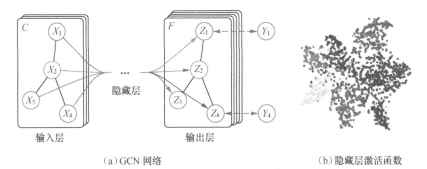

（a）GCN 网络                    （b）隐藏层激活函数

图 3-34　GCN 框架（$F$ 表示类别数）

每一层的具体含义可以表示如下。

（1）输入层：节点 $X_1$、$X_2$、$X_3$、$X_4$，每个节点包含 $C$ 维特征。

（2）隐藏层：经过多层卷积操作。

（3）输出层：最终输出每个节点的预测概率 $Z_1, Z_2, Z_3, Z_4$。

### 2. GCN 训练

GCN 针对带标签的节点计算交叉熵损失函数，如下所示。

$$L = -\sum_{l \in \mathcal{Y}_L} \sum_{f=1}^{F} Y_{lf} \ln Z_{lf} \tag{3-33}$$

其中，$\mathcal{Y}_L$ 是带标签节点集，$F$ 是类别数，比如 $F = 2$ 就是二分类。

图 3-34 中，$X_1$、$X_4$ 是带标签节点，对应的标签为 $Y_1$、$Y_4$，$X_2$、$X_3$ 是不带标签节点，那么 GCN 只能使用带标签节点 $X_1$、$X_4$ 进行训练。

### 3. 两层 GCN 例子

考虑两层的 GCN，记 $\hat{A} = \tilde{D}^{-\frac{1}{2}} \tilde{A} \tilde{D}^{-\frac{1}{2}}$，激活函数 $\sigma$ 采用 ReLU，输出层使用 softmax，则整体的正向传播可以表示如下。

$$(Z) = f(X, A) = \text{softmax}(\hat{A} \, \text{ReLU}(\hat{A} X W^{(0)}) W^{(1)}) \tag{3-34}$$

其中，$X \in \mathbb{R}^{N \times C}$ 是输入节点特征，$N$ 是节点个数，$C$ 是每个节点的特征维度；$W^{(0)} \in \mathbb{R}^{C \times H}$ 是输入层到隐藏层的权重；$W^{(1)} \in \mathbb{R}^{H \times F}$ 是隐藏层到输出层的权重，$H$ 是隐藏层神经元个数，$F$ 是类别数。

### 4. 多层 GCN 结构

多层 GCN 的模型结构如图 3-35 所示，输入所有节点的特征，经过多层卷积，最后输出每个节点的预测概率。

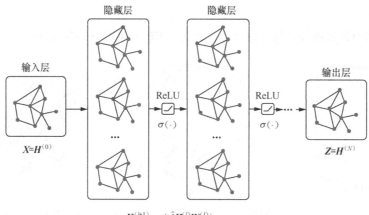

$$H^{(l+1)} = \sigma(\hat{A}H^{(l)}W^{(l)})$$

图 3-35　多层 GCN 的模型结构

### 3.6.5　GraphSAGE——基于空间域的图神经网络

基于谱域的 GCN 虽然可以捕捉图的全局信息，但是也有下面两个问题。

（1）每次训练需要一次性载入拉普拉斯矩阵。

（2）增加新节点需要重新训练 GCN。

针对这两个问题，GraphSAGE 模型提出了一种算法框架，可以很方便地得到新节点的表示。

GraphSAGE 基于空间域的方法，其思想与基于谱域的方法相反，它直接在图上定义卷积操作，对空间上相邻的节点进行运算。GraphSAGE 学习当前节点的 Embedding 是通过其邻接点的特征聚合得到的，这样就可以通过邻接点很方便地表示一个新节点。GraphSAGE 的计算流程主要包含 3 个部分。

（1）邻接点采样：对图中每个节点的邻接点进行采样。

（2）聚合函数生成节点 Embedding：根据聚合函数聚合邻接点特征，生成当前节点的 Embedding。

（3）预测输出：使用聚合函数生成的节点 Embedding，预测输出概率。

#### 1．GraphSAGE 邻接点采样

GraphSAGE 在每次聚合时，均匀地选取固定大小的邻接点数目，随着迭代的不断进行，节点得到来自图中越来越远的节点的信息。图 3-36 所示为 GraphSAGE 邻接点采样。

如图 3-36 所示，节点 $s_1$ 在第 1 层聚合时，选取了邻接点 $s_3$、$s_5$，在第 2 层聚合时虽然也只选取了 $s_3$、$s_5$，但是 $s_5$ 节点在第 1 层聚合了邻接点 $s_6$、$s_7$ 的信息，因此最终节点 $s_1$ 聚合了 $s_3$、$s_5$、$s_6$、$s_7$ 这 4 个节点的信息，其中包含二阶邻接点 $s_6$、$s_7$。随着聚合的不断迭代，最终每个节点会聚合越来越远的节点的信息。

#### 2．GraphSAGE 聚合函数

对于聚合函数，由于图中节点的邻接点是无序的，因此聚合函数应是对称的（改变输入节点的顺序，函数的输出结果不变），同时又具有较强的表示能力。聚合函数主要有以下 3 类。

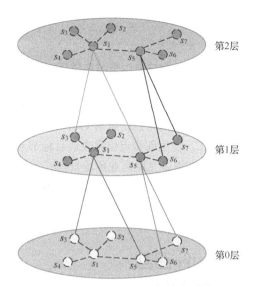

图 3-36 GraphSAGE 邻接点采样

（1）平均聚合（mean aggregator）：计算目标节点和其邻接点向量的均值，然后对均值向量做非线性变换得到最终聚合结果。

$$h_v^k \leftarrow \sigma\left(\boldsymbol{W} \cdot \mathrm{MEAN}\left(\left\{h_v^{k-1}\right\} \cup \left\{h_u^{k-1}, \forall u \in \mathcal{N}(v)\right\}\right)\right) \tag{3-35}$$

其中，$\mathcal{N}(v)$ 表示节点 $v$ 的邻接点集合。举个例子，比如目标节点向量为 $h_v^{k-1} = (1,2,3)$，两个邻接点的向量为 $(2,3,4)$、$(3,4,5)$，按照每一维求均值得到均值向量 $(2,3,4)$，最后再做非线性变换得到 $h_v^k$。

（2）池化聚合（pooling aggregator）：把各个邻接点单独经过一个全连接得到对应的向量，再把得到的所有向量经过最大池化（max-pooling）得到最终聚合结果。

$$\mathrm{AGGREGATE}_k^{\mathrm{pool}} = \max\left(\left\{\sigma\left(\boldsymbol{W}_{\mathrm{pool}} h_{u_i}^k + b\right), \forall u_i \in \mathcal{N}(v)\right\}\right) \tag{3-36}$$

（3）LSTM 聚合（LSTM aggregator）：使用长短记忆网络（long short-term memory，LSTM）来编码邻接点的特征，为了忽略邻接点之间的顺序，需要将邻接点顺序打乱之后输入 LSTM。相比简单的求平均和池化操作，LSTM 具有更强的表达能力。

### 3．GraphSAGE 模型训练

GraphSAGE 的损失函数如下所示。

$$J_{\mathcal{G}} = -\log\left(\sigma\left(z_u^{\mathrm{T}} z_v\right)\right) - Q \cdot \mathbb{E}_{v_n \sim P_n(v)} \log\left(\sigma\left(-z_u^{\mathrm{T}} z_{v_n}\right)\right) \tag{3-37}$$

其中，$z_v$、$z_u$ 分别表示节点 $v$ 和 $u$ 的 Embedding 向量，$v$ 是 $u$ 的邻接点，$Q$ 表示负样本数量，$P_n$ 表示负样本采样分布。有了损失函数的定义，就可以使用梯度下降法求解模型参数。

### 3.6.6　Graph Embedding 小结

针对当前热门的 Graph Embedding 召回技术，本节系统地讲解了 DeepWalk、Node2vec 两种不同的采样生成 Graph Embedding 的方法。针对新物品冷启动的问题，本节介绍了阿里巴巴在 DeepWalk 基础上引入辅助信息的方法 EGES；针对传统 DeepWalk 等方法捕捉图结构信息有限的问题，本节介绍了基于谱域的 GCN，能够在全局捕捉图的信息；针对 GCN 新增节点需要重新训练模型的问题，本节介绍了基于空间域的 GraphSAGE，使用邻接点信息表达目标节点，模型可扩展，实用性强。

Node2vec、EGES 和 GraphSAGE 在很多互联网业务场景都有落地应用，而且都取得了不错的效果，这也说明了 Graph Embedding 技术有很好的应用前景。3.7 节将介绍召回技术的最后一部分——基于深度学习的 u2i 召回。

## 3.7　基于深度学习的 u2i 召回

前面介绍了内容语义召回和 Graph Embedding 召回，两者都属于 i2i 召回的范畴，接下来介绍业界经典的 u2i 召回算法。

### 3.7.1　DSSM——经典的双塔模型

深度语义模型（deep structured semantic model，DSSM）是在 2013 年微软发表的一篇论文中被提出的，本用于语义匹配，后被移植到推荐系统等各个场景，成为经典的双塔模型。图 3-37 所示为 DSSM 双塔模型（变种）。

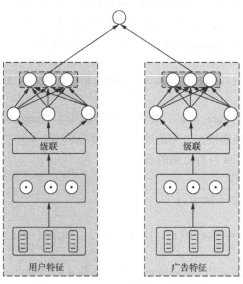

图 3-37　DSSM 双塔模型（变种）

如图 3-37 所示，两侧分别输入用户特征和广告特征，经过深度神经网络（deep neural network, DNN）变换后分别产出用户向量和广告向量。DSSM 最大的特点是用户和广告是独立的两个子网络，可以离线产出用户 Embedding 和广告 Embedding，召回时只需要计算两者的相似度。

DSSM 双塔模型虽然简单，但实用性强，在很多推荐场景中都被广泛应用。除了用于召回，DSSM 双塔模型还可作为排序模型，在用户和广告两侧可以扩展更多的特征。在实际应用中，用户特征一般包含用户基本信息、用户行为特征；广告特征一般包含广告 ID、广告类别、广告主 ID 等特征。最简单的是只输入用户 ID 和广告 ID，但是对于稀疏行为用户效果不太好，也无法解决广告冷启动问题。

## 3.7.2 YouTube 的深度学习召回算法

2016 年，YouTube 发表了深度学习推荐系统论文"Deep Neural Networks for YouTube Recommendations"，这是一篇理论和实践俱佳的论文，论文提到了如何从百万量级视频中快速召回几百个视频，同时保证召回的效果。图 3-38 所示为 YouTube 召回模型架构。

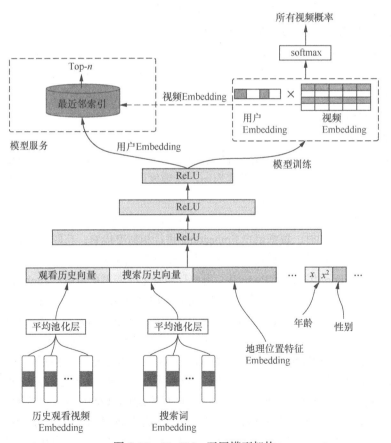

图 3-38 YouTube 召回模型架构

如图 3-38 所示，除了目标函数不是 CTR 预估，YouTube 召回模型基本上和标准的深度学习排序模型一样，是一个多层的神经网络结构，特殊的是，左上方的模型服务是召回的服务方法。下面主要从特征输入、模型训练、如何获取用户 Embedding/视频 Embedding、线上召回服务 4 个方面介绍实现细节。

**1. 特征输入**

输入特征包括用户历史观看视频 Embedding、搜索词 Embedding、地理位置特征 Embedding、年龄和性别。为了生成历史观看视频 Embedding 和搜索词 Embedding，可利用用户的视频观看序列和搜索序列，采用 Word2vec 方法。

**2. 模型训练**

YouTube 输入的历史观看视频 Embedding 和搜索词 Embedding 是预训练好的。虽然将 Embedding 过程和 DNN 的训练过程分开会损失一定信息，但也给模型的训练带来了更多的灵活性，同时可以使上层网络得到更好的训练。比如，视频 Embedding 和用户的 Embedding 是比较稳定的，Embedding 的训练频率要求不高，可以以天为单位更新，但是上层神经网络为了快速响应数据分布的变化，往往需要高频训练甚至实时训练。使用预训练 Embedding 是模型效果和训练开销之间的权衡。

**3. 如何获取用户 Embedding/视频 Embedding**

YouTube 的召回模型在预测下一次观看哪个视频的场景时，会将其转化为一个多分类问题，每一个候选视频都是一个分类，因此总共的分类数量就有几百万个，使用 softmax 对其进行训练将变得非常低效。为了解决这个问题，YouTube 采用了 Word2vec 中的负采样方法，减少每次训练的分类数量，加快模型的收敛速度。

**4. 线上召回服务**

如图 3-38 所示，用户 Embedding 就是最后一层 ReLU 层的输出向量，视频 Embedding 就是 softmax 之前的参数矩阵。假设用户 Embedding 维度为 $m$，视频数量为 $n$，那么参数矩阵的维度就是 $m \times n$，参数矩阵的列向量就是视频 Embedding。

图 3-38 左上角是 YouTube 采用的线上召回服务方法，模型训练好后，将视频 Embedding 存储到 Redis 等数据库中，线上召回时，根据用户 Embedding 进行相似度检索，获取 Top-$n$ 视频返回给用户。获取用户 Embedding 有两种方法，一种是输入用户特征并调用召回模型，模型实时返回用户 Embedding；另一种是将用户 Embedding 也存储到 Redis 中，用户行为发生改变再更新用户 Embedding。由于用户行为时刻都在发生改变，因此一般会直接调用模型服务，实时返回用户 Embedding。

这里补充说明，上面讲的将 Embedding 存储到 Redis，只是存储方法。线上相似度检索并不是直接从几百万 Embedding 中计算相似度，一般都是基于近似最邻近（approximate nearest neighbor，ANN）检索，比如使用 Facebook 的向量检索工具 Faiss 离线构建索引，然后计算每个用户最邻近的 $K$ 个物品，最后把每个用户最邻近的 $K$ 个物品存储到 Redis 中，线上直接查找 $K$ 个结果就可以。

在具体的业务场景中，假设有 1000 万个用户，50 万条数据，Embedding 维度为 100，20 台机器。使用 Faiss 构建索引，每台机器配置为 8 核 16GB，最后生成 1000 万个用户，每个用户有 100 个候选结果，一共只需要 20 分钟左右，最后将候选结果存储到 Redis 中，线上直接查找返回 100 个召回结果。

### 3.7.3 基于用户长短兴趣的 Embedding 召回

在实际应用中，前面的 Word2vec 召回及 Graph 召回一般不能取得最优的效果，需要结合业务特点进行相应的改进。本节以美团民宿短租业务为例，介绍如何改进 Word2vec，构建基于用户长短兴趣的 Embedding 召回。在具体的实现中，我们可以在点击序列中加入用户预订房源的信息，使搜索结果倾向于之前预订的房源；为了捕捉长期兴趣，我们可以引入时间更长的预订序列；而为了解决预订序列稀疏问题，可以对用户和房源进行分组。这一系列优化方法，都基于实际业务和数据的特点。接下来主要从美团民宿业务场景、基于短期兴趣的房源 Embedding、基于长期兴趣的房源 Embedding、召回效果评估、Embedding 特征在实时搜索中的应用这 5 个方面具体介绍如何构建更好的 Embedding 召回。

**1. 美团民宿业务场景**

美团民宿包含上百万房源，其主要功能是连接房主和租客。美团民宿的典型应用是当用户在搜索框输入位置、名称、房东等信息时，返回房源的推荐列表，如图 3-39 所示。

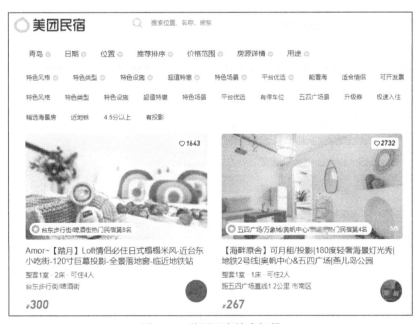

图 3-39　美团民宿搜索场景

在根据用户搜索返回推荐结果后，用户和房主之间的交互如图 3-40 所示。用户在点击房源后发出预订请求，房主有可能拒绝、同意或者不响应。

美团民宿采用的技术路线基于点击序列和预订序列生成房源 Embedding，然后用于召回或排序。在 Embedding 方法上，可以基于 Word2vec 原理，生成不同的 Embedding，分别用于表达用户的短期兴趣和长期兴趣。短期兴趣 Embedding 可以用于相似房源推荐，长期兴趣 Embedding 可以用于推荐用户之前预订的房源偏好。之所以要引入预订房源序列，是因为用户的预订是低频行为，而点击是高频行为。用户可能在一天内点击了多个房源，因此点击序列反映的多是短期兴趣，而用户在一年内可能只预订过几次，因此预订行为反映的是长期兴趣。

用户请求
搜索
点击
预订实例
预订成功
房主行为
请求预订
预订请求
拒绝
同意
联系房主
联系成功
不响应

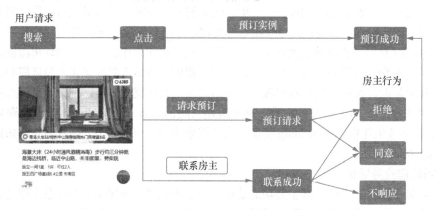

图 3-40　美团民宿中用户和房主的不同交互方式

### 2. 基于短期兴趣的房源 Embedding

利用用户点击会话（Session）对房源进行 Embedding，捕捉用户在一次搜索过程中的短期兴趣。会话定义如图 3-41 所示，只保留点击后在页面停留时间超过 30s 的点击，30min 内没有行为将断开会话。

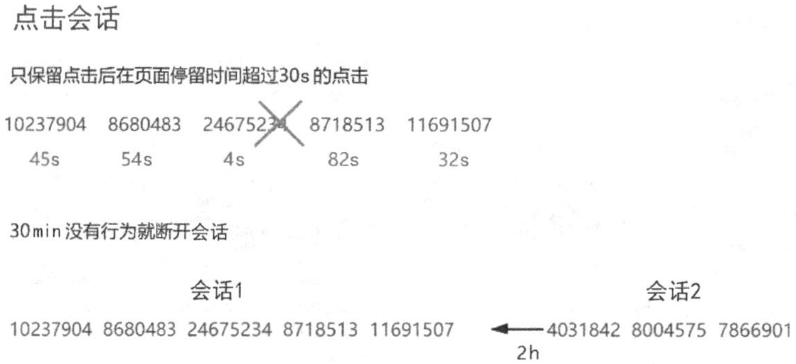

点击会话
只保留点击后在页面停留时间超过30s的点击
10237904　8680483　24675234　8718513　11691507
45s　54s　4s　82s　32s
30min没有行为就断开会话
会话1
会话2
10237904 8680483 24675234 8718513 11691507
4031842 8004575 7866901
2h

图 3-41　会话定义

有了会话的定义，就可以使用 Word2vec 中的 Skip-gram 模型训练房源 Embedding，优化目标为

$$\underset{\theta}{\operatorname{argmax}} \sum_{(l,c)\in D_p} \log \frac{1}{1+\mathrm{e}^{-v_c' v_l}} + \sum_{(l,c)\in D_n} \log \frac{1}{1+\mathrm{e}^{v_c' v_l}} + \log \frac{1}{1+\mathrm{e}^{-v_{l_b}' v_l}} \tag{3-38}$$

其中，最后一项中的 $l_b$ 代表被预订房源。

在美团民宿的业务场景中，用户总是喜欢搜索同一地区的房源，比如用户想去成都，就会一直搜索成都的房源。这会导致正样本集合 $D_p$ 中的房源几乎都来自同一地区，而负样本集合 $D_n$ 中的房源却来自不同地区。这种不平衡导致一个地区内的房源相似性不是最优的，会出现并不相似的房源

计算出的相似度也很高的情况。为了解决这一问题，我们可以新增一组负样本，从与中心房源 $l$ 属于同一地区的房源中随机采样。新的优化目标变成以下形式：

$$\underset{\theta}{\arg\max} \sum_{(l,c)\in D_p} \log \frac{1}{1+e^{-v'_c v_l}} + \sum_{(l,c)\in D_n} \log \frac{1}{1+e^{v'_c v_l}} + \log \frac{1}{1+e^{-v'_{lb} v_l}} + \sum_{(l,m_n)\in D_{m_n}} \log \frac{1}{1+e^{v'_{m_n} v_l}} \quad (3\text{-}39)$$

其中，$D_{m_n}$ 指的是同一地区的负样本集合。

根据得到的房源 Embedding 计算相似房源，模拟效果如图 3-42 所示。可以看出，根据房源 Embedding 选出的相似房源在价格、类型、建筑风格上都很接近。

图 3-42　美团民宿相似房源结果

### 3. 基于长期兴趣的房源 Embedding

前面通过点击会话生成房源 Embedding 的方式，虽然可以很好地找到相似房源，但是没有包含用户的长期兴趣。比如用户 1 个月之前预订的房源，在点击会话中并不能被发现，从而丢失了用户的长期兴趣。

为了捕捉用户的长期兴趣，我们可以使用预订序列（booked session）。但是预订序列的数据非常稀疏，大多数用户一年只有几次预订行为，甚至有些用户一年只预订过一个房源，这将导致很多预订序列的长度仅为 1。为了解决预订序列数据稀疏的问题，我们可以对用户和房源进行分组，保证相同组内的用户有相似的爱好，相同组内的房源相似度高。

我们可以基于规则对用户和房源进行分组，比如依据基于用户的设备类型、历史预订次数等条件进行分组。对房源分组也采用类似的规则，比如依据房源所在地区、每晚价格等条件进行分组。

有了用户分组（user_type）和房源分组（listing_type），就可以生成新的预订序列。使用(user_type, listing_type)替换原来的序列，预订序列变成$((u_{type1}, l_{type1}), (u_{type2}, l_{type2}), \cdots, (u_{typeM}, l_{typeM}))$，由于用户的属性会发生变化（比如历史预订次数），因此 $u_{type1}$、$u_{type2}$ 不一定相同。

有了预订序列，接下来便可以使用 Skip-gram 训练 Embedding，模型结果如图 3-43 所示。图 3-43 展示了中心词是 user_type 的模型结构。user_type Embedding 和 listing_type Embedding 的训练没有任何区别，把 user_type 和 listing_type 当作完全相同的词进行训练，这样可以保证用户 Embedding 和房源 Embedding 在相同的空间内，以便直接计算两者的相似度。

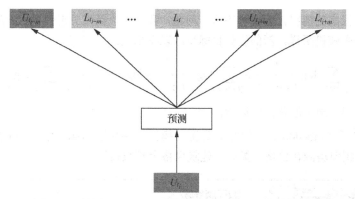

图 3-43　使用 Skip-gram 生成用户组和房源组 Embedding

当中心词是 user_type（$u_t$）时，优化目标如下所示。

$$\underset{\theta}{\mathrm{argmax}} \sum_{(u_t,c)\in D_{\mathrm{book}}} \log \frac{1}{1+\mathrm{e}^{-v'_c v_{u_t}}} + \sum_{(u_t,c)\in D_{\mathrm{neg}}} \log \frac{1}{1+\mathrm{e}^{v'_c v_{u_t}}} \tag{3-40}$$

其中，下标 $t$ 和 $c$ 表示词的索引。

当中心词是 listing_type（$l_t$）时，优化目标如下所示。

$$\underset{\theta}{\mathrm{argmax}} \sum_{(l_t,c)\in D_{\mathrm{book}}} \log \frac{1}{1+\mathrm{e}^{-v'_c v_{l_t}}} + \sum_{(l_t,c)\in D_{\mathrm{neg}}} \log \frac{1}{1+\mathrm{e}^{v'_c v_{l_t}}} \tag{3-41}$$

其中，$D_{\mathrm{book}}$ 是中心词附近用户分组（user_type）和房源分组（listing_type）的集合。由于预订序列中的大部分房源来自不同地区，因此这里不再需要对相同地区的房源进行负采样。图 3-44 所示为在预订序列中引入房主拒绝负样本。

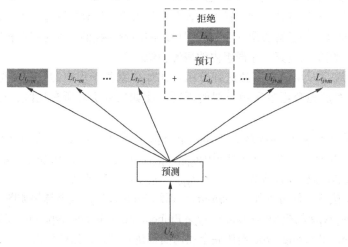

图 3-44　在预订序列中引入房主拒绝负样本

如图 3-44 所示，和点击行为只反映用户信息不同，预订行为还包含房主的信息。有些房主在接到预订请求后，可能选择拒绝，原因可能是用户信息不全、用户信誉低。因此，在预订序列中，我们可以引入额外的房主拒绝的负样本集合 $D_{\text{reject}}$。

图 3-44 展示了用户 $U_{t_i}$ 预订房源 $L_{t_i}$，被房主拒绝，模型结构中增加了该负样本。引入额外负样本集合后，当中心词是 user_type（$u_t$）时，优化目标如下所示。

$$\underset{\theta}{\text{argmax}} \sum_{(u_t, c) \in D_{\text{book}}} \log \frac{1}{1 + e^{-v_c'' v_{u_t}}} + \sum_{(u_t, c) \in D_{\text{neg}}} \log \frac{1}{1 + e^{v_c' v_{u_t}}} + \sum_{(u_t, l_t) \in D_{\text{reject}}} \log \frac{1}{1 + e^{v_{l_t}' v_{u_t}}} \tag{3-42}$$

当中心词是 listing_type（$l_t$）时，优化目标如下所示。

$$\underset{\theta}{\text{argmax}} \sum_{(l_t, c) \in D_{\text{book}}} \log \frac{1}{1 + e^{-v_c' v_{l_t}}} + \sum_{(l_t, c) \in D_{\text{neg}}} \log \frac{1}{1 + e^{v_c' v_{u_t}}} + \sum_{(l_t, u_t) \in D_{\text{reject}}} \log \frac{1}{1 + e^{v_{u_t}' v_{l_t}}} \tag{3-43}$$

#### 4．召回效果评估

离线评估一直是召回的难题，这里介绍一种简单的方法。测试通过用户最近的点击来推荐房源，有多大可能最终会产生订单。使用这一方法来评估模型训练出的 Embedding 的效果。

具体地，假设获得了用户最近点击的房源和候选房源集合，其中包含用户最终预订的房源，通过计算点击房源和候选房源的相似度，对候选房源进行排序，并观察预订房源在排序中的位置。排序位置越靠前，说明 Embedding 效果越好。

#### 5．Embedding 特征在实时搜索中的应用

生成的 Embedding 不仅可以用于召回阶段，还可以用于搜索排序阶段。在搜索排序阶段，可以根据前面生成的房源 Embedding、房源分组 Embedding 及用户分组 Embedding，构建不同特征，然后输入搜索排序模型。表 3-2 列出了可以尝试构建的主要特征。

表 3–2　基于用户和房源 Embedding 构建的特征

| 特征名 | 描述 |
| --- | --- |
| EmbClickSim | 候选房源和用户最近两周点击房源的相似度 |
| EmbSkipSim | 候选房源和用户忽略房源的相似度 |
| EmbLongClickSim | 候选房源和用户长点击房源的相似度（点击后停留超过 60s） |
| EmbWishlistSim | 候选房源和用户收藏房源的相似度 |
| EmbInqSim | 候选房源和用户联系房源的相似度 |
| EmbBookSim | 候选房源和用户预订房源的相似度 |
| EmbLastLongClickSim | 候选房源和用户最近长点击房源的相似度 |
| UserTypeListingTypeSim | 候选房源分组和用户分组的相似度 |

为了评估上面特征的效果，可以使用梯度提升树（gradient boosting decision tree，GBDT）模型生成特征权重，用于评估特征重要性。

### 3.7.4 深度学习 u2i 召回小结

和前面的 Embedding 召回算法相比，3.7 节主要介绍了业界常用的深度学习召回算法，从经典的双塔模型，到 YouTube 生成用户 Embedding 和视频 Embedding 方法，再到美团民宿结合业务的特点对序列 Embedding 方法进行改进。这些方法都有很大的借鉴意义，这些实践经验都可以用于自己的业务场景。

# 3.8　小结

本章介绍了 Embedding 技术在召回中的应用。从传统的基于协同过滤的召回，到基于内容语义的召回，再到基于 Graph Embedding 的召回，最后是基于深度学习的 u2i 召回，Embedding 在推荐系统召回中应用得越来越广，应用的方式也越来越多元化。

传统的召回模型有简单、可解释性强的特点，但是由于考虑信息不充分、泛化能力弱等原因，其逐渐被 Embedding 技术所取代，但是它同样可以作为多路召回中的一部分，丰富召回数据的多样性。

随着 Word2vec 的诞生，语言模型开始在推荐系统召回中被广泛应用。3.5 节重点介绍了 Word2vec 和 BERT 的基本原理，并由此扩展到推荐系统中的用户行为序列建模。

Word2vec 和 BERT 虽然能够捕捉序列之间的关系，但是没有考虑复杂的图结构信息。3.6 节重点介绍了 Graph Embedding 的应用。针对新物品冷启动的问题，介绍了阿里巴巴的 EGES 模型。针对 DeepWalk 等方法的缺陷，介绍了图神经网络 GCN。而针对 GCN 的训练问题，介绍了基于空间域的 GraphSAGE。

本章最后介绍了基于深度学习的 u2i 召回算法，包括双塔模型 DSSM 以及 YouTube 的深度学习召回算法。最后以美团民宿业务为例，介绍如何结合业务特点对序列 Embedding 方法进行改进。

表 3-3 总结了本章涉及的 Embedding 召回算法的基本原理、特点与局限性。

表 3-3　Embedding 召回算法总结

| Embedding 召回算法 | 基本原理 | 特点 | 局限性 |
| --- | --- | --- | --- |
| Word2vec | 对序列之间的关系建模，隐藏层权重作为词 Embedding | 经典 Embedding 方法 | 静态词向量方法，只能处理序列关系 |
| BERT | 多任务预训练语言模型，Transformer 输出作为词向量 | 动态词向量方法 | 只能处理序列关系 |
| DeepWalk | 在图结构上进行随机游走，生成序列样本后，利用 Word2vec 建模 | 简单易用的 Graph Embedding 方法 | 随机游走确定性不强 |
| EGES | 在 DeepWalk 基础上引入辅助信息 | 融合多种辅助信息，解决 Embedding 冷启动问题 | 模型简单 |
| Node2vec | 在 DeepWalk 基础上，通过调整随机游走权重的方法，使 Embedding 在同质性和结构性之间进行权衡 | 可以有针对性地挖掘网络的拓扑结构 | 随机游走权重需要人为设定 |

续表

| Embedding 召回算法 | 基本原理 | 特点 | 局限性 |
|---|---|---|---|
| GCN | 基于谱域的图神经网络，一次性载入拉普拉斯矩阵，直接在图上进行卷积操作 | 直接在图上进行卷积操作 | 每次训练需要一次性载入拉普拉斯矩阵，增加新节点需要重新训练模型 |
| GraphSAGE | 基于空间域的图神经网络，直接在图上定义卷积操作，使用邻接点聚合表示当前节点 | 使用邻接点聚合表示当前节点，新增节点无须重新训练模型 | 聚合函数和采样方法需要人为设定 |
| DSSM 双塔模型 | 两侧分别输入用户特征和物品特征，经过 DNN 变换分别生成用户 Embedding 和物品 Embedding | 经典的双塔模型，两侧模型结构可任意扩展 | 模型表达能力受限，难以很好地利用交叉特征 |
| YouTube 深度学习召回 | 输入预训练好的 Embedding，经过 DNN 变换后生成用户 Embedding，经过隐藏层变换和 softmax 后输出候选视频概率，隐藏层权重为视频 Embedding | 直接生成用户 Embedding 和视频 Embedding | 模型是简单的 DNN 结构，表达能力有限 |

从第 1 章、第 2 章介绍的推荐系统的基础知识，到本章重点介绍的推荐系统中的召回技术，读者应该对推荐系统有了更加深刻的理解。接下来的章节将从更多角度审视推荐系统，介绍推荐系统排序模块的前沿技术，第 4 章将介绍排序阶段的粗排部分。

# 第4章 粗排技术演进

在搜索、推荐、广告等需要大规模排序的场景中，级联排序架构得到了广泛的应用。以在线新闻推荐系统为例，按顺序一般包含召回、粗排、精排、重排4个模块。粗排在召回和精排之间，一般需要从上万个新闻集合中选择出几百个符合目标的候选新闻，并发送给后面的精排模块。

在工业界，粗排有很严格的时间要求。和精排相比，粗排有以下两个特点。

- **耗时的约束更严格**：粗排的打分量远高于精排，同时有更严格的延迟约束。例如，阿里巴巴定向广告的要求是 10～20ms。
- **解空间问题更严重**：粗排和精排在训练的时候使用的都是展现样本，但是就线上打分环节而言，粗排打分候选集更大，打分环节距离展现环节更远，因此粗排打分集合的分布和展现集合的差距比精排更大，解空间问题也更严重。

由于粗排是处于召回和精排之间的一个模块，因此粗排本身的迭代会受到前后链路的影响。纵观整个链路，粗排一般存在两种技术路线：集合选择和精准值预估。集合选择技术是以集合为建模目标，选出满足后续链路需求的方法，该技术的优点是算力消耗一般比较少，缺点是依赖对后链路的学习，可控性较弱。集合选择技术包含多通道方法、listwise 方法及序列生成方法。粗排的另一种技术路线——精准值预估技术直接对系统目标进行预估，其实也就是 pointwise 方法。以新闻推荐系统为例，精准值预估建模的目标一般是 CTR，最后根据预估的 pCTR 对候选集进行排序。这种方式的优点是可控性强，因为其直接对整个目标进行建模，缺点就是算力消耗比较大，并且是预估越准确，算力消耗越大。在工业界，粗排一般选择的技术路线是精准值预估，因为很多时候系统优化的目标不止一个，比如视频推荐场景，不仅要考虑 CTR，还要考虑播放时长、分享、点赞等其他目标。

无论是哪一种技术路线，在做粗排模型选型时，性能通常都是一个很重要的考量因素。在如此巨大的打分量及如此严格的耗时约束下，粗排该如何平衡算力、时间延迟及最后的打分效果呢？本章将介绍粗排技术体系及粗排的最新进展。

本章的前面几节会介绍早期粗排的常用方法，包括基于统计的方法及简单的机器学习方法。后面会介绍业界常用的向量内积模型，以及改进的 WDL 模型，支持人工交叉特征的引入。本章的最后部分会介绍阿里巴巴最新的粗排模型 COLD。2019 年以来，COLD 已经在阿里妈妈定向广告各主要业务线落地，本章将介绍其模型结构和工程优化的细节。

# 4.1　粗排的发展

粗排在工业界的发展历程大致可分为 4 个阶段，如图 4-1 所示，包括基于统计的第一代粗排、以逻辑斯谛回归为代表的简单的机器学习模型、基于向量内积的深度学习模型、以 COLD 为代表的第四代粗排模型。

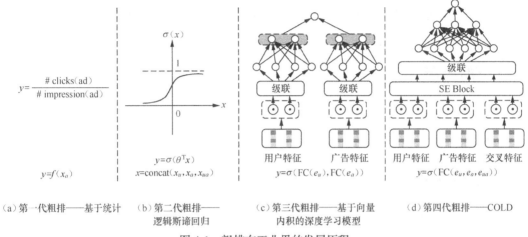

（a）第一代粗排——基于统计　（b）第二代粗排——逻辑斯谛回归　（c）第三代粗排——基于向量内积的深度学习模型　（d）第四代粗排——COLD

图 4-1　粗排在工业界的发展历程

具体来说，粗排在工业界的发展历程可以分成下面几个阶段。

（1）最早的第一代粗排基于统计，一般是统计广告的历史平均 CTR，只使用了广告的信息，表达能力有限，但是可以快速更新。

（2）第二代粗排是以逻辑斯谛回归为代表的简单的机器学习模型，模型结构简单，可以实现在线更新和服务。

（3）当前应用最广的是第三代粗排——基于向量内积的深度学习模型，一般是双塔模型，两侧分别输入用户特征和广告特征，经过 DNN 变换后，分别生成用户向量和广告向量，再通过内积计算和 sigmoid 得到排序分数。

（4）COLD 是阿里巴巴提出的第四代粗排模型。支持任意模型结构，同时对模型耗时进行了优化。

阶段（1）和阶段（2）可以合并为粗排的前深度学习时代（2016 年以前），阶段（3）和阶段（4）并称为粗排的深度学习时代。

# 4.2　粗排的前深度学习时代

在深度学习兴起之前，粗排模型主要是基于统计方法的模型和简单的机器学习模型，其效果虽然不一定是最好的，但计算简单，实时性强。

最简单的粗排模型是直接基于统计来排序的，比如在广告推荐场景，直接按广告的历史 CTR 进行排序，对于展现少、统计不充分的问题，可以使用威尔逊区间进行修正。这种方法实时性强，但是表达能力有限，完全没有个性化。

针对统计值没有个性化的问题，后来业界开始使用简单的机器学习模型，比如逻辑斯谛回归（logistical regression，LR）。LR 支持引入人工交叉特征，结构简单，可以在线更新。但是由于 LR 需要设计大量的人工特征，后来具有一定特征交叉能力的 GBDT 等模型得以应用。

基于 LR 的机器学习模型虽然有一定的个性化能力，但还是依赖人工特征设计，表达能力有限。

# 4.3　粗排的深度学习时代

随着深度学习的应用，粗排开始迈入深度学习时代，典型的应用便是向量内积模型。本章接下来主要介绍有关向量内积模型在粗排中的相关应用以及模型结构的改进。

### 4.3.1　向量内积模型

向量内积模型即双塔模型，如图 4-2 所示。

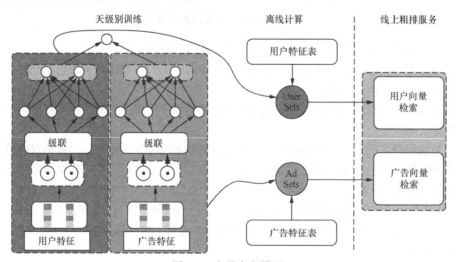

图 4-2　向量内积模型

在向量内积模型的两侧分别输入用户特征和广告特征，经过 DNN 变换后分别生成用户向量和广告向量。和之前的粗排方法相比较，向量内积模型的表达能力更强，用户网络可以引入 Transformer 等复杂结构对用户行为序列建模，其优点总结如下。

- 内积计算简单，线上服务耗时短。

- 离线计算生成用户向量和广告向量,因此模型结构可以设计得非常复杂而不用担心线上耗时压力。

虽然向量内积模型有以上优点,但是仍然有许多问题,表现为以下几点。

- 模型表达能力受限。向量内积模型虽然极大地提升了运算速度,节省了算力,但是也导致模型无法使用交叉特征,表达能力受到极大限制。
- 模型实时性差。因为用户向量和广告向量一般需要离线计算,所以更新慢,导致系统难以对数据的分布做出快速响应,对新广告不友好。
- 迭代效率。用户向量和广告向量的版本同步影响迭代效率,因为每次迭代一个新版本的模型都需要生成新的用户向量和广告向量。

## 4.3.2 向量版 WDL 模型——向量内积模型的改进

针对向量内积模型的问题,也有很多相关的改进方法,典型的方法就是借鉴 WDL(wide & deep learning)模型,引入 Wide 部分。向量版 WDL 模型如图 4-3 所示。

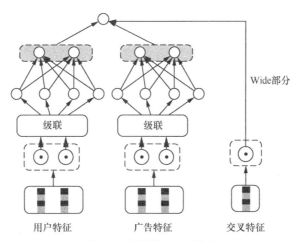

图 4-3　向量版 WDL 模型

向量版 WDL 模型的 Deep 部分仍然是向量内积模型,Wide 部分引入人工交叉特征,在一定程度上克服了向量内积模型无法使用交叉特征的问题。然而该方法仍然存在一些问题,比如 Wide 部分是线性的,它受限于耗时约束,不能过于复杂,因此表达能力仍然受限。

另一个典型的改进方法是向量内积模型的实时化,用户向量通过线上打分实时产出,广告向量仍然离线产出,但是更新频次增加。通过实时打分,可以引入实时特征,但是会增加模型的预估时间,而且会导致新的打分模型和广告向量版本不一致的问题。

由于耗时、计算资源约束的问题,粗排模型的改进并不容易,业界主要集中于精排模型上的迭代,一些有效的方法很难直接迁移至粗排模型。阿里巴巴在 2019 年公开了粗排框架 COLD,为粗排的未来发展提供了思路。

# 4.4　粗排的最新进展

前面介绍的粗排模型仅仅把算力看作系统的一个常量，而模型和算力的优化是分离的。针对此问题，2019 年阿里巴巴从两者联合设计优化的角度出发，提出了新一代的粗排框架——算力感知的在线轻量级深度粗排系统（computing power cost-aware online and lightweight deep pre-ranking system，COLD）。COLD 可以支持任意模型结构，为了解决耗时问题，使用特征筛选对网络进行精简。

虽然特征筛选精简了模型，但是也带来了精度的损失。为了平衡模型效果和推理效率，业界提出了知识蒸馏的方法，比如阿里巴巴在手机淘宝场景使用精排模型蒸馏粗排模型，在模型效果和推理效率上都取得了不错的效果。

## 4.4.1　阿里巴巴的粗排模型 COLD

COLD 粗排模型通过特征筛选对模型网络进行精简，同时通过并行优化降低模型耗时，模型结构如图 4-4 所示。

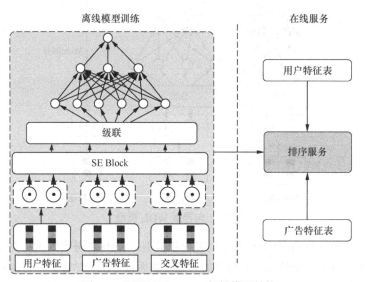

图 4-4　阿里巴巴 COLD 粗排模型结构

COLD 粗排模型可以灵活地对模型效果和算力进行平衡，它对模型结构没有限制，可以支持任意复杂的深度学习模型，主要有下面 4 个特点。

- 基于算法-系统的 Co-design 视角设计，算力与模型联合优化。
- 模型结构没有限制，可以任意使用交叉特征。
- 使用工程优化解决算力瓶颈问题。
- 实现实时训练，实时打分。

COLD 是如何做到在算力约束下，支持任意复杂模型结构的呢？这里有一个重要模块，叫作 SE Block，如图 4-4 所示。它用来完成特征筛选，以此实现精简模型网络的效果。SE Block 最初被用于计算机视觉领域，以便对不同通道间的内部关系建模，这里用 SE Block 得到特征重要性分数。假设一共有 $M$ 个特征，$e_i$ 表示第 $i$ 个特征的 Embedding 向量，SE Block 把 $e_i$ 转换成一个实数 $s_i$。具体来说，先将 $M$ 个特征的 Embedding 拼接在一起，经过全连接层后使用 sigmoid 激活函数，得到 $M$ 维的向量 $s$，使用数学公式表示如下所示。

$$s = \text{Sigmoid}\left(W\left[e_1, \cdots, e_M\right] + b\right) \tag{4-1}$$

这里向量 $s$ 的第 $i$ 维对应第 $i$ 个特征的重要性得分，然后将 $s_i$ 乘回到 $e_i$，得到新的加权后的特征向量并用于后续计算。在得到特征的重要性得分之后，把所有特征按重要性排序，选择最高的 Top-$K$ 个特征作为候选特征，并基于 AUC、QPS 和 RT 等离线指标，对效果和算力进行平衡，最终在满足 QPS 和 RT 要求下，选择 AUC 最高的一组特征交叉，作为 COLD 最终使用的特征。后续的训练和线上打分都是基于选择的特征交叉。通过这种方式，可以灵活地实现效果和算力的平衡。需要强调的是，SE Block 仅用于特征筛选阶段，线上模型不包含该结构。

此外，COLD 还会对模型执行剪枝操作，做法是在每个神经元的输出后面乘上一个系数 $\gamma$，然后在训练损失值时对 $\gamma$ 进行稀疏惩罚。当某一个神经元的 $\gamma$ 为 0 时，该神经元的输出为 0，对此后的模型结构没有任何影响，即视为该神经元被进行剪枝操作。在训练时，会采用循环剪枝的方式，每隔 $t$ 轮训练会对 $\gamma$ 为 0 的神经元进行掩码操作，这样可以保证整个剪枝操作过程中模型的稀疏率是单调递减的。引入稀疏惩罚的损失函数如下所示。

$$L = \min_{w,\gamma} \frac{1}{N} \sum_{i=1}^{N} L\left(y_i, f\left(x_i, W, \gamma\right)\right) + R_s\left(\gamma\right) \tag{4-2}$$

这种剪枝方法在效果基本不变的情况下，可以将粗排 GPU 的 QPS 提升 20%。COLD 模型结构最终选择了 7 层全连接网络。

除了对模型结构和特征进行压缩，COLD 在工程上也做了很多优化，包括将打分请求进行拆包，在特征计算和模型计算的各个地方，尽可能进行多线程优化。

COLD 在离线效果评估 GAUC 和召回率上都优于向量内积模型。在线上效果上，COLD 与向量内积模型相比，CTR 提升 6.1%，效果提升显著。

### 4.4.2 知识蒸馏

COLD 提供了一种很好的平衡效果和算力的思路，但是也避免不了需要对特征进行裁剪，对模型执行剪枝操作。为了弥补特征裁剪和模型剪枝带来的损失，保证裁剪后粗排模型的精度，业界尝试使用知识蒸馏的方法对模型进行压缩，从而得到一个结构简单、参数量小，但表达能力不弱的粗排模型。

知识蒸馏（knowledge distillation）最早是 2014 年 Hinton 在论文 "Distilling the Knowledge in a

Neural Network"中提出的概念，主要思想是通过教师网络（teacher network）来指导学生网络（student network）的训练，将复杂、学习能力强的教师网络学到的特征表示"知识蒸馏"出来，传递给参数小、学习能力弱的学生网络，从而得到一个速度快、表达能力强的学生网络。

和一般的模型蒸馏（model distillation，MD）不同，2018 年阿里巴巴在论文"Privileged Features Distillation at Taobao Recommendations"中提出了优势特征蒸馏（privileged features distillation，PFD），在粗排阶段取得了不错的线上效果。接下来介绍其实现细节，主要内容包含 5 个部分：什么是优势特征蒸馏、哪些特征是优势特征、优势特征蒸馏实现原理、模型蒸馏和优势特征蒸馏融合、优势特征蒸馏实验效果。

**1．什么是优势特征蒸馏**

图 4-5 为 MD 和 PFD 的示意图。

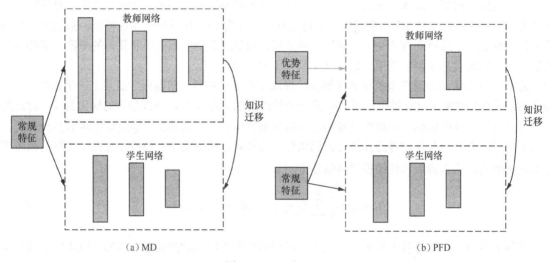

图 4-5　MD 和 PFD

PFD 不同于常见的 MD。在 MD 中，教师网络和学生网络处理相同的输入特征，其中教师网络会比学生网络更为复杂，比如教师网络会用更深的网络结构来指导使用浅层网络的学生网络进行学习。而在 PFD 中，教师网络和学生网络使用相同的网络结构处理不同的输入特征。在 PFD 中，学生网络只处理常规特征，而教师网络同时处理常规特征和优势特征。

在手机淘宝上进行 PFD 实验。在粗排 CTR 模型中，通过蒸馏交叉特征（由于在线构造特征以及模型推理延时过高，这部分特征在粗排中无法直接使用），CTR 提升了 5%。在精排 CVR 模型上，通过蒸馏停留时长等后验特征，CVR 提升了 2.3%。

从实验效果来看，PFD 的效果确实不错，那么究竟什么样的特征是优势特征？接下来介绍手机淘宝场景中的优势特征包含哪些。

**2．哪些特征是优势特征**

手机淘宝场景中的特征主要包含用户行为特征、用户特征、商品特征和交叉特征 4 种。其中，用户行为特征包含用户点击历史、购买历史等，用户特征包含用户 ID、年龄、性别等，商品特征包含商品 ID、类别、品牌等，交叉特征包含过去 24 小时同类别商品点击次数、过去 24 小时同商店点击次数等。图 4-6 展示了手机淘宝推荐场景的 4 类特征。

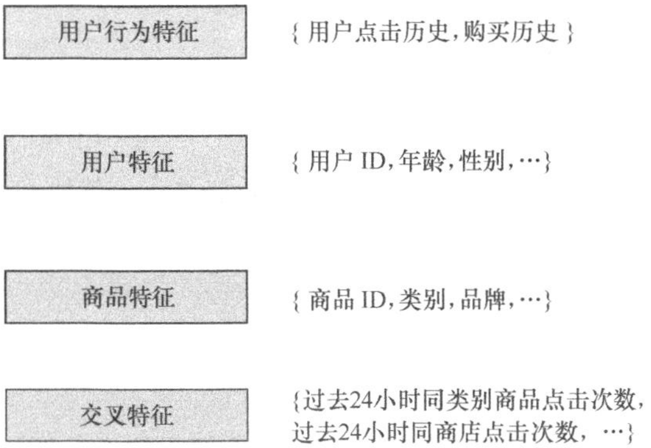

图 4-6　手机淘宝推荐场景的 4 类特征

在手机淘宝粗排模型中，单独的用户特征和商品特征为常规特征，比如用户的性别、年龄，商品的类别、ID 等，所有的交叉特征为优势特征，比如用户过去 24 小时同类别商品点击次数。

在手机淘宝精排模型中，优化目标是 CVR（用户点击后购买该商品的概率），所有穿越特征[1]为优势特征。比如，用户在商品详情页的相关特征，包括用户的停留时长等。

### 3. 优势特征蒸馏实现原理

前面介绍了什么是优势特征蒸馏以及哪些是优势特征，接下来介绍模型是如何训练的。无论是模型蒸馏还是特征蒸馏，其目的都是让非凸的学生网络训练得更好。对于优势特征蒸馏，可以将优化目标抽象成如下形式。

$$\min_{W_s} (1-\lambda) * L_s \left( y, f\left( X; W_s \right) \right) + \lambda * L_d \left( f\left( X, X^*; W_t \right), f\left( X; W_s \right) \right) \tag{4-3}$$

其中，$X$ 表示普通特征，$X^*$ 表示优势特征，$y$ 表示标签，$f(.)$ 表示模型的输出函数，$L$ 表示损失函数，$\lambda$ 是平衡两个损失函数之间的超参数，下标 s 表示 student，d 表示 distillation，t 表示 teacher。值得注意的是，在教师网络中，除了输入优势特征，还将普通特征输入。在公式（4-3）中，教师网络的参数需要预先学习好，也就是先训练好教师网络，再训练学生网络，这会直接导致模型的训练时间加倍。一种更直接的方式是同时训练教师网络和学生网络，优化目标变成如下形式。

$$\min_{W_s, W_t} (1-\lambda) * L_s \left( y, f\left( X; W_s \right) \right) + \lambda * L_d \left( f\left( X, X^*; W_t \right), f\left( X; W_s \right) \right) \\ + L_t \left( y, f\left( X, X^*; W_t \right) \right) \tag{4-4}$$

尽管同步更新能显著缩短训练时间，但它也会导致训练不稳定。尤其是在训练初期，教师网络

---

1 指在预估时获取不到的特征。

还处于欠拟合的情况下，学生网络直接学习教师网络的输出会有一定的概率导致训练偏离正常。解决这个问题的方法也比较简单，只需要在开始阶段将 $\lambda$ 设置为 0，在迭代 $k$ 步后再将其设为非零固定值。值得注意的是，蒸馏误差项目 $L_d$ 只影响学生网络参数的更新，而对教师网络的参数不做梯度回传，从而避免学生网络和教师网络相互适应而损失精度。

学生网络的参数更新方法如下所示。

$$W_{\mathrm{s}} = \begin{cases} W_{\mathrm{s}} - \eta \nabla_{W_{\mathrm{s}}} L_{\mathrm{s}} & , \quad i < k \\ W_{\mathrm{s}} - \eta \nabla_{W_{\mathrm{s}}} \left\{ (1-\lambda) * L_{\mathrm{s}} + \lambda * L_{\mathrm{d}} \right\}, & 其他 \end{cases} \tag{4-5}$$

教师网络的参数更新方法如下所示。

$$W_{\mathrm{t}} = W_{\mathrm{t}} - \eta \nabla_{W_{\mathrm{t}}} L_{\mathrm{t}} \tag{4-6}$$

从公式（4-5）可以看出，学生网络在训练过程中，会尽量拟合教师网络的输出。从公式（4-6）可以看出，学生网络的输出不会影响教师网络的学习。在实际训练过程中，$L_{\mathrm{s}}$、$L_{\mathrm{t}}$、$L_{\mathrm{d}}$ 都使用交叉熵损失函数，$L_{\mathrm{s}}$ 表示如下所示。

$$L_{\mathrm{s}} = \frac{1}{N} \sum_{i=1}^{N} \left( y_i \log f\left(X; W_{\mathrm{s}}\right) + \left(1 - y_i\right) \log \left(1 - f\left(X; W_{\mathrm{s}}\right)\right) \right) \tag{4-7}$$

对于蒸馏误差 $L_{\mathrm{d}}$，直接将公式（4-7）中的 $y_i$ 替换为教师网络的输出，如下所示。

$$L_{\mathrm{d}} = \frac{1}{N} \sum_{i=1}^{N} \left( f\left(X, X^*; W_{\mathrm{t}}\right) \log f\left(X; W_{\mathrm{s}}\right) + \left(1 - f\left(X, X^*; W_{\mathrm{t}}\right)\right) \log \left(1 - f\left(X; W_{\mathrm{s}}\right)\right) \right) \tag{4-8}$$

#### 4．模型蒸馏和优势特征蒸馏融合

图 4-5 比较了模型蒸馏（MD）和优势特征蒸馏（PFD）的异同，既然两者都能提升学生网络的效果且互补，可以将这两种技术结合在一起，进一步提升学生网络的效果。

考虑将两者的融合应用于粗排模型中。在粗排中，使用向量内积对候选商品进行打分排序。事实上，无论采用哪种映射表达用户或商品，模型最终都会受限于顶层双线性（bilinear）内积运算的表达能力。内积粗排模型可以看作广义的矩阵分解，不过与常规的分解不同的是，这里额外融合了各种辅助信息。按照神经网络的万有逼近定理，非线性（non-linear）MLP 有着比双线性内积运算更强的表达能力，在这里很自然地被选择为更强的教师网络。图 4-7 所示为粗排模型统一蒸馏框架。图 4-7 中的教师网络实际上就是精排 CTR 模型，因此这里的蒸馏技巧可以看成粗排反向学习精排的打分结果。

#### 5．优势特征蒸馏实验效果

阿里巴巴在手机淘宝数据集上分别对粗排 CTR 和精排 CVR 进行了测试，初始参数 $\lambda$ 设置为 0，在迭代 100 万轮后参数 $\lambda$ 设置为 0.5。

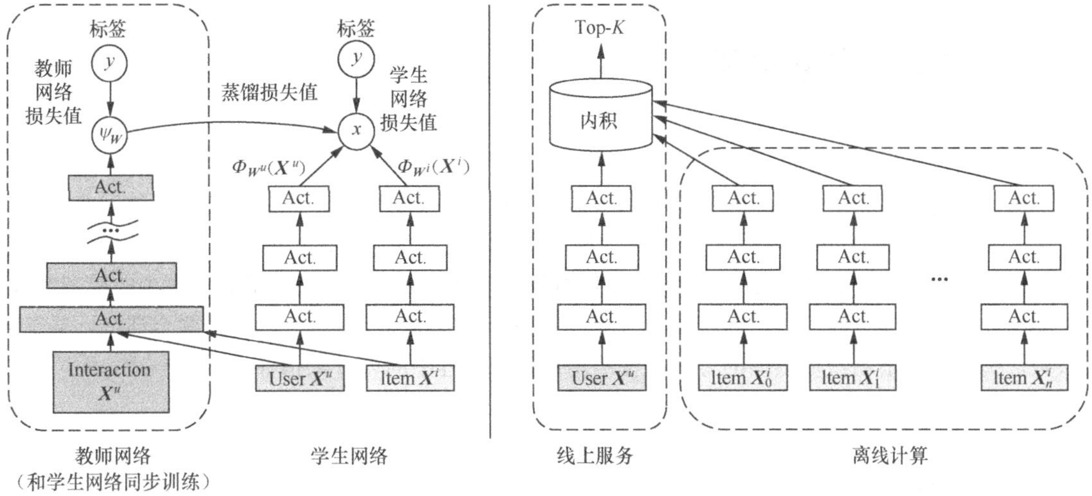

<table>
<tr><td>（a）MD+PFD训练</td><td>（b）学生网络线上服务</td></tr>
</table>

图 4-7　粗排模型统一蒸馏框架

在粗排 CTR 模型中，MD 的教师网络使用精排模型结构，学生网络使用双塔结构。PFD 的教师网络和学生网络都是双塔结构，离线实验结果如表 4-1 所示。

表 4-1　粗排 CTR 模型离线实验结果

| 模型 | 学生网络 AUC | 教师网络 AUC |
| --- | --- | --- |
| Base | 0.6625 | — |
| MD | 0.6704 | 0.6892 |
| PFD | 0.6712 | 0.6921 |
| PFD+MD | **0.6745** | 0.7110 |

从表 4-1 可以看出，通过 PFD+MD 训练（图 4-7（a）所示的模型结构）可以显著提升粗排模型的训练效果。在手机淘宝中上线该粗排模型后，CTR 提升 5%。

在精排 CVR 实验中，MD 的教师网络使用 7 层 MLP，学生网络使用 3 层 MLP，PFD 的教师网络和学生网络都使用 3 层 MLP，离线实验结果如表 4-2 所示。从表 4-2 可以看出，PFD+MD 相比 PFD 没有显著提升。最后在手机淘宝上线的 PFD 精排模型，CVR 提升 2.3%。

表 4-2　精排 CVR 模型离线实验结果

| 模型 | 学生网络 AUC | 教师网络 AUC |
| --- | --- | --- |
| Base | 0.9040 | — |
| MD | 0.9052 | 0.9058 |
| PFD | **0.9084** | 0.9901 |
| PFD+MD | 0.9082 | 0.9911 |

# 4.5 粗排的未来展望

COLD 粗排模型和 MD+PFD 模型，都是在算力约束下，尽可能提升粗排模型的效果，两者有相似的地方，也有不同的地方。相似的是都尽可能引入更多的交叉特征，同时避免顶层使用双线性内积运算；不同的是 MD+PFD 使用更加复杂的模型和特征来指导粗排模型的学习，PFD 使用优势特征蒸馏的方式，保留了所有交叉特征的信息，使得粗排模型具有更强的表达能力和更少的模型参数。

粗排的未来发展方向应该是与精排进行更深的整合，最终与精排合二为一，联合训练，共享部分参数。另外也会借助特征蒸馏的方式，使用精排训练过程中的得分来指导粗排。

# 4.6 小结

本章介绍了粗排的技术体系与最新进展。从早期基于统计的方法和简单的机器学习方法，到后来基于深度学习的向量内积模型及其改进的向量版 WDL 模型，再到阿里巴巴提出的 COLD 粗排模型，再到基于知识蒸馏的粗排模型，粗排模型在推荐系统中的应用越来越广，其方法也越来越多元化。

总结起来，本章主要介绍了如何在算力约束下尽可能提升粗排效果。COLD 粗排模型舍弃了双塔结构，模型表达能力更强，为了解决延时问题，使用 SE Block 模块对特征进行裁剪。优势特征蒸馏可以弥补 COLD 特征裁剪带来的精度损失，能够保留交叉特征和复杂模型的优点，同时学习的粗排模型参数不会太大。

表 4-3 总结了本章涉及的粗排方法及相关技术的基本原理、特点和局限性。

表 4–3 粗排技术总结

| 粗排方法 | 基本原理 | 特点 | 局限性 |
| --- | --- | --- | --- |
| 基于统计 | 基于简单统计进行排序 | 可以实现快速更新 | 表达能力弱，完全没有个性化 |
| 机器学习方法 | LR 等简单机器学习模型算法 | 有一定个性化，可以实现在线更新 | 表达能力不强，需要大量人工交叉特征 |
| 向量内积模型 | 双塔结构，两侧分别输入用户特征和广告特征 | 内积运算简单，线上服务耗时 | 表达能力受限，模型实时性差 |
| 向量版 WDL 模型 | 在双塔结构的基础上，Wide 部分引入人工交叉特征 | 支持交叉特征 | 受限于计算约束，Wide 部分不能支持过多交叉特征 |
| COLD 粗排模型 | 对模型结构没有限制，可以支持任意复杂的深度学习模型 | 使用 SE Block 对特征进行裁剪，支持任意交叉特征 | 特征裁剪损失精度，模型不能过于复杂 |
| 知识蒸馏 | 使用复杂特征和模型结构指导学生网络学习 | 能够得到一个速度快、表达能力强的学生网络 | 增加了训练难度 |

学习了第 3 章介绍的召回算法及本章的粗排技术，相信读者已对推荐系统有了更加深刻的理解。第 5 章将介绍本书最重要的部分：推荐系统中的精排技术。

# 第 5 章　精排技术演进

在推荐系统的级联架构中，精排是最重要的模块。和粗排不同，精排只需要对少量数据进行打分，因此模型结构可以更加复杂，这使得以深度学习为代表的复杂模型得以在精排中广泛应用。

在互联网不断发展的今天，推荐系统的发展日新月异，精排模型也在不断演化。从 2010 年之前被广泛应用的 LR，到 FM、GBDT，再到 2015 年之后以 WDL 为代表的深度学习模型，精排模型经历了从机器学习到深度学习，从单一模型到组合模型的发展历程。

在深度学习模型成为推荐系统主流模型的今天，传统机器学习模型仍然占有一席之地。在很多互联网公司，线上部分一般都会保留一个简单的机器学习模型，用于特征的快速迭代和验证。与深度学习模型相比，传统机器学习模型有以下两点优势。

（1）传统机器学习模型具有可解释性强、易于快速训练和部署的优势。

（2）传统机器学习模型常用来验证新特征的线上效果。

虽然传统机器学习模型有可解释性强、易于快速训练和部署的优势，但是也面临依赖大量人工特征、无法充分挖掘非线性模式的问题，而深度学习模型恰好可以解决这些问题。与传统机器学习模型相比，深度学习模型有以下两点优势。

（1）深度学习模型的表达能力更强，能够挖掘出数据中更为复杂的潜在模式。

（2）深度学习的模型结构更加灵活多变，可以根据不同业务场景灵活地调整模型结构，更好地适应业务场景。

从模型结构的角度讲，由于推荐系统模型大量借鉴了深度学习在语音识别、图像处理、NLP等领域的成果，因此它们的模型结构有很多相似之处。比如对用户点击序列建模，就借鉴了 NLP中的 RNN、LSTM、GRU 等结构。正是由于和其他领域的完美融合，推荐系统在模型结构上才能进行快速的演化。

本章将从机器学习模型和深度学习模型的演化关系出发，逐一介绍精排模型的原理、优缺点，以及不同模型之间的演化关系。

# 5.1 精排模型的演化关系

图 5-1 展示了传统机器学习推荐模型的演化关系，我们将它作为机器学习推荐模型的索引。读者可以根据此图了解传统推荐模型的框架和关系脉络。本章将以此图为基础，展开对传统推荐模型的讲解。

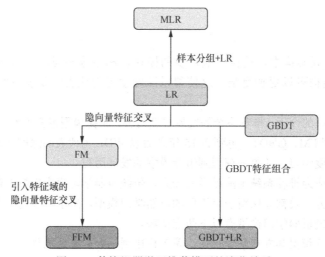

图 5-1 传统机器学习推荐模型的演化关系

根据图 5-1 所示的模型演化关系可知，传统机器学习推荐模型主要由以下几个部分组成。

（1）LR 相关模型。LR 模型能够融合各种交叉特征，在早期推荐模型中被广泛应用，后来衍生出各种不同结构的相关模型，包括 2012 年阿里巴巴提出的混合逻辑斯谛回归（mixed logistical regression，MLR）模型。

（2）FM 相关模型。FM 在传统 LR 的基础上，引入了特征域的隐向量特征交叉部分，使模型具备了特征交叉能力。在 FM 基础上，阮毓钦等人借鉴 Michael Jahrer 论文中提出的 field 概念，提出了 FM 的升级版——域感知因子分解机（field-aware factorization machine，FFM），进一步加强了 FM 的特征交叉能力。

（3）多模型融合。为了融合多个模型的优势，2014 年 Facebook 提出了 GBDT+LR 的模型融合方案，融合了 GBDT 可以自动学习特征交叉以及 LR 可以处理大规模稀疏特征的优势，开创了多模型融合的先河。

介绍了传统机器学习推荐模型的演化关系后，接下来我们介绍深度学习推荐模型的演化关系，如图 5-2 所示。本章的内容主要以阿里巴巴和谷歌深度学习模型的演化为背景展开讲解。

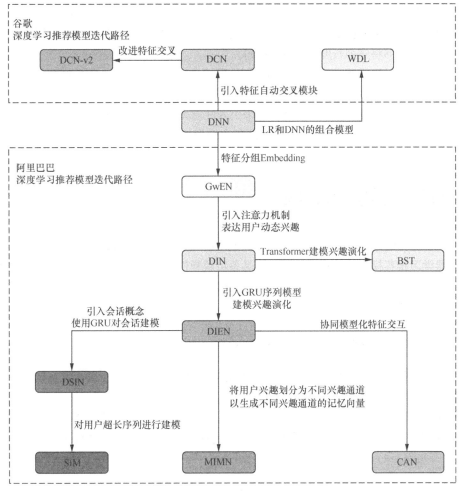

图 5-2　深度学习推荐模型的演化关系

根据图 5-2 所示的模型演化关系可知，深度学习推荐模型主要由以下几个部分组成。

（1）多模型融合。这类模型主要指 WDL 模型及其后续变种 DCN、DCN-v2 等，其主要思想是通过组合多种不同特点、优势互补的深度学习网络，提升模型的综合能力。

（2）引入注意力机制表达用户动态兴趣。这类模型主要将注意力机制应用于深度学习推荐模型中，用于表达用户的动态兴趣，DIN、BST、DIEN、DSIN 等模型都引入了注意力机制。

（3）引入序列模型用于表达兴趣迁移。这类模型的特点是使用序列模型模拟用户行为或兴趣的演化趋势，代表模型有 DIEN、DSIN 等。

（4）改进特征交叉方式。这类模型的主要改进在于丰富了深度学习网络中特征交叉的方式，如定义了多种特征向量交叉的分组嵌入网络（group-wise embedding network，GwEN）、使用模型化特征交互替代笛卡儿积的 CAN 等。

（5）不断扩展用户行为序列。这类模型的特点是通过调整模型结构，不断扩展用户行为序列。比如 DIEN 能够处理的序列长度是 150，MIMN 通过记忆感应单元能够将序列长度提升到 1000，SIM 通过两个阶段检索能够将序列长度提升到 54000。

相信读者已经从以上描述中感受到推荐模型的发展之快、思路之广。但是模型之间都有其内在关联：早期的 LR 在推荐系统中是主流模型，后来通过引入隐向量交叉才发展出 FM、FFM 等；阿里巴巴最初提出的深度学习模型是 GwEN，后来引入注意力机制发展出 DIN 等模型。本章接下来将按照图 5-1 和图 5-2 所示的演化关系，详细介绍每个模型的细节。

# 5.2　传统机器学习推荐模型

本章开篇部分介绍过，虽然深度学习推荐模型已经成为推荐、广告、搜索等领域的主流模型，但是传统机器学习推荐模型仍然不可替代，其具备可解释性强、易于快速训练和部署等优势。本节将从图 5-1 所示的演化关系开始，逐一介绍主要的传统机器学习推荐模型的原理、优缺点，以及不同模型之间的演化关系。

## 5.2.1　FM 模型——稀疏数据下的特征交叉

FM 模型最早是由康斯坦茨大学的 Steffen Rendle 于 2010 年提出的，旨在解决稀疏数据下的特征交叉问题。

图 5-3 所示为 FM 模型结构，底层为特征维度为 $n$ 的离散特征输入，经过稠密 Embedding 层后，对 Embedding 层的线性部分（LR）和非线性部分（特征交叉部分）进行累加并输出。

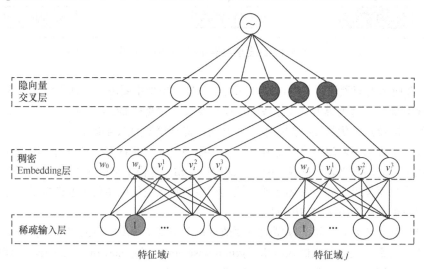

图 5-3　FM 模型结构

  FM 的数学形式可表示为公式（5-1），在实际的二分类问题中，只需要经过一个 sigmoid 变换，便可以得到最终输出正例的概率。与二阶多项式模型（Poly2）不同，FM 用两个向量的内积$<v_i, v_j>$取代了单一的权重系数 $w_{i, j}$，模型复杂度从 $O(n^2)$ 降低到 $O(kn)$（$k$ 为隐向量维度，$n >> k$）。具体地说，FM 为每个特征学习了一个隐向量，在特征交叉时，使用两个特征隐向量的内积作为特征交叉的权重。

$$\hat{y}(x) = w_0 + \sum_{i=1}^{n} w_i x_i + \sum_{i=1}^{n} \sum_{j=i+1}^{n} <v_i, v_j> x_i x_j \tag{5-1}$$

  公式（5-1）是 FM 通用的拟合公式，可以采用不同的损失函数解决回归、二分类、多分类等问题，例如采用均方误差（mean square error，MSE）损失函数来求解回归问题，采用交叉熵损失函数来求解分类问题。在进行二分类时，FM 的输出需要经过 sigmoid 变换，这与 LR 是一样的。直观上看，FM 的复杂度是 $O(kn^2)$，但是通过公式（5-2）的化简，FM 的复杂度可以降低到 $O(kn)$。由此可见，FM 可以在线性时间内对新样本做出预测。

$$
\begin{aligned}
&\sum_{i=1}^{n} \sum_{j=i+1}^{n} <v_i, v_j> x_i x_j \\
&= \frac{1}{2} \sum_{i=1}^{n} \sum_{j=1}^{n} <v_i, v_j> x_i x_j - \frac{1}{2} \sum_{i=1}^{n} <v_i, v_i> x_i x_i \\
&= \frac{1}{2} \left( \sum_{i=1}^{n} \sum_{j=1}^{n} \sum_{f=1}^{k} v_{i,f} v_{j,f} x_i x_j - \sum_{i=1}^{n} \sum_{f=1}^{k} v_{i,f} v_{i,f} x_i x_i \right) \\
&= \frac{1}{2} \sum_{f=1}^{k} \left( \left( \sum_{i=1}^{n} v_{i,f} x_i \right) \left( \sum_{j=1}^{n} v_{j,f} x_j \right) - \sum_{i=1}^{n} v_{i,f}^2 x_i^2 \right) \\
&= \frac{1}{2} \sum_{f=1}^{k} \left( \left( \sum_{i=1}^{n} v_{i,f} x_i \right)^2 - \sum_{i=1}^{n} v_{i,f}^2 x_i^2 \right)
\end{aligned}
\tag{5-2}
$$

  我们再来看看 FM 的训练复杂度，利用随机梯度下降法训练模型，模型各个参数的梯度如下所示。

$$
\frac{\partial \hat{y}}{\partial \theta} = \begin{cases} 1 & , \theta = w_0 \\ x_i & , \theta = w_i \\ x_i \sum_{j=1}^{n} v_{j,f} x_j - v_{i,f} x_i^2 & , \theta = v_{i,f} \end{cases}
\tag{5-3}
$$

  其中，$v_{j,f}$ 是隐向量 $v_j$ 的第 $f$ 个元素。由于 $\sum_{j=1}^{n} v_{j,f} x_j$ 只与 $f$ 有关，而与 $i$ 无关，因此在每次迭代过程中，只需要计算一次所有 $f$ 的 $\sum_{j=1}^{n} v_{j,f} x_j$，就能够方便地得到所有 $v_{j,f}$ 的梯度。由于计算所有 $f$ 的 $\sum_{j=1}^{n} v_{j,f} x_j$ 的复杂是 $O(kn)$，因此计算所有 $v_{j,f}$ 梯度的复杂度也是 $O(kn)$。计算所有 $w_i$ 的复杂度是

$O(n)$，因此 FM 训练参数的复杂度就是 $O(kn)$。总结起来，FM 可以在线性时间内完成训练和预测，是一种非常高效的模型。

本质上，FM 引入隐向量的做法，与矩阵分解用隐向量代表用户和物品的做法异曲同工。但是，FM 将矩阵分解隐向量的思想进一步扩展，从单一的用户隐向量和物品隐向量扩展到了所有特征上。

隐向量的引入使 FM 能够更好地解决数据稀疏性问题。举例来说，在某广告推荐场景，样本有两个特征，分别是国家（Country）和广告类别（Ad_type），某训练样本的特征交叉是（USA, Movie）。使用 Poly2 模型时，只有当 USA 和 Movie 同时出现在一个训练样本中时，模型才能学到这个特征交叉对应的权重；而使用 FM 模型时，USA 的隐向量也可以通过（USA, Game）样本进行更新，Movie 的隐向量也可以通过（China, Movie）样本进行更新，这大大降低了模型对数据稀疏性的要求。甚至对于一个从未出现过的特征交叉（China, Game），由于模型之前分别学习过 China 和 Game 的隐向量，因此就具备了计算该特征交叉的能力，这是 Poly2 无法实现的。相比 Poly2，FM 虽然丢失了对某些特征交叉的精确记忆能力。但是其泛化能力大大提高。

相比深度学习模型复杂的网络结构导致其难以部署和线上服务，FM 较容易实现的模型结构使其线上推断的过程更为简单，也更容易实现部署和线上服务。因此，FM 模型至今仍然在主流推荐场景中拥有一席之地。

## 补充知识——什么是 Poly2

二阶多项式模型 Poly2，全称为 Degree-2 Polynomial Margin，通过特征两两交叉，提升模型的拟合能力。其数学形式如下所示。

$$\hat{y}_{\text{Poly2}}(x) = w_0 + \sum_{i=1}^{n} w_i x_i + \sum_{i=1}^{n} \sum_{j=i+1}^{n} w_{i,j} x_i x_j \tag{5-4}$$

可以看到，该模型对所有特征进行了两两交叉，并对所有的特征交叉赋予权重 $w_{i,j}$。Poly2 通过暴力组合特征的方式，在一定程度上解决了特征交叉的问题。但是 Poly2 本质上仍是线性模型，其训练方法与 LR 并无区别。

Poly2 模型存在两个较大的缺陷。

（1）在互联网场景中，数据往往是高维稀疏的，而 Poly2 会进行无选择的特征交叉，使得特征变得更加稀疏，导致大多数交叉特征的权重缺乏有效数据进行训练，无法收敛。

（2）Poly2 相比 LR，权重参数的数量从 $n$ 直接上升到 $n^2$，极大地增加了训练复杂度。尤其是在互联网场景中，$n$ 的维度可能达到上亿维，这使得模型收敛变得非常困难。

总结一下，与 LR 相比，FM 模型有一定的特征交叉能力，而且其训练和预测的复杂度与 LR 相差不大，在深度学习推荐模型迅速发展的今天，仍然拥有一席之地。

## 5.2.2 FFM——特征域感知 FM 模型

最初的域感知因子分解机（FFM）概念来自阮毓钦及其比赛时的队员，他们借鉴了 Michael Jahrer 的论文中的 field 概念，提出了 FM 的升级模型。相比 FM 模型，FFM 通过引入域感知（field-aware）这一概念，把相同性质的特征归于同一特征域，使模型的表达能力更强。

FFM 用数学形式可表示如下。

$$\hat{y}_{\text{FFM}}(x) = w_0 + \sum_{i=1}^{n} w_i x_i + \sum_{i=1}^{n} \sum_{j=i+1}^{n} < v_{i,f_j}, v_{j,f_i} > x_i x_j \tag{5-5}$$

FFM 和 FM 的区别在于隐向量由原来的 $v_i$ 变成了 $v_{i,f_j}$，其中 $f_j$ 表示特征 $x_j$ 对应的特征域，这意味着每个特征对应的不是唯一的隐向量，而是一组隐向量。FM 可以看作 FFM 的特例，它把所有特征都归属到一个特征域中。

下面解释上面提到的有关域的概念，以图 5-4 所示的 FFM 训练样本为例。

| Clicked | Publisher(P) | Advertiser(A) | Gender(G) |
|---------|-------------|---------------|-----------|
| Yes | ESPN | Nike | Male |

图 5-4　FFM 训练样本示例

其中，Publisher、Advertiser、Gender 是 3 个特征域，ESPN、Nike、Male 分别是 3 个特征域的特征值。由此可见，特征域是具有相似属性的特征集合。

在 FM 中，上面的隐向量特征交叉一共只有 3 项，分别是$<v_{\text{ESPN}}, v_{\text{Nike}}>$、$<v_{\text{ESPN}}, v_{\text{Male}}>$、$<v_{\text{Nike}}, v_{\text{Male}}>$。而在 FFM 中，隐向量特征交叉一共有 6 项，分别是$<v_{\text{ESPN,A}}, v_{\text{Nike,P}}>$、$<v_{\text{ESPN,G}}, v_{\text{Male,P}}>$、$<v_{\text{Nike,G}}, v_{\text{ESPN,P}}>$、$<v_{\text{Nike,G}}, v_{\text{Male,A}}>$、$<v_{\text{Male,P}}, v_{\text{ESPN,G}}>$、$<v_{\text{Male,A}}, v_{\text{Nike,G}}>$。

上面的 FFM 例子中，ESPN 在与 Nike 和 Male 交叉时分别使用了不同的隐向量 $v_{\text{ESPN,A}}$ 和 $v_{\text{Male,P}}$，这是因为 Nike 和 Male 分别在不同的特征域 Advertiser（A）和 Gender（G）。

在 FFM 模型的训练过程中，需要学习 $n$ 个特征在 $f$ 个特征域上的 $k$ 维隐向量，参数数量是 $n \cdot k \cdot f$ 个。在训练和预测方面，FFM 的二次项并不能像 FM 那样简化，因此 FFM 的复杂度为 $O(kn^2)$。

在实际应用中，FFM 的特征域一般可以灵活调整。比如在新闻推荐场景中，新闻的一级类别是娱乐、体育等，再向更细的粒度划分，可以将娱乐进一步分成电视剧、娱乐明星等二级类别，那么最简单的特征域划分就是一级类别和二级类别分别是两个特征域，由于它们都表示新闻类别属性，也可以直接统一成一个特征域。

相比于 FM 模型，FFM 引入了特征域的概念，为模型引入了更多信息，提升了模型的表达能力。但是，FFM 的计算复杂度上升到 $O(kn^2)$，远大于 FM 的 $O(kn)$。在实际应用中，我们需要在模型效果和计算开销之间进行权衡。

回顾 5.2.1 节的 FM 模型和本节的 FFM 模型，理论上，FM 模型簇利用特征交叉的思路可以引申到三阶特征交叉，甚至更高维的交叉。但是由于组合爆炸的问题，更高阶的 FM 无论是参数数量还是训练复杂度都过高，难以在实际应用中实现。因此，如何突破 FM 和 FFM 二阶特征交叉的限制，进一步增强模型的组合能力，就成为推荐模型发展的方向。5.2.3 节将要介绍的组合模型在一定程度上解决了高阶特征交叉的问题，在工程上也具有可操作性。

### 5.2.3　GBDT+LR——Facebook 的特征交叉模型

FFM 模型通过引入特征域增强了模型的特征交叉能力，但是无论如何，FFM 模型只是二阶的特征交叉，无法刻画更高阶的特征交叉。2014 年，Facebook 提出了 GBDT+LR 特征交叉模型，它能够有效地处理高阶特征交叉和筛选的问题，GBDT+LR 模型结构如图 5-5 所示。

Facebook 通过 GBDT 自动构建组合特征，再将组合特征输入 LR 中，有效地解决了 LR 中特征交叉问题。

GBDT 是一种常用的非线性模型，由多棵回归树组成，每次迭代都在减少残差的梯度方向新建一棵决策树，迭代多少次就会生成多少棵决策树。GBDT 的思想使其具有大然的优势，可以发现多种有区分度的特征以及特征交叉，决策树的路径可以直接作为 LR 输入特征使用，省去了人工特征交叉的步骤。

图 5-6 展示了 GBDT 生成组合特征向量的过程。

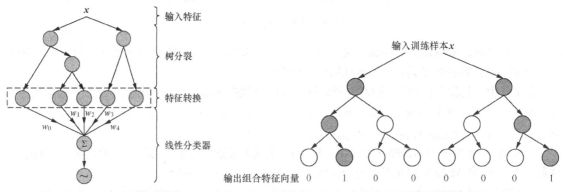

图 5-5　GBDT+LR 模型结构　　　图 5-6　GBDT 生成组合特征向量的过程

在图 5-6 中，GBDT 由两棵子树组成，每棵子树有 4 个叶节点，输入一个训练样本 $x$ 后，落在子树 1 的第 2 个叶节点上，生成特征向量[0,1,0,0]，随后落在子树 2 的第 4 个叶节点上，生成特征向量[0, 0, 0, 1]，最后连接所有特征向量，形成最终的组合特征向量[0, 1, 0, 0, 0, 0, 0, 1]。

GBDT 模型的特点非常适合用来挖掘有效的特征交叉，业界不仅有对 GBDT+LR 的实践，也有对 GBDT+FM 的应用。读者可能会有疑问，为什么采用多棵树，而不是单棵树；建树为什么采用 GBDT，而不是随机森林（random forest，RF）。这里根据具体的实践经验，解释其中的原因。

（1）为什么采用多棵树？

单棵树的表达能力较弱，不足以表达多个有区分度的特征交叉，而多棵树的表达能力更强。使用 GBDT 时，每棵树都在学习前面树的不足。

（2）为什么建树采用 GBDT 而不是 RF？

RF 也是多棵树，但实践证明其效果不如 GBDT。使用 GBDT 进行特征分裂时，前面的树主要体现对多数样本有区分度的特征；后面的树主要体现的是经过前 $N$ 棵树后，残差仍较大的少数样本。优先选择在整体上有区分度的特征，再选用针对少数样本有区分度的特征，这更加符合特征选择思想。

在实际的训练过程中，使用 GBDT 构建特征和利用 LR 预测 CTR 的这两步是采用相同的优化目标独立训练的。也就是先利用训练好的 GBDT 模型生成组合特征，再将组合特征作为 LR 的特征输入，训练 LR 模型。所以不存在如何将 LR 的梯度回传给 GBDT 这类复杂的训练问题。

在引入 GBDT+LR 模型后，相比单纯的 LR 或 GBDT，提升效果非常显著。从表 5-1 中可以看出，GBDT+LR 模型比单纯的 LR 或 GBDT 模型在归一化交叉熵（normalized entropy，NE）损失上减少了 3%左右。

表 5-1　GBDT+LR 模型效果对比

| 模型 | NE 损失（和 GBDT 比较的相对值） |
| --- | --- |
| GBDT+LR | 96.58% |
| LR | 99.43% |
| GBDT | 100% |

Facebook 使用 NE 作为对比值，其计算公式如下所示。

$$NE = \frac{-\frac{1}{N}\sum_{i=1}^{n}\left(\frac{1+y_i}{2}\log(p_i)+\frac{1-y_i}{2}\log(1-p_i)\right)}{-\left(p\log(p)+(1-p)\log(1-p)\right)} \tag{5-6}$$

其中，$p$ 表示经验 CTR。从公式（5-6）可以看出，NE 等于交叉熵损失除以经验 CTR 交叉熵，使得 NE 对经验 CTR 不敏感。

在模型的实际应用中，超参数对于模型效果至关重要。在 GBDT+LR 的组合模型中，为了确定最优的 GBDT 子树规模，Facebook 给出了子树规模与模型损失的关系曲线，如图 5-7 所示（见文前彩插）。

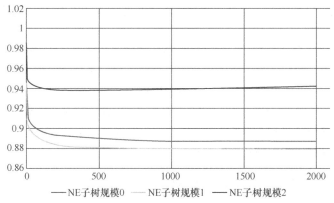

图 5-7　GBDT 子树规模与模型损失的关系曲线

从图 5-7 可以看出，在子树规模超过 500 棵之后，增加子树规模对于损失下降的影响微乎其微。1000 棵子树仅贡献了 0.1%的损失下降，在实际应用中，Facebook 最终选取了 600 棵子树。

虽然 GBDT+LR 可以自动进行特征交叉和筛选，但是在实践过程中，模型的缺陷也比较明显。相比 FM 等模型，GBDT 没有在线学习的能力，往往几天才能更新一次 GBDT 模型，这必然会影响模型的实时性。那么，Facebook 是如何解决模型更新的问题的呢？

### GBDT+LR 模型的更新策略

虽然从直观上看来，模型的训练时间和在线服务间的间隔越短，模型的效果越好，但为了寻求最佳的更新时间，Facebook 还是做了一组实效性实验，在结束模型的训练之后，观察其后 6 天模型的损失值（loss），如图 5-8 所示。

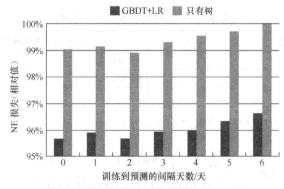

图 5-8　GBDT+LR 模型更新延迟与损失的关系

从图 5-8 可以看出，模型的损失在第 0 天之后有所上升，特别是在第 2 天之后显著上升，因此按天更新模型的效果比按周更新模型的效果好得多。

但是，由于 Facebook 巨大的数据量以及 GBDT 很难并行化，GBDT 的更新时间往往超过 1 天，因此为了兼顾工程效果和实时性，Facebook 对 GBDT 部分几天更新一次，而对 LR 部分进行准实时的更新。Facebook 的更新策略对于今天的深度学习模型也有借鉴意义，因为大量深度学习模型 Embedding 的更新计算开销非常大，但对实时性要求并不高，所以我们完全可以低频更新 Embedding，高频更新上层的网络结构。

GBDT+LR 早在 2014 年已经提出，它对推荐系统领域意义重大，大大推进了特征工程模型化这一重要趋势。在此之前，特征工程主要依赖人力和领域经验，这会面临两个问题，其一是人工能力有限，很难完全充分挖掘非线性模式；其二是由于依赖人力和领域经验，该方法推广到其他问题的代价太大，不够智能。学术界提出过基于 Kernel 的非线性方法，但是由于计算问题，这种方法在工业界无法落地；而矩阵分解和 FM 等模型由于模型结构的限制，无法处理高阶关系。Facebook 提出的 GBDT+LR 开启了特征工程模型化的新篇章。

## 5.2.4　MLR——阿里巴巴的经典 CTR 预估模型

本节介绍阿里巴巴曾经的主流推荐模型——MLR。虽然 MLR 早在 2012 年便已提出，但是由于其具有极强的实践性，在阿里巴巴的多个场景中被广泛应用，因此本节选择 MLR 作为传统机器学习推荐模型的"压轴模型"。

MLR 本质上是对线性 LR 模型的推广，它利用分片线性方式对数据进行拟合，相比 LR 模型，能够学习到更高阶的特征交叉。MLR 模型在阿里巴巴的多个场景得到应用（包括阿里妈妈精准定向广告、淘宝客、神马商业广告、淘宝搜索等），并且相比之前的 LR+人工特征交叉，效果有明显的提升。在阿里妈妈精准定向广告场景中，CTR 和 RPM 都获得了 20%以上的提升。

### 1. MLR 模型的主要结构

MLR 模型的数学形式可表示如下。

$$P\left(y=1\middle|\boldsymbol{x};\Theta\right)=g\left(\sum_{i=1}^{m}\sigma\left(\boldsymbol{u}_i^{\mathrm{T}}\boldsymbol{x}\right)*\eta\left(\boldsymbol{w}_i^{\mathrm{T}}\boldsymbol{x}\right)\right) \tag{5-7}$$

其中，$\boldsymbol{u}_1,\cdots,\boldsymbol{u}_m$ 是聚合函数 $\sigma(\cdot)$ 的参数，$\boldsymbol{w}_1,\cdots,\boldsymbol{w}_m$ 是拟合函数 $\eta(\cdot)$ 的参数。对于给定的样本 $\boldsymbol{x}\in\mathbb{R}^d$，预测模型 $P\left(y\middle|\boldsymbol{x}\right)$ 包含两部分：第一部分的 $\sigma\left(\boldsymbol{u}_i^{\mathrm{T}}\boldsymbol{x}\right)$ 将特征空间划分为 $m$ 个不同的区域，第二部分的 $\eta\left(\boldsymbol{w}_i^{\mathrm{T}}\boldsymbol{x}\right)$ 对每个区域进行拟合。$g(\cdot)$ 保证最终模型的输出值区间为[0, 1]。

在实际的应用中，MLR 选取 softmax 作为聚合函数 $\sigma(\cdot)$，选取 sigmoid 作为拟合函数 $\eta(\cdot)$，同时 $g(x)=x$，因此公式（5-7）可以表示为如下形式。

$$P\left(y=1\middle|\boldsymbol{x};\Theta\right)=\sum_{i=1}^{m}\sigma\left(\boldsymbol{u}_i^{\mathrm{T}}\boldsymbol{x}\right)*\eta\left(\boldsymbol{w}_i^{\mathrm{T}}\boldsymbol{x}\right)=\sum_{i=1}^{m}\left(\frac{\exp\left(\boldsymbol{u}_i^{\mathrm{T}}\boldsymbol{x}\right)}{\sum_{j=1}^{m}\exp\left(\boldsymbol{u}_j^{\mathrm{T}}\boldsymbol{x}\right)}*\frac{1}{1+\exp\left(-\boldsymbol{w}_i^{\mathrm{T}}\boldsymbol{x}\right)}\right) \tag{5-8}$$

从模型的数学形式来看，MLR 集成了聚合和分类的思想，先将特征空间划分为 $m$ 个不同的子空间，再使用 LR 对每个子空间进行拟合。子空间的划分有多种形式，比如在推荐场景中进行排序可以按用户划分子空间，在召回中可以基于候选资源划分等。究竟哪些特征适合应用于划分，需要根据业务特点来确定，常见的有基于用户和候选物品信息进行划分，后面会介绍由 MLR 衍生出的不同应用方式。

如今 MLR 可以看作浅层的神经网络，MLR 模型结构如图 5-9 所示（见文前彩插）。

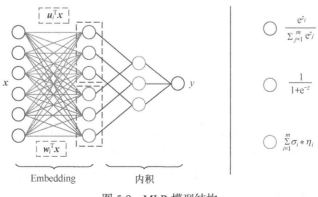

图 5-9　MLR 模型结构

从图 5-9 可以看出，MLR 模型是带有一个隐藏层的神经网络。从模型结构来看，MLR 模型并不复杂，但是 2012 年深度学习在推荐系统中并没有兴起，谷歌的 WDL 还是在 4 年后的 2016 年才提出的。

前面提到 MLR 的子空间可以根据用户信息划分，此外，针对 CTR 预估经常遇到的各种偏置特征，比如广告推荐中的广告位置，MLR 还衍生了不同的版本。

### 2. MLR 解用户分组

在推荐场景中，不同的人群一般具有不同的行为偏好，而同一组人群具有类似的偏好，例如从事互联网行业的人群喜欢电子产品和计算机书籍相关的内容，而全职妈妈可能喜欢育儿相关的内容。MLR 可以基于用户特征进行分组，然后在不同的人群中以广告特征进行拟合。这样做的好处是可以帮助模型缩小解空间的范围，使得模型更容易收敛。

假设用户相关的特征为 $\boldsymbol{x}_\mathrm{u} \in \mathbb{R}^{d_1}$，广告相关的特征为 $\boldsymbol{x}_\mathrm{a} \in \mathbb{R}^{d_2}$，则公式（5-8）可以修改为如下形式。

$$P\left(y=1|\boldsymbol{x};\Theta\right) = \sum_{i=1}^{m}\left(\frac{\exp\left(\boldsymbol{u}_i^\mathrm{T}\boldsymbol{x}_\mathrm{u}\right)}{\sum_{j=1}^{m}\exp\left(\boldsymbol{u}_j^\mathrm{T}\boldsymbol{x}_\mathrm{u}\right)} * \frac{1}{1+\exp\left(-\boldsymbol{w}_i^\mathrm{T}\boldsymbol{x}_\mathrm{a}\right)}\right) \tag{5-9}$$

整个模型的参数规模为 $m(d_1 + d_2)$，而公式（5-8）的参数规模为 $2m(d_1 + d_2)$，模型的参数规模缩小了一半。

### 3. MLR 解位置偏置

在推荐场景中，一般广告位置越靠前的内容，用户点击率越高，传统的 LR 模型一般把位置信息作为特征加入，而现在可以通过对 MLR 模型按偏置特征进行加权，让模型自动学习每个位置的概率，位置相关的特征表示为 $\boldsymbol{x}_2 \in \mathbb{R}^{d_2}$，则公式（5-9）可以修改为如下形式。

$$P\left(y=1|\boldsymbol{x};\Theta\right) = \left(\sum_{i=1}^{m}\left(\frac{\exp\left(\boldsymbol{u}_i^\mathrm{T}\boldsymbol{x}_\mathrm{u}\right)}{\sum_{j=1}^{m}\exp\left(\boldsymbol{u}_j^\mathrm{T}\boldsymbol{x}_\mathrm{u}\right)} * \frac{1}{1+\exp\left(-\boldsymbol{w}_i^\mathrm{T}\boldsymbol{x}_\mathrm{a}\right)}\right)\right) * \frac{1}{1+\exp\left(-\boldsymbol{w}^\mathrm{T}\boldsymbol{x}_\mathrm{a}\right)} \tag{5-10}$$

从公式（5-10）可以看出，使用位置相关的特征对预估值进行了线性加权。这样做和直接把位置作为特征加进去有什么区别呢？主要有以下两点。

（1）模型的参数空间从 $2m(d_1 + d_2)$ 缩小到 $m(2d_1 + d_2)$，参数减少 $md_1$。

（2）乘法加权的方式比加法求和的方式的影响更显著，使位置特征的影响更容易被模型学习出来。

在阿里巴巴的实际业务中，位置偏置的引入使得 RPM 提升了 4%。

MLR 是早期对 LR 扩展的探索，同期的模型还有 FM、GBDT+LR 等。从模型结构来看，MLR 相比 FM 和 LR 可以学习更高阶的非线性组合，而且在阿里巴巴的业务中起到了很关键的作用。当然，MLR 不是万能的，在阿里巴巴的业务场景中针对不同的改进有显著效果，但是直接将其用在自己的业务场景中，如果不进行修改，还是很难有好的效果。这也是目前机器学习模型面临的一个问题——模型的可迁移性仍然不够好。

# 5.3 精排的深度学习时代

5.2 节介绍了机器学习算法在推荐系统中的应用。随着谷歌的 WDL、阿里巴巴的 DIN，以及 DIEN、DSIN 等一大批优秀的深度学习推荐模型的提出，推荐系统全面进入深度学习时代。时至今日，深度学习推荐模型已经成为推荐场景和计算广告领域的主流模型。接下来，本节将沿着图 5-2 所示的演化进程，介绍深度学习推荐模型的技术细节。

## 5.3.1 WDL——谷歌的经典 CTR 预估模型

WDL 是谷歌于 2016 年提出的深度学习推荐模型。WDL 模型巧妙地将传统特征工程与深度学习模型进行了强强联合。WDL 一经推出，立即"引爆"了深度学习模型在推荐系统的应用，随后沿着 WDL 的思路，多个模型相继推出，包括 PNN、DeepFM、DCN、xDeepFM 等。直到今天，WDL 依然是为很多公司落地深度学习模型的首要选择。

WDL 模型中 Wide 部分的主要作用是让模型具有较强的记忆能力，Deep 部分的主要作用是让模型具有泛化能力，这样的特点使得 WDL 能够兼容复杂的人工交叉特征，同时学习到更复杂的高阶交叉。在早期的推荐模型中，由于表达能力有限，需要设计大量的人工交叉特征。这部分特征已经具备了很强的交叉能力，因此模型只需要"记忆"这部分特征。而对于未挖掘的潜在模式，需要模型自动组合特征，因此模型需要具备很强的泛化能力。

### 1. WDL 模型结构

简单模型具备很强的记忆能力，而 DNN 具备很强的泛化能力。WDL 则兼顾了记忆能力和泛化能力，其模型结构如图 5-10 所示。

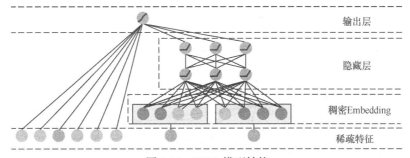

图 5-10 WDL 模型结构

WDL 模型主要包含两部分：Wide 部分是 LR，主要用于处理大量的人工交叉特征；Deep 部分是神经网络，善于挖掘潜在的隐藏模式。最终，输出层将 Wide 部分和 Deep 部分组合起来，形成统一的输出。

Wide 部分是通用的线性模型，其输出为 $y = \boldsymbol{w}^{\mathrm{T}}\boldsymbol{x} + b$，同时 Wide 部分对输入特征进行交叉，其

方式如下所示。

$$\phi_k(\boldsymbol{x}) = \prod_{i=1}^{d} x_i^{c_{k_i}} \quad , c_{k_i} \in \{0,1\} \tag{5-11}$$

其中，$d$ 表示特征维度，$\boldsymbol{x}$ 表示特征向量，$x_i$ 表示第 $i$ 维特征，如果第 $i$ 维特征参与了交叉，则 $c_{ki}$ 为 1，否则为 0。

Deep 部分是一个多层神经网络，对于高维稀疏特征，首先将其转化为稠密的 Embedding，Embedding 的大小一般为 10～100，然后将 Embedding 级联（concat）到一起后输入 MLP，每一层的计算方式如下所示。

$$\boldsymbol{a}^{(l+1)} = f\left(\boldsymbol{W}^{(l)}\boldsymbol{a}^{(l)} + \boldsymbol{b}^{(l)}\right) \tag{5-12}$$

最终，WDL 将 Wide 输出和 Deep 输出组合在一起，如下所示。

$$P(Y=1\,|\,\boldsymbol{x}) = \sigma\left(\boldsymbol{w}_{\text{wide}}^{\text{T}}\left[\boldsymbol{x}, \phi(\boldsymbol{x})\right] + \boldsymbol{w}_{\text{deep}}^{\text{T}}\boldsymbol{a}^{(l_f)} + b\right) \tag{5-13}$$

对于 WDL 的训练，Wide 部分使用 FTRL 优化算法，Deep 部分使用 AdaGrad 优化算法。Wide 部分之所以选择 FTRL 优化算法，主要是为了产生稀疏解，这样可以大大压缩 Wide 部分的模型大小。

对于具体业务的应用，谷歌将 WDL 模型部署在 Google Play 推荐场景中，如图 5-11 所示。

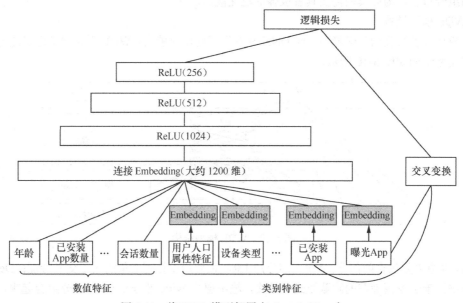

图 5-11　将 WDL 模型部署在 Google Play 中

Deep 部分输入的是全量的特征向量，包括数值特征和类别特征。需要强调的是类别特征作为

Embedding 时，不同特征分开作为 Embedding，Embedding 长度可以不一样。设想如果所有类别特征学习一个 Embedding，如果 Embedding 长度太小，便不足以刻画更多信息，而 Embedding 长度太大，会导致模型参数急剧膨胀。

Wide 部分的输入仅是已安装 App 和曝光 App 两类特征，其中已安装 App 表示用户历史行为，而曝光 App 表示待推荐 App。这两类特征交叉在一起，刻画的是用户兴趣和候选 App 的匹配度，选择这两类特征更能发挥 Wide 部分的记忆能力。

**2．为什么 Wide 部分和 Deep 部分使用不同的优化算法**

前面提到 Wide 部分和 Deep 部分使用不同的优化算法。Wide 部分使用 FTR 优化算法是为了产生稀疏解，那么为什么 Deep 部分不用考虑稀疏性呢？

从图 5-11 可以看出，Wide 部分采用了两类 ID 特征的乘积，这两类特征是用户已安装 App 和曝光 App。这两类特征组合会让原本就非常稀疏的 multi-hot 特征向量变得更加稀疏。正因为如此，Wide 部分的权重数量是海量的。为了达到上线要求，采用 FTRL 过滤掉稀疏特征无疑是非常好的工程经验。而 Deep 部分输入的要么是年龄、已安装 App 数量这些数值特征，要么是已经降维并稠密化的 Embedding 向量，这样 Deep 部分就不存在严重的稀疏特征问题，自然可以选择更适合深度学习训练的 AdaGrad 优化算法。

**3．WDL 开启深度学习在高维稀疏场景的落地**

如果用一句话总结 WDL 的意义，则是 WDL 模型开启了深度学习在高维稀疏场景的落地，使得深度学习在推荐场景和计算广告领域得以应用。

在传统的图像处理或 NLP 领域，深度学习已经取得了非常多的成果，在大多数问题上成为 SOTA 方法，如图像处理领域的 CNN 结构、语音识别的 RNN 结构。而回到推荐场景和计算广告领域，例如新闻推荐场景，特征规模极大且稀疏，典型的数量级可达到百万级、千万级甚至数亿级。而对于数亿级的稀疏特征，和其他所有特征使用全局的 Embedding，Embedding 维度都选取上千维左右，那么参数空间可以突然达到万亿级，这对计算能力的要求非常高。而 WDL 模型对于这类高维稀疏特征，采用分组 Embedding 的思路，不需要每个 ID 特征的 Embedding 维度都是上千维的，高维稀疏的特征可以缩小到几十的 Embedding 维度，这样整体的参数空间将大幅缩小。至此，分组 Embedding 的思路在推荐场景得以广泛应用，深度学习开始在推荐领域快速发展。

## 5.3.2 DCN——深度交叉网络

在 WDL 之后，越来越多的工作集中于分别改进 Wide 部分和 Deep 部分。2017 年，谷歌针对 WDL 的 Wide 部分进行改进，提出了深度交叉网络（Deep & Cross network，DCN）模型。

DCN 模型结构如图 5-12 所示（见文前彩插），其主要思想是使用 Cross 网络替代原来的 Wide 网络，以此提升模型的交叉能力。

和 WDL 模型相比，DCN 使用交叉（cross）网络替代了原来简单的 Wide 网络，增加了特征之间的交互力度，使用多层交叉层对输入特征进行交叉。第 $l+1$ 层的输出向量和第 $l$ 层的输出向量之间的关系如下所示。

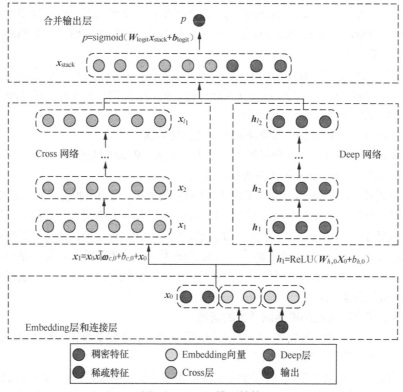

图 5-12　DCN 模型结构

$$x_{l+1} = x_0 x_l^{\mathrm{T}} w_l + b_l + x_l = f(x_l, w_l, b_l) + x_l \qquad (5\text{-}14)$$

其中，$x_l$ 和 $x_{l+1}$ 分别是第 $l$ 层和第 $l+1$ 层的输出向量。可以看到，公式（5-14）中的特征交叉部分 $f$ 对特征向量做了外积操作。DCN 交叉层操作如图 5-13 所示（见文前彩插）。

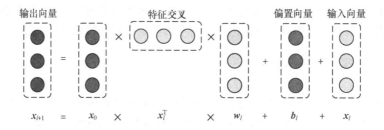

图 5-13　DCN 交叉层操作

　　交叉层在保证特征交互的同时，尽量地降低模型的参数，每一层仅增加了 $n$ 维的权重向量。由多层交叉层组成的 DCN 在 WDL 模型中 Wide 部分的基础上进行特征的自动交叉组合，避免了更多依赖人工特征交叉。表 5-2 所示为 DCN 离线实验结果，和 DNN 等模型对比，DCN 效果都有提升。

表 5-2 DCN 离线实验效果

| 模型 | DCN | DC | DNN | FM | LR |
|---|---|---|---|---|---|
| logloss | 0.4419 | 0.4425 | 0.4428 | 0.4464 | 0.4474 |

### 5.3.3 DCN-v2——谷歌的改进版 DCN 模型

DCN 通过向 WDL 中 Wide 部分引入交叉网络，提升了模型的特征交叉能力。沿着相同的思路，2020 年谷歌针对 DCN 提出了改进版本 DCN-v2，全称为 DCN-v2: Improved Deep & Cross Network and Practical Lessons for Web-scale Learning to Rank Systems。与 DCN 相比，DCN-v2 主要对 Cross 网络进行了改进，同时引入混合专家（mixture of experts，MOE）系统网络结构，增强不同子空间特征交叉能力。

DCN-v2 分为两种类型，一种是 Stacked 结构，另一种是 Parallel 结构。两者的区别在于 Stacked 结构先经过多层特征交叉层（cross 网络），然后经过 DNN 层；Parallel 结构和 DCN 结构类似，输入向量同时经过 Cross 层和 DNN 层，最后再级联到一起。这两种模型结构如图 5-14 所示（见文前彩插）。

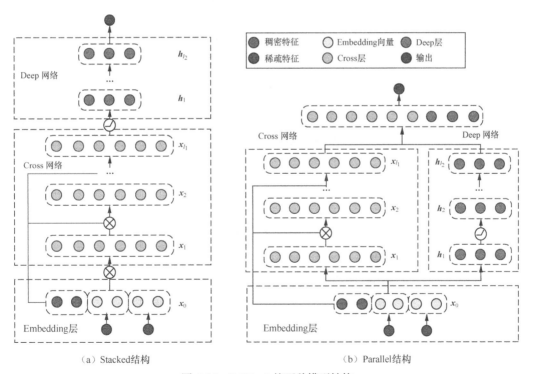

（a）Stacked 结构　　　　　　　　（b）Parallel 结构

图 5-14 DCN-v2 的两种模型结构

图 5-14 所示的 DCN-v2 两种模型结构的优劣不能一概而论，与具体的业务场景和数据集有关。

在公开数据集上进行测试时，Stacked 结构在 Criteo 数据集上效果更好，而 Parallel 结构在 Movielens 1M 数据集上效果更好。

DCN-v2 的交叉网络比 DCN 的交叉网络的交叉能力更强，假设第 $l$ 层的输出向量为 $\boldsymbol{x}_l$，则第 $l$+1 层的输出向量 $\boldsymbol{x}_{l+1}$ 可以表示如下。

$$\boldsymbol{x}_{l+1} = \boldsymbol{x}_0 \odot \left( \boldsymbol{w}_l \boldsymbol{x}_l + \boldsymbol{b}_l \right) + \boldsymbol{x}_l \tag{5-15}$$

可以看到，交叉层的权重从 $n$ 维向量变成了 $n \times n$ 的矩阵，交叉层操作如图 5-15 所示（见文前彩插）。

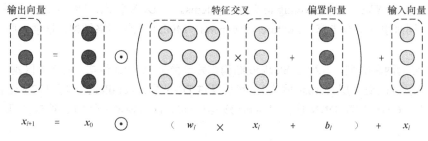

图 5-15　DCN-v2 交叉层操作

分析 DCN-v2 模型中的交叉网络学习到的矩阵可以发现，我们可以采用矩阵分解的方法降低计算成本，将一个稠密的矩阵分解为低秩矩阵，于是公式（5-15）转变为如下形式。

$$\boldsymbol{x}_{l+1} = \boldsymbol{x}_0 \odot \left( \boldsymbol{U}_l \left( \boldsymbol{V}_l^{\mathrm{T}} \boldsymbol{x}_l \right) + \boldsymbol{b}_l \right) + \boldsymbol{x}_l \tag{5-16}$$

该公式将参数矩阵 $\boldsymbol{w}_l \in \mathbb{R}^{d \times d}$ 分解为两个低秩矩阵 $\boldsymbol{U}_l, \boldsymbol{V}_l \in \mathbb{R}^{d \times r} \left( r << d \right)$。

除了对原有交叉网络进行改进，DCN-v2 还引入了 MOE 网络结构，进一步提升了特征交叉能力，MOE 网络结构如图 5-16 所示。

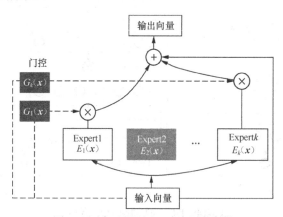

图 5-16　交叉层引入 MOE 网络结构

引入 MOE 网络结构后，第 $l$+1 层的输出向量 $\boldsymbol{x}_{l+1}$ 可以表示如下。

$$x_{l+1} = \sum_{i=1}^{K} G_i(x_l)E_i(x_l) + x_l$$
$$E_i(x_l) = x_0 \odot \left(U_l^i\left(\left(V_l^i\right)^{\mathrm{T}} x_l\right) + b_l\right)$$

$$(5\text{-}17)$$

为了测试 DCN-v2 的模型效果，谷歌的工程师们构造了不同的数据集进行测试。数据集的构造函数如下所示。

$$f_1(x) = x_1^2 + x_1 x_2 + x_3 x_1 + x_4 x_1$$
$$f_2(x) = x_1^2 + 0.1 x_1 x_2 + x_2 x_3 + 0.1 x_3^2$$
$$f_3(x) = \sum_{(i,j) \in S} w_{i,j} x_i x_j, \quad x \in \mathbb{R}^{100}, |S| = 100$$

$$(5\text{-}18)$$

针对公式（5-18）构造的数据集，分别测试 DCN、DCN-v2、DNN（1 层、多层）这 4 个模型的离线实验效果，具体结果如表 5-3 所示。

表 5–3　DCN 离线实验效果

| 数据集 | DCN（1 层）<br>RMSE | DCN-v2（1 层）<br>RMSE | DNN（1 层）<br>RMSE | DNN（多层）<br>RMSE |
|---|---|---|---|---|
| $f_1$ | 8.9E–13 | 5.1E–13 | 2.7E–2 | 4.7E–3 |
| $f_2$ | 1.0E–1 | 4.5E–15 | 3.0E–2 | 1.4E–3 |
| $f_3$ | 2.6E+00 | 6.7E–7 | 2.7E–1 | 7.8E–2 |

从表 5-3 可以看出，DCN-v2 的效果相比 DCN 有显著提升，在 3 种不同数据集上取得 SOTA。

### 5.3.4　DIN——基于注意力机制的用户动态兴趣表达

前面部分主要介绍了谷歌深度学习推荐模型的技术细节。从本节开始，我们将介绍阿里巴巴推荐模型的相关技术。在介绍具体模型之前，本节先梳理阿里巴巴推荐模型的迭代路径，如图 5-17 所示。

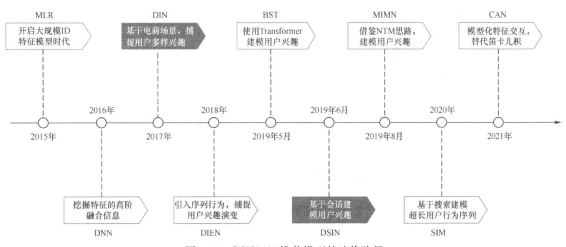

图 5-17　阿里巴巴推荐模型的迭代路径

5.2.4 节介绍了 MLR，5.3.1 节介绍了 WDL，阿里巴巴的 DNN 推荐模型与 WDL 相比，只是没有 Wide 部分，因此接下来主要从 2017 年提出的 DIN 模型开始介绍阿里巴巴的推荐模型。

2017 年阿里巴巴在 KDD 竞赛上发表了论文"Deep Interest Network for Click-Through Rate Prediction"，简称 DIN，通过注意力机制学习用户动态兴趣。在 CTR 预估场景中，最重要的就是准确表达用户兴趣，DIN 就是为了精准刻画用户兴趣而产生的。

在 DIN 出现之前，对于用户兴趣的表达就是直接对所有历史点击进行求和池化（sum pooling），如图 5-18 所示（见文前彩插）。

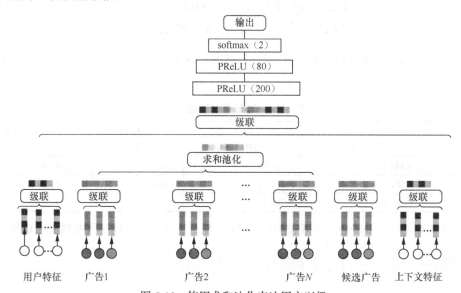

图 5-18　使用求和池化表达用户兴趣

使用求和池化会导致所有历史行为都没有区分，实际上用户当前的兴趣只和历史上某些行为是关联的。图 5-19 所示为一个女性用户历史行为的序列。

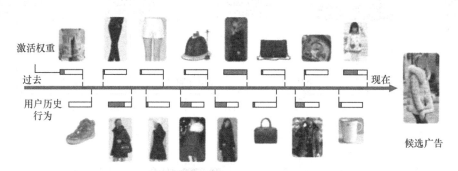

图 5-19　一个女性用户历史行为的序列

如图 5-19 所示，在预估她对当前这件大衣的点击率的时候，应该和她曾经买过的外套、鞋子、皮包这些物品有很大关联，而和她买过的杯子关联不大，但是按图 5-18 所示的处理序列的方法，则无法区分这些行为的差异。

图 5-18 直接对用户历史行为求和池化有一个明显的问题，那就是无论候选（candidate）目标是什么，用户的兴趣 Embedding 都是不变的。后来阿里巴巴在自己的业务中使用人工特征交叉的方法，用广告的商店（shop）属性去匹配用户历史行为的商店列表（shop list），如果命中了就说明历史有过直接行为，用行为 ID 和频次来表示特征交叉。举个简单的例子，候选目标的商店属性是 Lining，用户在 Lining、Joeone、Lining、Sony 这些商店里买过东西，则组合特征就是 Lining_2。Lining_2 这个特征描述了用户对候选的兴趣程度，Lining 和 Joeone 应该是相似的商店，但是和 Sony 关联不大，而这种硬匹配（hard attention）的方法无法刻画这种关系。

为了解决上述硬匹配的问题，阿里巴巴将其扩展到软匹配（soft attention），就是 DIN 中的动态兴趣表达，如下所示。

$$V_u = \sum_{i=1}^{N} w_i * V_i = \sum_{i=1}^{N} g(V_i, V_a) * V_i \tag{5-19}$$

其中，$V_u$ 是用户的 Embedding 向量，$V_a$ 是目标广告的 Embedding 向量，$V_i$ 是用户第 $i$ 次行为的 Embedding，$g(V_i, V_a)$ 是注意力函数。可以看到，目标广告 Embedding 会和每次用户行为 Embedding 计算权重，最后的加权和就是用户的兴趣表达。DIN 模型结构如图 5-20 所示（见文前彩插），其中注意力机制的实现是一个小的神经网络，输入是用户历史行为某个 Embedding 向量以及目标广告 Embedding 向量，经过元素减、乘操作，与原 Embedding 向量一同连接后形成全连接层的输入，最后通过单神经元输出层生成注意力得分。

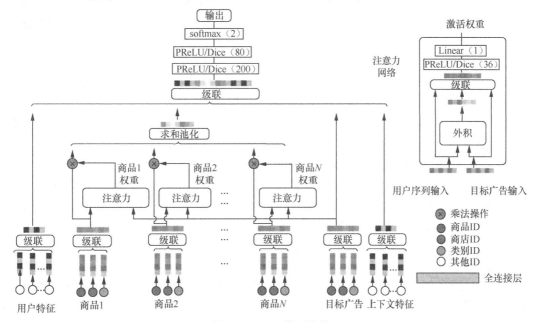

图 5-20  DIN 模型结构

在具体实现时，DIN 并没有保证注意力得分相加为 1，这样做的好处是可以量化用户的历史点击对目标广告的贡献程度。比如用户历史浏览商品中 90% 是衣服（clothes），10% 是电子产品（electronic），对于给定的目标商品 T-shirt 和 phone，T-shirt 激活了大部分属于衣服的历史行为，因此可能获得比 phone 更大的兴趣强度，而如果做归一化处理，可能最后 T-shirt 和 phone 对衣服的注意力值并没有太大差别。

表 5-4 展示了 DIN 在阿里巴巴数据集上的离线实验结果，相比其他深度学习模型都有显著提升。DIN 在阿里巴巴电商广告推荐场景上线后，CTR 提升了 10%，成为当时线上的主流模型。

表 5-4　DIN 离线实验结果

| 模型 | AUC | AUC 提升百分比 |
| --- | --- | --- |
| LR | 0.5738 | −23.92% |
| Base | 0.5970 | 0.00% |
| WDL | 0.5977 | 0.72% |
| PNN | 0.5983 | 1.34% |
| DeepFM | 0.5993 | 2.37% |
| **DIN** | **0.6029** | **6.08%** |

## 5.3.5　DIEN——使用序列模型对用户兴趣建模

阿里巴巴在提出了 DIN 模型后，继续深挖用户兴趣表达，于 2018 年提出了 DIN 模型的演化版本——DIEN。模型的应用场景和 DIN 完全一致，其创新在于用序列模型门控循环单元（gated recurrent unit，GRU）模拟了用户兴趣的进化过程。本节对 DIEN 的主要思路和兴趣演化部分的设计进行详细介绍。

### 1. DIEN 的提出背景

DIN 的成功主要在于它基于注意力机制动态刻画用户兴趣，解决了之前 $k$ 维用户 Embedding 只能表达 $k$ 个独立的兴趣的问题。但是，DIN 并没有考虑用户历史行为之间的相关性，也没有考虑行为之间的先后顺序。而在电商业务场景中，特定用户的历史行为都是一个随时间排序的序列，既然是时间相关的序列，就一定存在某种依赖关系。这样的序列信息对推荐过程无疑是有价值的。但是在 DIN 模型中，这种序列信息并没有被加以利用。

在电商广告推荐场景中，序列信息对推荐系统来说是非常有价值的。用户的兴趣迁移非常快，例如一个用户在上周挑选笔记本电脑，这位用户上周的行为序列都会集中在电脑这个品类的商品上，但在他完成购买后，本周他的购物兴趣则可能变成一套篮球服。

序列信息的重要性在于它加强了最近行为对下次行为预测的影响。比如在上面的例子中，用户近期购买篮球服的概率明显会高于再买一台笔记本电脑的概率。此外，序列模型能够学习到购买趋势的信息。在上面的例子中，序列模型能够在一定程度上建立笔记本电脑到篮球服的转移概率。如果这个转移概率在全局统计上足够大，那么用户在购买笔记本电脑后，为其推荐篮球服也是合理的。直观上来说，购买笔记本电脑和购买篮球服的用户群体很可能是一致的。

如果摒弃了序列信息，那么模型学习时间和趋势这类信息的能力就会变弱，推荐模型就只能基于用户所有购买历史综合推荐，而不是针对"下一次购买"推荐。DIEN 的提出，就是为了弥补 DIN 没有考虑序列信息的缺陷。

**2. DIEN 模型结构**

为了引进序列信息，阿里巴巴对 DIN 模型结构进行了改进，形成了 DIEN 模型结构，如图 5-21 所示（见文前彩插）。DIEN 模型和图 5-20 中的 DIN 模型相似，输入特征分别经过 Embedding 层、兴趣表达层、MLP 层、输出层，最终得到预估 CTR。两者的区别在于兴趣表达不同，DIEN 模型的创新在于构建了兴趣进化网络。

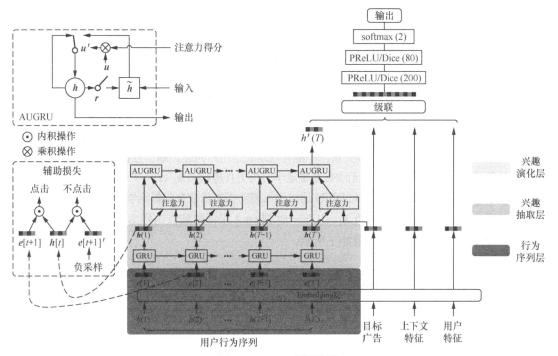

图 5-21 DIEN 模型结构

DIEN 的兴趣进化网络分为 3 层，分别是行为序列层（behavior sequence layer）、兴趣抽取层（interest extractor layer）和兴趣演化层（interest evolving layer）。每一层的作用可以总结如下。

（1）行为序列层。其主要作用是把原始的用户行为序列 ID 转换为 Embedding。

（2）兴趣抽取层。其主要作用是通过序列模型模拟用户兴趣迁移，抽取用户兴趣。

（3）兴趣演化层。其主要作用是通过在兴趣抽取层的基础上加入注意力机制，模拟与目标广告相关的兴趣演化过程。兴趣演化层是 DIEN 最重要的模块，也是最主要的创新点。

在兴趣进化网络中，行为序列层和普通的 Embedding 层没有区别，只是简单地把 ID 类特征转化为 Embedding，模拟用户兴趣迁移的主要是兴趣抽取层和兴趣演化层。下面主要介绍这两个模块的技术细节。

### 3.兴趣抽取层

兴趣抽取层通过序列模型 GRU 处理序列特征，能够刻画行为序列之间的相关性。相比传统的序列模型 RNN，GRU 解决了 RNN 梯度消失的问题。与 LSTM 相比，GRU 的参数更少，训练收敛速度更快，因此 GRU 成为 DIEN 序列模型的选择。

每个 GRU 可以表示成如下形式。

$$
\begin{aligned}
\boldsymbol{u}_t &= \sigma\left(\boldsymbol{W}^u \boldsymbol{i}_t + \boldsymbol{U}^u \boldsymbol{h}_{t-1} + \boldsymbol{b}^u\right) \\
\boldsymbol{r}_t &= \sigma\left(\boldsymbol{W}^r \boldsymbol{i}_t + \boldsymbol{U}^r \boldsymbol{h}_{t-1} + \boldsymbol{b}^r\right) \\
\tilde{\boldsymbol{h}}_t &= \tanh\left(\boldsymbol{W}^h \boldsymbol{i}_t + \boldsymbol{r}_t \circ \boldsymbol{U}^h \boldsymbol{h}_{t-1} + \boldsymbol{b}^h\right) \\
\boldsymbol{h}_t &= \left(1 - \boldsymbol{u}_t\right) \circ \boldsymbol{h}_{t-1} + \boldsymbol{u}_t \circ \tilde{\boldsymbol{h}}_t
\end{aligned}
\tag{5-20}
$$

其中，$\sigma$ 表示 sigmoid 激活函数，$\circ$ 表示对应位置元素相乘（element-wise product），$\boldsymbol{W}^u$、$\boldsymbol{W}^r$、$\boldsymbol{W}^h \in \mathbb{R}^{n_H \times n_I}$ 以及 $\boldsymbol{U}^u$、$\boldsymbol{U}^r$、$\boldsymbol{U}^h \in \mathbb{R}^{n_H \times n_H}$ 是需要学习的参数矩阵，$n_H$ 是隐藏层维度，$n_I$ 是输入 Embedding 维度，$\boldsymbol{i}_t = \boldsymbol{e}_b[t]$ 是 GRU 输入，也是行为序列中的第 $t$ 个 Embedding 向量，$\boldsymbol{h}_t$ 是 GRU 网络中第 $t$ 个隐状态向量。

经过 GRU 组成的兴趣抽取层之后，用户的行为向量 $\boldsymbol{e}_b[t]$ 被进一步抽象，形成了兴趣状态向量 $\boldsymbol{h}_t$。然而，隐向量 $\boldsymbol{h}_t$ 只能捕捉行为的依赖关系，不能有效地表达用户兴趣。基于目标广告的损失函数 $L_{\text{target}}$ 只能有效地预测用户最终的兴趣，而无法有监督地学习历史兴趣状态 $\boldsymbol{h}_t$（$t < T$）。由于每一步的兴趣状态都会直接影响用户的连续行为，因此 DIEN 通过引入辅助损失函数有监督地学习兴趣状态向量 $\boldsymbol{h}_t$。

为了有监督地学习兴趣状态向量 $\boldsymbol{h}_t$，从下一时刻 $t+1$ 采样得到点击样本 $\boldsymbol{e}_b[t+1]$，负采样得到未点击样本 $\hat{\boldsymbol{e}}_b[t+1]$，辅助损失函数如下所示。

$$
L_{\text{aux}} = -\frac{1}{N}\left(\sum_{i=1}^{N}\sum_{t} \log\sigma\left(\boldsymbol{h}_t^i, \boldsymbol{e}_b^i[t+1]\right) + \log\left(1 - \sigma\left(\boldsymbol{h}_t^i, \hat{\boldsymbol{e}}_b^i[t+1]\right)\right)\right)
\tag{5-21}
$$

辅助损失函数的引入使得隐向量 $\boldsymbol{h}_t$ 能够有效地表示用户行为 $\boldsymbol{i}_t$ 之后的兴趣状态。总结而言，辅助损失函数的引入有以下 3 个优点。

（1）从兴趣学习的角度来看，辅助损失函数的引入有助于 GRU 每个隐藏状态的兴趣表达。

（2）对于 GRU 的优化，当 GRU 模拟长历史行为序列时，辅助损失函数降低了反向传播的难度。

（3）辅助损失函数为 Embedding 层的学习提供了更多语义信息，从而产生更好的 Embedding 向量。

### 4.兴趣演化层

理论上，兴趣抽取层在兴趣状态向量序列的基础上，GRU 网络已经可以做出下一个兴趣状态向量的预测，但是为什么 DIEN 还要设计兴趣进化层呢？

这主要是因为用户兴趣具有多样性，可能发生兴趣迁移。比如用户在一段时间内对书籍感兴趣，而在另一段时间内对衣服感兴趣。虽然兴趣可能相互影响，但是每种兴趣都有自己不断演化的过程。比如书籍和衣服的演化路径几乎是独立的，而我们主要关注和目标广告相关的演化路径。例如，目标广告是计算机相关书籍，那么书籍相关的演化路径显然比衣服相关的演化路径更重要。

既然要考虑和目标广告相关的演化路径，那么我们自然会想到利用注意力机制。DIEN 的兴趣演化层相比兴趣抽取层最大的特点就是加入了注意力机制。DIEN 在兴趣演化层实现了 3 种不同的引入注意力机制的方法，分别是 GRU 使用注意力作为输入（GRU with attention input，AIGRU）、基于注意力的 GRU(attention based GRU，AGRU)以及 GRU 使用注意力更新门（GRU with attention update gate，AUGRU）。这 3 种方法的具体做法如下。

（1）**AIGRU**。为了在兴趣进化过程中激活相关兴趣，一种简单的方法是直接对兴趣抽取层输出的隐向量 $h_t$ 使用注意力机制，表示如下。

$$i'_t = h_t * a_t \qquad (5\text{-}22)$$

其中，$h_t$ 是兴趣抽取层 GRU 的隐向量，$i'_t$ 是兴趣演化层 GRU 的输入。理论上，低相关兴趣可以降低到 0，但是低相关兴趣也会影响隐藏状态，进而影响兴趣演化的学习。

（2）**AGRU**。AGRU 使用注意力得分替代 GRU 的更新门，并直接改变隐藏状态，表示如下。

$$h'_t = (1 - a_t) * h'_{t-1} + a_t * \tilde{h}'_t \qquad (5\text{-}23)$$

在兴趣演化过程中，AGRU 利用注意力得分直接控制隐状态更新，削弱了低相关兴趣对兴趣演化过程的影响。

（3）**AUGRU**。虽然 AIGRU 可以使用注意力得分直接控制隐藏状态的更新，但它使用标量（注意力得分 $a_t$）替换矢量（更新门 $u'_t$），忽略了不同维度的重要性差异。AUGRU 将注意力和更新门结合在一起，表示如下。

$$\tilde{u}'_t = a_t * u'_t$$
$$h'_t = (1 - \tilde{u}'_t) \circ h'_{t-1} + \tilde{u}'_t \circ \tilde{h}'_t \qquad (5\text{-}24)$$

可以看出，AUGRU 在原始更新门 $u'_t$ 的基础上加入了注意力得分 $a_t$，注意力得分的生成方式与 DIN 模型中注意力激活单元的方式基本一致。

AUGRU 保留了更新门原始的维度，使用注意力得分控制更新门的所有维度，这使得与目标相关性低的兴趣对隐藏状态的影响较小。AUGRU 可以更有效地避免兴趣迁移的干扰，推动相关兴趣平稳演化。

**5. DIEN 实验结果**

针对 DIEN 的效果，阿里巴巴在淘宝展示广告数据集上做了完整的测试，包括线下 AUC 测试和线上 AB 测试。用户历史行为的最大长度设置为 50，DIEN 离线实验结果如表 5-5 所示。

表 5-5　DIEN 离线实验结果

| 模型 | AUC | AUC 提升百分比 |
| --- | --- | --- |
| Base | 0.6350 | 0.00% |
| WDL | 0.6362 | +0.19% |
| PNN | 0.6353 | +0.05% |
| DIN | 0.6428 | +1.23% |
| GRU+Attention | 0.6457 | +1.68% |
| **DIEN** | **0.6541** | **+3.01%** |

从表 5-5 可以看出，相比于 DIN，DIEN 的离线 AUC 有显著提升。表 5-6 所示为 DIEN 线上 AB 实验结果。

表 5-6　DIEN 线上 AB 实验结果

| 模型 | CTR 提升百分比 |
| --- | --- |
| Base | 0% |
| DIN | +8.9% |
| DIEN | +20.7% |

DIEN 上线后，相比图 5-18 所示的 Base 模型，CTR 提升了 20.7%；相比 DIN，CTR 提升了 10%以上。DIEN 的上线为阿里巴巴带来了显著的业务收入增长，进一步提升了模型的"天花板"。从本节介绍的 DIEN 模型来看，序列模型由于具备强大的时间表达能力，非常适合用于预估用户经过一系列行为后下一次的动作。事实上，不仅阿里巴巴在电商业务场景上成功运用了序列模型，YouTube、奈飞等视频媒体公司也已经成功地在视频推荐场景部署了序列模型，用于预测用户下一次的观看行为。

#### 6．序列模型和具体业务的结合

虽然序列模型在 DIEN 中发挥了至关重要的作用，但是单纯地使用序列模型结构并不能很好地提升效果。如表 5-5 所示，单纯使用序列模型 GRU+Attention 的方法，离线 AUC 只比 DIN 提升了 0.45%，而 DIEN 的离线 AUC 比 DIN 提升了约 1.76%。可见 DIEN 中辅助损失函数的设计以及兴趣演化层中对 GRU 更新门使用注意力机制解决兴趣迁移的设计，都对最终效果产生了至关重要的影响。需要强调的是，任何模型都不是万能的，需要和具体业务相结合，这也是算法工程师的价值所在。

### 5.3.6　BST——使用 Transformer 对用户行为序列建模

随着 Transformer 在 NLP 领域大放异彩，阿里巴巴也将其应用在淘宝搜索推荐场景中。2019 年阿里巴巴淘宝搜索团队提出了模型——行为序列 Transformer（behavior sequence Transformer，BST），使用 Transformer 捕捉用户历史行为序列信息，BST 模型结构如图 5-22 所示（见文前彩插）。

与 DIEN 相比，BST 使用 Transformer 对用户行为序列建模。为了捕捉目标物品和历史行为的相关性，将目标物品和历史行为一起传递给 Transformer 层。为了捕捉行为的序列信息，BST 使用了位置特征，位置特征表示如下。

$$\text{pos}(v_i) = t(v_t) - t(v_i) \tag{5-25}$$

其中，$t(v_i)$ 表示序列中的第 $i$ 次点击的发生时间，$t(v_t)$ 表示当前物品的发生时间。输入 Transformer 的特征包含位置特征和序列物品特征，序列物品特征包含物品的 ID 特征、类别特征以及商店 ID 特征。引入类别特征和商店 ID 特征能够很好地解决物品冷启动问题。

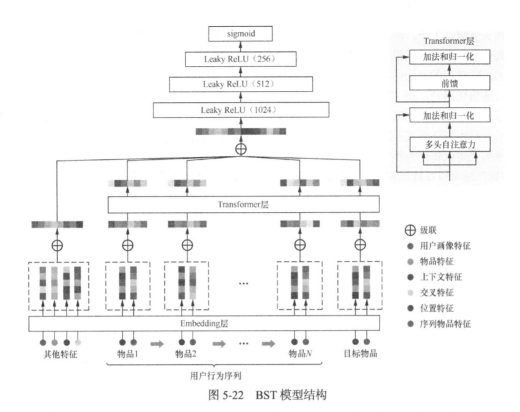

图 5-22 BST 模型结构

表 5-7 所示为 BST 离线实验结果，离线 AUC 相比 DIN 提升约 0.36%，CTR 相比 DIN 提升约 3%，取得了不错的效果。

表 5-7 BST 离线实验结果

| 模型 | AUC | CTR 提升百分比 |
| --- | --- | --- |
| WDL | 0.7734 | +0.00% |
| WDL+Seq | 0.7846 | +3.03% |
| DIN | 0.7866 | +4.55% |
| **BST** | **0.7894** | **+7.57%** |

从离线实验结果来看，BST 使用 Transformer 对用户行为序列建模，取得了不错的效果，但是 BST 更像堆积木的结果，没有像 DIEN 那样结合具体业务进行优化，没有太多亮点。

5.3.7 节将介绍阿里巴巴结合用户历史行为特点提出的 CTR 预估模型 DSIN，DSIN 在性能和效果上都取得了比 DIEN 更好的效果。

## 5.3.7 DSIN——基于会话的兴趣演化模型

随着 DIEN 在处理序列信息上的成功，阿里巴巴在序列建模上继续深耕。虽然 DIEN 能够很好地对用户兴趣的迁移建模，但是由于其使用 GRU 建模用户行为序列，模型耗时成为瓶颈，线上只能处理最大长度约为 50 的行为序列。在淘宝这样的电商平台中，用户的行为序列非常丰富，很多用户的序列长度成百上千，而序列信息对模型的效果至关重要。那么是否存在某种方法，既能引入更长的序列信息，又能保证模型的耗时不会显著增加呢？

在 DIEN 模型的设计中，有一个关键点是兴趣演化层。在兴趣演化层中，为了区分和目标广告相关的兴趣演化路径，在 GRU 中使用了注意力机制，本质上是想找出同一个主题的行为序列。例如，目标广告是计算机书籍，那么同一个主题的就是和书籍相关的行为序列。既然 DIEN 模型已经考虑了用户行为应该有某一主题，那么可以考虑用"主题"来表示整个相关的行为序列，这样用户的行为序列就可以转化为不同"主题"，序列长度大大降低。如果"主题"内的行为是连续的，那么"主题序列"还可以保持原有的序列信息，这样再使用 GRU 等序列模型对"主题序列"建模，不仅不会损失信息，还能够大大降低计算开销。

为了验证上面有关"主题"的假设，阿里巴巴的工程师们对淘宝数据集中的用户行为进行了详细分析，发现用户的行为序列确实具有某种结构性：在一段时间内的行为集中在某一个"主题"上，在另一段时间内的行为集中在另一个"主题"上。

将用户的行为序列划分为不同的会话，如果用户半小时内没有点击行为，会话将断开。如图 5-23 所示，用户在相同会话内的行为是接近的，不同会话间的行为差异较大。在会话 1 内，用户点击的都是裤子相关的商品，在会话 2 内点击的都是首饰相关的商品，在会话 3 内点击的都是衣服相关的商品。这就验证了之前的假设，用户的行为呈现主题分布，相同会话内的用户行为是接近的，不同会话间的用户行为有差异。既然数据具有会话这样的结构信息，就可以更好地加以利用，从而更精准地表达用户兴趣。

图 5-23  不同会话的用户行为

有关会话的概念在序列推荐（sequential recommendation）中经常被提到，但是在 CTR 预估场景中很少使用，主要是因为行为数据需要满足会话的条件。在很多场景中，用户的行为数据并不满足会话条件。比如在新闻推荐场景中，用户并不是主动行为，没有很强的目的性，因此点击的新闻序列并不具备很强的连续性，不满足一个会话内点击的新闻都是相似新闻这一条件。如图 5-24 所示，$y2$ 表示类别体系，用户的点击序列非常分散，很难找到满足条件的会话序列。

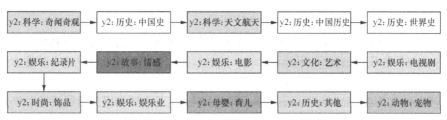

图 5-24 新闻推荐场景的用户点击序列

## 1. DSIN 模型结构

基于用户行为序列的特点，阿里巴巴在 2019 年提出了基于会话的兴趣演化模型——DSIN。如图 5-25 所示（见文前彩插），DSIN 的模型结构和 DIEN 的非常相似，两者的区别主要在于 DSIN 引入了会话，并对会话使用了序列模型。DSIN 模型的创新点在于如何构建"会话兴趣演化网络"。

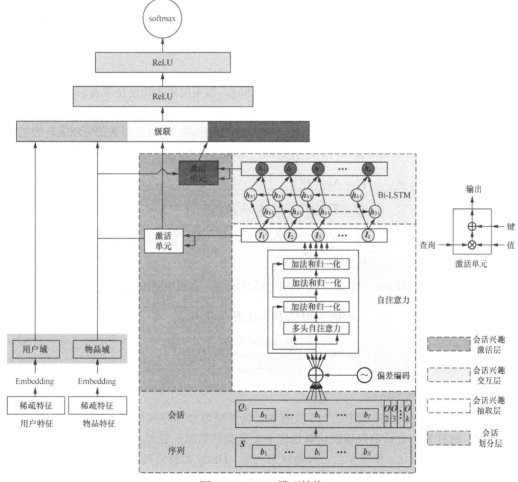

图 5-25 DSIN 模型结构

会话兴趣演化网络分为 4 层，从下至上如下所示。

（1）会话划分层（session division layer）。其主要作用是将用户的行为序列划分为不同会话。

（2）会话兴趣抽取层（session interest extractor layer）。其主要作用是通过多头自注意力（multi-head self-attention）机制生成会话 Embedding。

（3）会话兴趣交互层（session interest interacting layer）。其主要作用是通过模拟用户会话迁移过程，生成用户历史兴趣状态向量。

（4）会话兴趣激活层（session interest activating layer）。其主要作用是通过注意力机制获取用户历史会话兴趣和目标物品的相关性，生成与目标物品相关的会话兴趣表达。

**2．会话划分层的结构**

会话划分层的主要作用是将历史行为划分为多个不同会话，划分的方式是将间隔超过 30 分钟作为会话划分的依据。比如将历史行为序列 $S$ 转化为会话 $Q$，第 $k$ 个会话可以表示为如下形式。

$$Q_k = [\boldsymbol{b}_1, \cdots, \boldsymbol{b}_i, \cdots, \boldsymbol{b}_T] \in \mathbb{R}^{T \times d_{\text{model}}} \tag{5-26}$$

其中，$T$ 是第 $k$ 个会话的序列长度，$d_{\text{model}}$ 是输入物品的 Embedding 维度。

**3．会话兴趣抽取层的结构**

生成会话序列后，重点是如何生成会话 Embedding。如果使用平均池化或者求和池化，必然会影响最终的效果。这是因为虽然用户在会话内的行为是高度相关的，但是总会存在噪声行为，平均池化或求和池化就会被噪声行为带偏。为了减小噪声行为的影响，同时保留大部分相关行为的信息，DSIN 使用多头自注意力机制对会话内的序列建模，生成会话的兴趣表达 $\boldsymbol{I}_k$，表示如下。

$$\begin{aligned}
\boldsymbol{I}_k &= \text{Avg}\left(\boldsymbol{I}_k^Q\right) \\
\boldsymbol{I}_k^Q &= \text{FFN}\left(\text{Concat}\left(\boldsymbol{h}_1, \cdots, \boldsymbol{h}_H\right)\boldsymbol{W}^Q\right) \\
\boldsymbol{h}_h &= \text{Attention}\left(\boldsymbol{Q}_{kh}\boldsymbol{W}^Q, \boldsymbol{Q}_{kh}\boldsymbol{W}^K, \boldsymbol{Q}_{kh}\boldsymbol{W}^V\right) \\
\boldsymbol{Q} &= \boldsymbol{Q} + \boldsymbol{BE}
\end{aligned} \tag{5-27}$$

其中，$\boldsymbol{BE}$ 表示特征位置编码，目的是区分不同会话的顺序。公式中 Attention 的计算可以表示如下。

$$\begin{aligned}
&\text{Attention}\left(\boldsymbol{Q}_{kh}\boldsymbol{W}^Q, \boldsymbol{Q}_{kh}\boldsymbol{W}^K, \boldsymbol{Q}_{kh}\boldsymbol{W}^V\right) \\
&= \text{softmax}\left(\frac{\boldsymbol{Q}_{kh}\boldsymbol{W}^Q\boldsymbol{W}^{K^{\text{T}}}\boldsymbol{Q}_{kh}^{\text{T}}}{\sqrt{d_{\text{model}}}}\right)\boldsymbol{Q}_{kh}\boldsymbol{W}^V
\end{aligned} \tag{5-28}$$

**4．会话兴趣交互层的结构**

用户的会话兴趣应该与序列中的上下文有关，为了获取会话序列信息，使用双向 LSTM 对会话序列建模。这样每个会话的兴趣表达都包含下上文会话信息。经过会话兴趣交互层后，用户的会话向量被进一步抽象化，形成了会话兴趣状态向量。DSIN 的会话兴趣交互层和 DIEN 的兴趣抽取层异曲同工。

### 5. 会话兴趣激活层的结构

与 DIEN 的兴趣演化层类似，DSIN 的会话兴趣激活层也是为了找出和目标物品相似的会话兴趣。从图 5-25 可以看出，会话兴趣激活层分别计算了会话兴趣抽取层和目标物品的注意力得分，以及会话兴趣交互层和目标物品的注意力得分，最终生成两个和目标物品相关的兴趣表达向量。

那么 DSIN 为什么没有像 DIEN 那样设计 AUGRU 的结构，找出和目标物品相关的兴趣演化路径呢？主要是因为 DSIN 引入了会话的概念，和目标物品相关的行为基本都集中在一个会话内，因此只需要找出和目标物品最相关的会话，便找出了相关的兴趣演化路径。

### 6. DSIN 实验结果

为了测试 DSIN 的效果，阿里巴巴的工程师使用两个数据集进行了测试，分别是阿里妈妈的广告数据集以及阿里巴巴的电商推荐数据集，实验结果如表 5-8 所示。

表 5-8　DSIN 离线 AUC 结果

| 模型 | 阿里妈妈的广告数据集离线 AUC | 阿里巴巴的电商推荐数据集离线 AUC |
| --- | --- | --- |
| WDL | 0.6326 | 0.6432 |
| DIN | 0.6330 | 0.6459 |
| DIEN | 0.6343 | 0.6473 |
| **DSIN** | **0.6375** | **0.6515** |

从实验结果来看，DSIN 相比 DIEN 的离线 AUC 提升了 0.5% 以上。需要再次强调的是，DSIN 基于会话的假设并不适用于所有场景，对于不满足会话内在结构的场景，使用 DSIN 不一定有效果，这也强调了模型和业务相结合的重要性。

## 5.3.8  MIMN——多通道用户兴趣网络

5.3.5 节提到，为了"萃取"与目标广告相关的兴趣演化路径，DIEN 针对 GRU 结构引入了注意力机制，提出了 AUGRU 结构。在 5.3.7 节中，阿里巴巴的工程师发现用户行为序列存在会话的结构信息，相同会话内的用户兴趣相近，因而提出了针对会话的兴趣模型 DSIN。由于 DIEN 在线上只能处理最大长度为 50 的用户行为序列，DSIN 假设用户行为序列存在会话结构，因此两者都有各自的局限性。在 DIEN 和 DSIN 的基础上，2019 年阿里巴巴提出了改进模型——MIMN，将用户的兴趣细分为不同兴趣通道，进一步模拟用户在不同兴趣通道上的演化过程，生成不同兴趣通道的记忆向量，避免不同兴趣相互干扰。

### 1. MIMN 提出背景

DIEN 模型在做兴趣演化的时候有这样一个考量：在电商业务场景中，用户行为序列可能是跳跃的，比如用户在这个时间段全部看电子产品，在另一个时间段全部看衣服，其间并没有时序关联。DIEN 的设计思路是通过对目标广告进行显式的注意力操作，把注意力权重比较高的部分挑选出来，相当于挑选出比较相似的序列商品，然后经过 GRU 网络进行演化。DSIN 模型则直接认为用户行为序列是跳跃的，一个会话中都是相同的商品，通过注意力机制挑选出相似的会话。图 5-26 所示为某用户的购买历史。

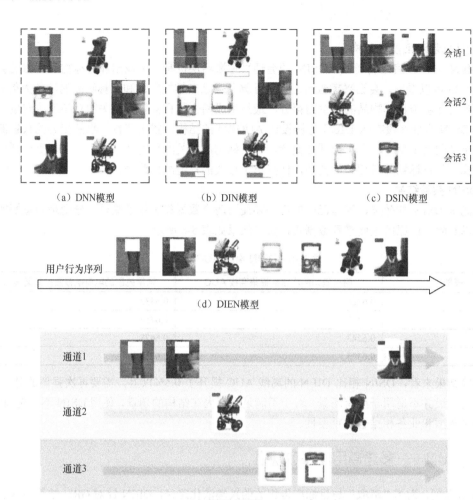

图 5-26　阿里巴巴各模型对用户行为序列的建模方法

如图 5-26 所示，这个例子很好地解释了阿里巴巴根据不同推荐模型对用户行为序列进行建模的原理。图 5-26（a）所示为 DNN 模型，对用户行为不加区分。图 5-26（b）所示为 DIN 模型，每个商品都有一个权重，用于区分不同商品和目标商品的关系。图 5-26（c）所示为 DSIN 模型，将用户连续的行为按不同会话划分，已经有"多通道用户兴趣"的雏形。图 5-26（d）所示为 DIEN 模型，将用户行为按时间排序，开始考虑用户行为和用户兴趣随时间变化的趋势，该模型具备了预测下一次购买的能力。

虽然 DIEN 和 DSIN 都有"多通道用户兴趣"的雏形，但是都有各自的局限性。DIEN 无法处理更长的序列，而 DSIN 依赖于会话划分的准确性。图 5-26（e）所示为 MIMN 模型，用户的行为不仅被排成了序列，而且根据商品种类的不同被排列成了多个序列。MIMN 模型开始真正对用户的多个兴趣通道建模，能够更精准地把握用户的兴趣变迁过程，避免不同兴趣干扰。

可以看到，阿里巴巴推荐模型抓住了"用户兴趣"这个关键点进行了数次改进，整个改进过程让模型对用户兴趣的理解越来越精准，进而让模型的效果越来越好。MIMN 作为当时的主流推荐模型，在模型结构和工程上都有值得借鉴的地方，下节接下来将介绍 MIMN 在模型结构设计和工程优化上的具体细节。

有关模型结构设计方面，MIMN 是如何做到将用户行为划分为多通道的呢？又是如何针对不同通道构建用户兴趣向量的呢？接下来我们将进行具体介绍。

### 2．MIMN 模型结构

图 5-27 所示为 MIMN 模型结构，左侧是针对用户行为序列的多通道兴趣建模，这是 MIMN 的核心部分。右侧是和 DIN 类似的模型结构。

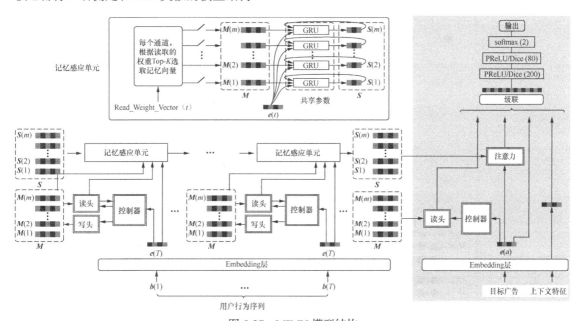

图 5-27　MIMN 模型结构

回到前面的两个核心问题，一个是 MIMN 如何做到将用户行为划分为多通道的。在具体实现上，MIMN 主要借鉴了谷歌 Deep Mind 团队于 2014 年提出的神经图灵机（nerual Turing machine，NTM）。MIMN 采用基于记忆感应单元（memory induction unit）的模型建模，从原始序列提取记忆向量 $M$，并将其存储在记忆感应单元中。这里面主要涉及的结构就是 NTM，NTM 主要包含几个关键部分：控制器（Controller）、读 /写头（read /write head）、记忆感应单元。

图 5-28（a）所示为谷歌 NTM 结构，MIMN 借鉴了其思路，如图 5-28（b）所示。当一个新的输入进入网络的时候，控制器会产生一个键向量 $k_t$，它可以与记忆感应单元进行交互得到读权重向量。交互过程与注意力机制相似，但是有一点与注意力机制不同，注意力机制进行点积操作，而 NTM 则计算余弦相似度，这样做的目的是避免记忆感应单元之间尺度不一致，产生马太效应。当我们得到每个记忆感应单元 $M_t(i)$ 的读权重 $w_t(i)$ 之后，对每个记忆感应单元进行加权和操作便可以得到响应向量 $r_t$，详细计算过程如下所示。

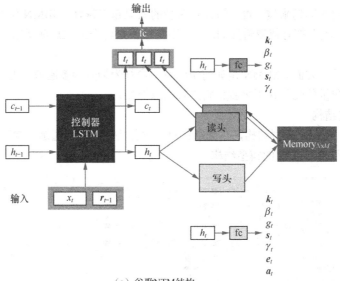

（a）谷歌NTM结构

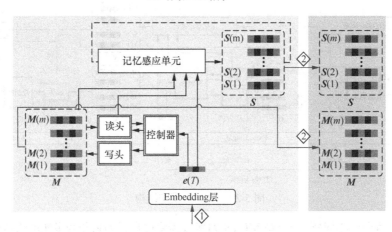

（b）MIMN中的NTM结构

图 5-28　NTM 结构

$$w_t^r(i) = \frac{\exp\left(K\left(k_t, M_t(i)\right)\right)}{\sum_{j=1}^{m} \exp\left(K\left(k_t, M_t(j)\right)\right)}$$

$$K\left(k_t, M_t(i)\right) = \frac{k_t^{\mathrm{T}} M_t(i)}{\|k_t\| \cdot \|M_t(i)\|} \tag{5-29}$$

$$r_t = \sum_{i=1}^{m} w_t^r(i) M_t(i)$$

而在记忆感应单元更新方面，写权重计算等价于读权重，不同之处在于控制器会产生擦除

（erase）向量 $e_t$ 和添加（add）向量 $a_t$，这两个向量会分别与写权重相乘，从而得到擦除矩阵 $E_t$ 和添加矩阵 $A_t$，记忆感应单元更新公式如下所示。

$$M_t = (1 - E_t) \odot M_{t-1} + A_t$$
$$E_t = w_t^w \otimes e_t \tag{5-30}$$
$$A_t = w_t^w \otimes a_t$$

基于 NTM 机制，我们便能将用户行为序列分为 $m$ 个不同的通道 $M(1), M(2), \cdots, M(m)$。

在回答了如何将用户行为序列划分为不同通道的问题后，接下来回答第二个问题，即如何针对不同通道构建用户兴趣向量。针对此问题，MIMN 设计了记忆感应单元来捕捉用户兴趣。记忆感应单元结构如图 5-27 的左上角所示，兴趣演化和兴趣向量的计算方式如下。

$$S_t(i) = \text{GRU}\big(S_{t-1}(i), M_t(i), e_t\big) \tag{5-31}$$

基于 GRU 对用户兴趣演变建模，最终得到每个通道的兴趣表达 $S(1), S(2), \cdots, S(m)$。有了每个通道兴趣表达，便可以基于注意力机制得到最终的用户兴趣向量，最后和其他特征级联在一起输入 MLP 层中，输出目标广告的预估 CTR 值。

### 3. MIMN 实时模型服务架构

图 5-29 所示为阿里巴巴的 CTR 实时预估系统。

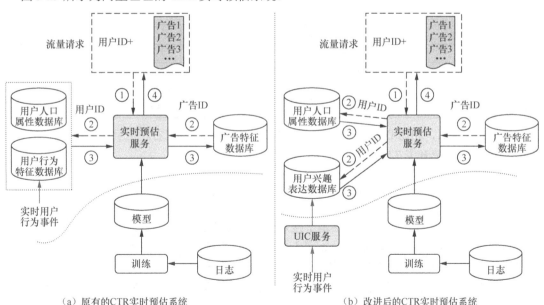

（a）原有的CTR实时预估系统　　　　　　（b）改进后的CTR实时预估系统

图 5-29　阿里巴巴的 CTR 实时预估系统

针对复杂模型服务一直是业界的难点。图 5-29（a）展示的是阿里巴巴原有的 CTR 实时预估系统架构，当收到一个请求的时候，需要根据广告 ID 检索广告特征，根据用户 ID 提取用户的行为特征序列，然后送入模型进行打分（CTR 预估），排序后将广告返回给用户。在阿里巴巴这样的电商平台中，CTR 预估系统不仅面临高并发的请求，还需要在极短的时间内进行响应。而对 DIEN 和 MIMN 这类带有序列结构的模型来说，序列长度过长将极大地影响模型的响应速度，而为了保证实时性要求，序列长度必然受到极大的限制，最终影响模型效果。

那么，如何解决这个棘手的问题呢？MIMN 在原有系统的基础上引入了用户兴趣中心（user interest center，UIC）服务模块（如图 5-29（b）所示），将用户行为特征（user behavior feature）数据库替换成了用户兴趣表达（user interest representation）数据库。这一变化对模型实时预测非常重要，将生成用户兴趣表达这一复杂计算转变为离线缓存，省去了序列建模的复杂运算。在原有的 CTR 系统中，获取的是用户行为特征序列，因此还需要运行复杂的序列模型推断过程以生成用户兴趣向量。在改进后的系统中，直接在线获取用户兴趣向量，跳过了序列模型阶段，实时预估的延迟可以大幅减少。以 MIMN 为例，将每个通道的兴趣向量 $S(1), S(2), \cdots, S(m)$ 存储在数据库中，线上预估时先计算目标广告和兴趣向量的注意力权重，进行加权和操作后得到用户兴趣表达，最后直接开始 MLP 阶段的运算。

根据阿里巴巴公开的数据，改进后的 CTR 实时预估系统上线后，DIEN 的模型预估时间从 200 毫秒降低至 19 毫秒，性能大大提升。

#### 4．MIMN 实验结果

为了测试 MIMN 的效果，阿里巴巴的工程师们使用两个公开数据集进行了测试，分别是淘宝数据集和亚马逊数据集，离线实验结果如表 5-9 所示。

表 5-9  MIMN 离线实验结果

| 模型 | 淘宝数据集 AUC | 亚马逊数据集 AUC |
| --- | --- | --- |
| DNN | 0.8709 | 0.7367 |
| DIN | 0.8833 | 0.7419 |
| DIEN | 0.9081 | 0.7481 |
| **MIMN** | **0.9179** | **0.7593** |

从实验结果来看，相比 DIEN，MIMN 的离线 AUC 提升了 1%左右。至于线上收益，在"猜你喜欢"场景中 CTR 提升了 7.5%。

### 5.3.9  SIM——基于搜索的超长用户行为序列建模

2020 年阿里巴巴提出并实现了一套基于搜索的超长用户行为序列建模的方法，名为基于搜索的用户兴趣模型（search-based user interest model，SIM），用于解决工业级应用大规模的用户行为序列建模的挑战。目前，SIM 已经部署到阿里巴巴定向展示广告各个主要的业务线中，成为新一代主流模型。SIM 的主要创新在于基于搜索的超长用户行为序列建模，将序列长度从 DIEN/MIMN 的 1000 提升到 54000，序列长度增加了 53 倍，而耗时只比 MIMN 增加了 5 毫秒。本节将重点介绍 SIM 如何基于搜索的超长用户行为序列建模。

#### 1．SIM 提出背景

对用户沉淀的海量历史行为进行充分的理解和学习，是电商、信息流、短视频推荐这类强用户行为反馈驱动的应用近几年进行技术研究的关键方向，CTR 模型领域更是关键的胜负手。

以淘宝为例，大量用户在网站上沉淀了长达数年甚至数十年的历史行为数据，平均而言，每个用户每年产生的点击量超过 10000，更不用提其中高频用户的活跃行为。对于如何进行这种超长序列的数据建模，学术界和工业界摸索了一段时期。

传统的 LSTM、Transformer 等序列建模技术普遍适用于序列长度在 100 以内的情况，当序列长度达到 1000 以上时，就会面临建模困难。此外，即使离线模型能够处理，如何将模型部署到实际生产系统，在时延和吞吐量上都达到工业级标准，更是极具挑战的难题。

阿里巴巴于 2018 年研发上线，并于 2019 年在 KDD 竞赛上展示的 MIMN 模型，是业界首个处理超长行为序列的工业级解决方案，它是一套能够对达到 1000 序列长度的数据进行训练和在线服务的整体解决方案。然而，MIMN 是基于记忆感应单元的算法，在处理更大规模的序列时，容易被数据的噪声干扰，效果很不理想。

2020 年，阿里巴巴提出并实现了一套基于搜索的超长用户行为序列建模的方法。与以往建模考虑如何提取有效的模式来拟合整个样本的分布不同，考虑到每个用户的数据足够丰富，阿里巴巴提出了"一人一世界"的全新建模理念，将每个用户的生命周期（life-long）行为数据构建成可以被高效检索的索引库，在做预估任务时将候选的物品信息作为查询（query）来对用户的历史行为库进行搜索，获取和此物品相关的信息来辅助预估。这样每个用户私有的行为索引库就类似大脑中存储的记忆，任何一次预测都是访问记忆做决策的过程。该模型被命名为 SIM，用于解决工业级应用大规模的用户行为建模的挑战。

**2．用户长期行为建模的意义**

互联网蓬勃发展，用户几乎每时每刻都在和互联网世界进行交互，这些交互行为是用户意愿的表达，是用户的决策。用户的行为数据价值巨大，孕育了多样的应用和研究，推动不同领域的技术飞速发展。例如在淘宝这样一个电商平台中，许多的应用都是基于用户行为数据所研发的，如推荐、计算广告、搜索等。

数据使电商给用户带来了完全不同的体验，淘宝拥有用户从初入淘宝开始的整个生命周期的行为数据。通过这些数据，推荐系统可以推测用户的兴趣，给每个用户提供个性化的体验，向用户展现其可能感兴趣的商品，极大地增加了用户在逛淘宝过程中的信息获取效率。如图 5-30 所示，引入更丰富的用户数据，对用户行为的预估将会更为准确。

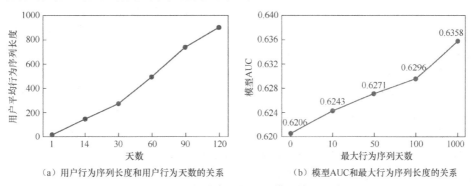

（a）用户行为序列长度和用户行为天数的关系　　　（b）模型 AUC 和最大行为序列长度的关系

图 5-30　用户行为序列长度和模型效果的关系

但是电商也有其困境。与传统的线下购物相比,电商和用户的交互过程是局部的,收集到的数据偏向于决策结果,是一种局部观测数据。想象一下在线下的购物情景中,用户可以和销售人员交互,交互的信息不局限于对某个商品的点击、购买与否等,还包括一些与用户个人兴趣、喜好、购物目的、预算等与决策逻辑相关的丰富信息。

在电商业务场景中,劣势是收集到的数据大部分是最终的决策结果,优势是相比线下的情景可以记录这个用户整个生命周期的数据。推荐系统需要根据用户的行为数据建模,推测用户潜在的兴趣、喜好、目的等抽象信息,进一步向用户提供个性化的推荐结果。

过去大部分的推荐系统使用的是用户局部数据,更具体的是用户短期数据。例如淘宝用户的平均生命周期行为序列可能长达数万,过去的算法使用的行为数据长度却普遍只有几十、几百。如图 5-31 所示,用户的点击行为非常丰富,但是之前的模型只能捕捉到用户最近的几十个行为。这样的做法没有真正发挥线上推荐系统的优势,本就是局部观测的行为数据只有很小一部分被使用,这将会带来下面的一些问题。

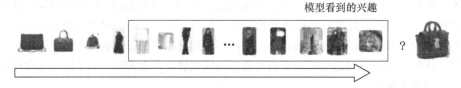

图 5-31　模型只使用近期用户行为序列导致预估不准

(1)短期的行为不能代表用户,基于此建模让用户很容易被近期热点和大多数行为所代表。

(2)基于短期行为的算法无法对用户长期以来坚持的兴趣建模,如衣服的品质、风格等通过长期行为才能反映的喜好。

(3)推荐系统大多数都是数据驱动(data-driven)的,本就会形成数据闭环,而基于短期行为的推荐系统,可能会将自己的"视野"局限在一个非常窄的范围内。

**3．长期行为建模系统实现的挑战**

前文分析了长期行为建模的重要性,事实上无论是工业界还是学术界,长期行为建模都吸引了研究人员的注意,但真正落实到业界应用的成果还比较有限。这确实是一个挑战极大的问题,当我们将建模的行为数据从过去短期的 100 量级扩充到整个生命周期的量级(如接近 100000)时,无论是在算法建模层面还是在系统实现层面,行为建模都面临新的问题。同时,算法建模和系统实现的问题又会耦合在一起,让这个问题挑战重重却又魅力无穷。

真实系统中的 CTR 预估通常需要样本准备、训练、在线实时预估计算服务 3 个模块来提供完整的系统服务能力。行为序列长度的增加会带来样本数据的膨胀,意味着存储和训练计算开销的增长。具体来说,如果我们的核心数据和建模计算模块都在行为序列上,那么行为序列从过去常见的 100 量级到 100000 量级将带来约一千倍的存储和离线计算开销的增长。实际情况虽然会少一些,但也是一个很夸张的数字。这会让未来系统的日常维护、更新迭代成本急剧提高。

相比于样本准备和训练的挑战,在线实时预估计算服务是一个更大的难题。不同于样本准备和训练仅面对处理量级的问题,在线实时预估计算服务还受到很严格的时间约束,它需要具备高并发、低延时的处理能力。在用户的请求发起后，系统要在极短的时间内完成响应，否则会影响用户的体验，甚至错过这次展示的机会。

**4．长期行为建模带来的算法挑战**

针对超长的用户行为序列建模进行算法设计是一个非常困难的问题。想象一下，我们对原始的生命周期行为序列数据直接建模，其数据规模是不可接受的。很自然地，我们可以考虑预先对行为序列进行信息压缩，比如降维编码、记忆网络或者 NTM 看起来非常适合处理这样的问题。然而在实践中，却有诸多问题。

（1）动态数据分布捕获问题和一些静态数据研究问题不一样。工业界中的推荐系统要处理的问题并不是在固定的数据上拟合确定的基本事实（ground truth）。在真实世界的系统中，CTR 预估面对的数据分布是不断变化的，我们需要不停地根据最新的数据来更新模型的参数，让模型能适应近期数据的分布。这个需求和编码的思路存在天然的冲突：对行为序列的编码依赖哪个版本的参数，参数更新后需不需要重新对行为序列进行编码？

（2）信息遗忘问题。如果模型拟合的目标是当前样本，获取对当前样本有效的编码信息，这个编码信息并不一定对未来的样本有效，如何找到让模型能对用户生命周期的行为序列进行编码并长期持续、有效的方法？

（3）建模噪声问题。受限于实际系统，编码的空间复杂度是有限的。基于问题（1）和问题（2），又会有新的问题，我们如何在有限的编码空间内对用户生命周期的行为序列建模，表达用户多方面的兴趣？将用户的行为序列编码为一个固定的向量（或者矩阵，可以展开为向量），这个向量的表达能力是随向量的维度增加的。同时，其空间复杂度以及后续的计算复杂度也几乎是和向量维度线性相关的，也就意味着这是一个表达能力受限的方法。

5.3.8 节介绍了阿里巴巴的 MIMN 模型，借鉴了 NLP 领域的记忆感应单元网络思路，是编码的一种尝试。MIMN 模型在一定程度上解决了推荐系统 CTR 预估中引入用户超长序列建模的问题。由于用户兴趣状态会随着用户新增行为发生变化，与广告请求无关，因此 MIMN 利用兴趣记忆感应单元对用户的原始行为建模，将用户原始行为归纳、抽象为用户抽象的兴趣表达。

在工业系统实现上，MIMN 设计的 UIC 模块可将用户兴趣记忆感应单元计算和广告请求独立，从而解决系统计算时长以及与行为序列长度相关的问题。同时，由于 UIC 内部进行增量的更新计算，新的行为进入后，对该行为进行兴趣归纳，无须存储原始的用户行为，仅需存储固定大小的用户抽象的兴趣表达记忆感应单元，因此基于记忆感应单元的 UIC 方案可缓解超长用户行为序列建模给工业生产带来的压力。

然而，基于记忆感应单元的模型在将大量用户行为压缩为固定大小的兴趣记忆感应单元的过程中会造成信息损失。当用户行为膨胀到数万甚至数十万量级时，有限的兴趣记忆感应单元的向量维度难以完整地记录用户原始的行为信息。与此同时，MIMN 难以准确对用户和广告相关的兴趣建模。在面对不同候选广告提取相关兴趣时，由于信息压缩，单个兴趣槽内存在大量噪声。因此，从算法角度来看，基于记忆感应单元的模型很难精确刻画用户在预估广告上的兴趣表达。既然对于用户行为进行抽象归纳和建模存在信息损失，同时在表达动态的用户兴趣时还存在噪声，那么能否直接从原始的用户行为角度出发，根据原始的用户行为建模与预估广告相关的用户兴趣呢？

DIN 采用遍历的方式，根据预估广告从用户原始行为中捕捉与候选广告相关的行为进行动态用户兴趣表达建模。但是在存储和计算压力下，DIN 很难直接对上万的用户行为序列进行搜索。阿里巴巴的工程师从单个用户的视角，对单个用户行为进行结构化的组织，试图打破原来遍历的方式带来的存储和计算压力，利用用户的历史行为，完整地对单个用户在淘宝上的全周期兴趣建模，试图打造用户在电商平台上的"一人一世界"的预估模式。为此，阿里巴巴提出了一个基于搜索的用户兴趣建模范式 SIM，利用预估广告和用户的信息作为查询（query），从构造的单个用户数据库中快速检索到相关的用户行为，直接在原始用户行为数据上对用户在当前广告上的动态兴趣表达建模。

SIM 借鉴了 DIN 通过候选广告搜索相关用户行为的方法，利用两个阶段来捕捉用户在广告上的精准兴趣表达。

第一个阶段提出了通用搜索单元（general search unit，GSU）结构。从原始的超长用户行为序列中根据广告信息搜索到与广告相关的用户行为。由于在线的计算复杂度和服务时长的限制，GSU 采用了比较简单但是有效的方法来提取相关用户行为。搜索后的用户行为序列长度能够由原来的上万量级减小到数百量级，与此同时，大部分与当前广告无关的信息都会被过滤掉。

第二个阶段提出了精准搜索单元（exact search unit，ESU）结构。利用第一阶段提取出的与广告相关的用户行为和候选的广告信息来精准地对用户的多样兴趣建模。在 ESU 中，采用类似 DIN 或者 DIEN 这样复杂的模型来捕捉用户和广告相关的动态兴趣表达。

基于两个阶段搜索的用户兴趣建模范式能很好地缓解超长用户行为序列建模给在线计算和服务带来的压力。2019 年底，SIM 被部署到阿里巴巴的定向展示广告场景，并在信息流场景中取得了很大的提升。目前 SIM 已经被部署到阿里巴巴定向展示广告各个主要的业务线中，作为各个场景的主流量模型服务于生产。现阶段 SIM 建模的最长用户行为序列长度能达到 54000，比之前 MIMN 引入的长度为 1000 的用户行为序列提升了 53 倍。

### 5. SIM 两个阶段模型结构

SIM 两个阶段模型如图 5-32 所示。SIM 包含两级检索模块：通用搜索单元和精准搜索单元。

在第一阶段，利用 GSU 从原始用户行为中搜索 Top-K 相关的用户子序列行为。这个搜索时间远低于原始行为遍历时间，同时 K 也比原始用户行为序列长度小几个数量级。GSU 在限制的时间内采用了合适且有效的方案来对超长用户行为序列进行搜索。如图 5-32 所示，GSU 主要包含两种搜索方案，分别是软搜索（soft search）和硬搜索（hard search）。GSU 将原始的用户行为序列长度从数万量级降低到数百量级，同时过滤掉了与候选广告信息不相关的用户行为数据。

在第二阶段，ESU 利用 GSU 产出的与广告相关的用户行为序列数据来捕捉用户更精准的兴趣表达。由于用户行为序列长度已经降低到数百量级，因此在这个部分 SIM 将采用复杂的模型结构来建模。

在整个 SIM 结构中，右侧部分和 DIEN 的模型结构一致，对超长用户行为序列建模的关键在于 GSU 和 ESU。

### 6. 通用搜索单元的结构

由于在面对单个候选广告时，只有部分用户行为对当前预估有效，因此 SIM 使用 GSU 来提取超长用户行为中和广告相关的行为数据，从而降低后续基于长期行为的用户兴趣建模的难度。

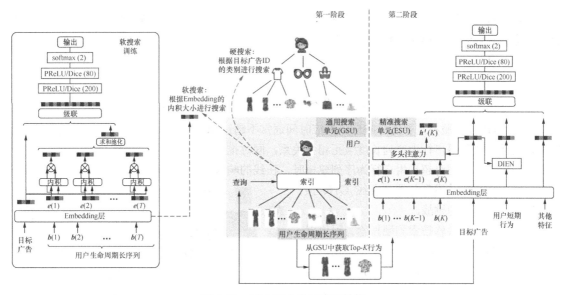

图 5-32　SIM 两个阶段模型结构

GSU 主要包含两种方案：硬搜索和软搜索。硬搜索根据目标广告 ID 的类别来搜索相同类别的行为，软搜索根据目标广告 Embedding 和行为 Embedding 的内积大小来搜索。

给定用户行为 $\boldsymbol{B} = [\boldsymbol{b}_1, \boldsymbol{b}_2, \cdots, \boldsymbol{b}_i, \cdots, \boldsymbol{b}_T]$，其中 $\boldsymbol{b}_i$ 代表用户第 $i$ 个行为，$T$ 代表行为序列长度。GSU 对每一个用户行为计算一个相关性得分 $r_i$，然后根据 $r_i$ 从原始行为中选出 Top-$K$ 个与目标用户相关的行为构成新的子序列 $\boldsymbol{B}^*$。$r_i$ 的计算方式如下。

$$r_i = \begin{cases} \mathrm{Sign}(C_i = C_a), & \text{硬搜索} \\ (W_b \boldsymbol{e}_i) \odot (W_a \boldsymbol{e}_a), & \text{软搜索} \end{cases} \tag{5-32}$$

硬搜索是无参数的，只有和候选广告类别相同的用户行为数据才会被选出送到下一阶段建模。公式（5-32）中的 $C_a$ 表示目标广告类别，$C_i$ 表示第 $i$ 个用户行为的类别。虽然硬搜索是一种基于数据特性的比较直观的方案，但是它非常容易部署到实际工业界在线预估系统。在软搜索中，将用户行为序列 $\boldsymbol{B}$ 映射成 Embedding 表达 $\boldsymbol{E} = [\boldsymbol{e}_1; \boldsymbol{e}_2; \cdots; \boldsymbol{e}_T]$，$W_b$ 和 $W_a$ 都是模型参数。其中 $\boldsymbol{e}_a$ 代表了目标广告 Embedding，$\boldsymbol{e}_i$ 代表了第 $i$ 个用户行为 Embedding。

虽然 GSU 采用向量检索的方式来筛选出 Top-$K$ 个与目标广告相关的用户行为，通过这样的方式，原始行为序列能够降低到数百量级。但是由于长期兴趣和短期兴趣的数据分布存在差异，不能直接采用已经学习充分的短期兴趣模型向量来进行相似用户行为计算，因此对于软搜索，GSU 采用了辅助 CTR 任务来学习长期兴趣的数据与候选广告的相关性，如图 5-32 的左侧部分所示。

**7. 精准搜索单元的结构**

在第一阶段中，已经根据 GSU 筛选出了 Top-$K$ 个与目标广告相关的用户行为。考虑到引入的是超长用户行为序列，因此在 ESU 结构中向每个用户行为引入一个时间状态属性，通过引入用户行为时间和当前预估广告时间差来表达每个行为的时间状态属性。ESU 使用一个多头注意力（multi-head attention）结构对筛选出的序列建模，以此捕捉用户的动态兴趣。将第一阶段和第二阶段的损失函数进行联合学习，损失函数定义如下。

$$\text{Loss} = \alpha \text{Loss}_{\text{GSU}} + \beta \text{Loss}_{\text{ESU}} \tag{5-33}$$

### 8．SIM 在工业界的实现

在工业界，推荐系统或者广告系统一般需要在 1 秒内处理完大规模在线请求，然后返回展示结果。因此 CTR 预估服务需要实时响应，响应时间通常不超过 30 毫秒。由于在注意力机制模型上系统处理的通信量和用户行为序列长度呈正相关关系，同时推荐系统在流量高峰将会处理超过 100 万条的用户请求，在面对超长用户行为序列建模时，在线的响应时长和存储都倍感压力。因此，将超长用户行为序列算法模型部署到在线 CTR 预估系统会面临很大的挑战。

SIM 的结构包含软搜索和硬搜索。阿里巴巴的工程师通过对比实验，发现软搜索相比硬搜索方式提升效果微弱，同时发现大部分软搜索中相似的 Top-*K* 个用户行为和目标广告是相同的类别。这是基于阿里巴巴场景数据发现的特性，大部分的物品在相同的类别下往往比较相似。图 5-33 所示为软搜索下不同物品的相似度，可以看出同类别下的物品更加相似。

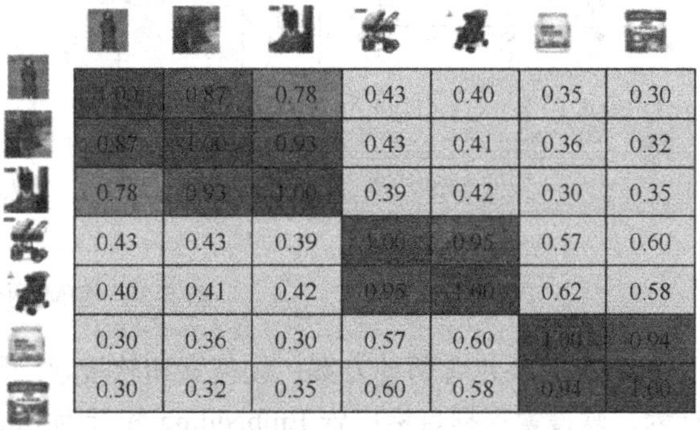

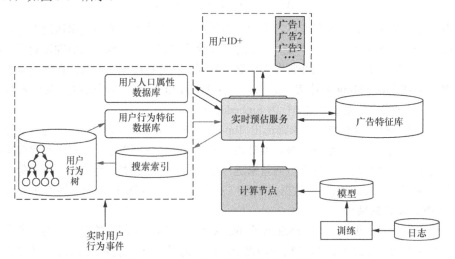

图 5-33　软搜索下不同物品的相似度

考虑到离线效果提升和在线资源开销的性价比，阿里巴巴最终把硬搜索方式的 SIM 部署到在线广告系统中。由于用户行为可以直接按照类别进行组织并建立好离线索引，使得在线检索时间消耗非常小，因此阿里巴巴构建了一个两级的索引来组织用户行为，取名为用户行为树（user behavior tree，UBT），如图 5-34 所示。

图 5-34　SIM 提出的实时模型服务结构

用户行为树采用键-键-值（key-key-value）数据结构来进行存储。第一级键是用户 ID，第二级键是叶子行为所属的类别。采用分布式部署的方式处理用户行为树数据，使其能服务于大规模的在线流量请求，并采用广告类别作为硬搜索检索查询。经过 GSU 模块之后，可以将原始用户行为序列长度从上万量级降低到数百量级，存储压力得以缓解。

### 9. SIM 实验结果

为了测试 SIM 的效果，阿里巴巴的工程师使用两个公开数据集（亚马逊数据和淘宝数据集）和一个工业数据集进行了测试。表 5-10 展示了各个数据集的具体情况。

表 5–10　SIM 离线实验使用的数据集

| 数据集 | 用户规模（个） | 物品数量（个） | 样本数（个） |
| --- | --- | --- | --- |
| 亚马逊数据集 | 75053 | 358367 | 150016 |
| 淘宝数据集 | 7956431 | 34196612 | 7956431 |
| 工业数据集 | 2.9 亿 | 6 亿 | 122 亿 |

在亚马逊数据集中，用户行为序列的最大长度为 100，将最近 10 次行为作为用户短期行为，后面 90 次行为作为用户长期行为。在淘宝数据集中，用户行为序列的最大长度为 500，将前 100 次行为作为用户短期行为，后面 400 次行为作为用户长期行为。工业数据集收集了 49 天曝光样本数据，然后利用第 50 天的样本进行测试。在工业数据集中，将用户 180 天的行为数据作为用户长期行为，14 天的行为数据作为用户短期行为，其中超过 30%的样本的序列长度超过 10000，最长用户行为序列长度为 54000，相比 MIMN 提升了 53 倍。在淘宝数据集和亚马逊数据集上的实验结果如表 5-11 所示。

表 5–11　SIM 在公开数据集上的实验结果

| 模型 | 淘宝数据集 | 亚马逊数据集 |
| --- | --- | --- |
| DIN | 0.9214 | 0.7276 |
| DIN（平均池化引入长序列） | 0.9281 | 0.7280 |
| MIMN | 0.9278 | 0.7396 |
| SIM(软搜索) | 0.9416 | **0.7510** |
| **SIM**（软搜索，引入时间间隔） | **0.9501** | — |

可以看到，在公开数据集上，其他引入长期数据的模型都比 DIN 表现更优异。这说明长期用户行为数据对 CTR 建模很有帮助。同时，SIM 比 MIMN 有较大提升，也说明了 MIMN 将用户行为压缩到记忆感应单元的方式导致候选很难捕捉到精确的用户相关兴趣。SIM 两个阶段方案在所有方法中表现最好。

阿里巴巴在工业数据集上进行了实验，结果如表 5-12 所示。

表 5–12　SIM 在工业数据集上的实验结果

| 模型 | AUC | AUC 提升 |
| --- | --- | --- |
| DIEN | 0.6452 | 0.00% |
| MIMN | 0.6541 | +1.38% |

| 模型 | AUC | AUC 提升 |
|---|---|---|
| SIM（硬搜索） | 0.6604 | +2.36% |
| SIM（软搜索） | 0.6625 | +2.68% |
| SIM（硬搜索，引入时间间隔） | 0.6624 | +2.67% |

可以看出，SIM 能带来显著提升，这说明长期用户行为之间存在和当前预估不相关的噪声。

2019 年年底，阿里巴巴将 SIM 部署到了生产环境中，并进行了严谨、公平的在线 AB 实验。从 2020-01-07 到 2020-02-07 观察期间，在阿里巴巴展示广告"猜你喜欢"场景，SIM 相比在线主流模型实现了显著提升，CTR 提升了 7.1%，RPM 提升了 4.4%。

由于淘宝平台流量请求非常大，并需要实时响应在线请求，在线工程实现需要考虑性能问题。对于一个用户请求，需要预估上百个候选广告，计算量非常大。针对这些问题，阿里巴巴离线构建了一个两级索引（即 UBT）来检索用户行为，索引每天都会更新。尽管需要对每个请求预估上百个广告，但是这些广告总体类别低于 20。同时，出于性能考虑，阿里巴巴将每个类别下检索到的用户行为序列长度按照 200 截断（大部分行为序列长度都会低于 150），通过这样的方式，在线请求的压力得以缓解。另外，阿里巴巴对多头注意力机制部分的在线计算实现进行了融合（fusion）优化。

图 5-35 展示了阿里巴巴线上部署的模型在超长用户行为序列建模中的性能，其中 MIMN/DIEN 是处理最长长度为 1000 的用户行为序列时的性能指标，SIM 是处理最长长度为 54000 的用户行为序列时的性能指标，计算长度相比 DINE/MIMN 提升了 53 倍。SIM 能处理长度超过 10000 的用户行为序列，处理时间相比 MIMN 只增加了约 5 毫秒。

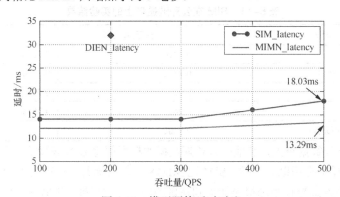

图 5-35　模型预估延时对比

同时，阿里巴巴还对 SIM 给淘宝用户和推荐系统带来的影响进行了分析。统计用户的点击行为，赋予每个点击行为一个兴趣时长。用当前点击广告对应的类别信息与过去这个用户的全网点击行为进行对比，如果这个用户过去 15 天内点击的商品都不属于当前点击的类别，那么这个点击行为的兴趣时长就是 15 天。按照这样的方式，统计一天的所有用户点击行为，画出不同兴趣时长在不同模型中的点击行为占比，如图 5-36 所示。

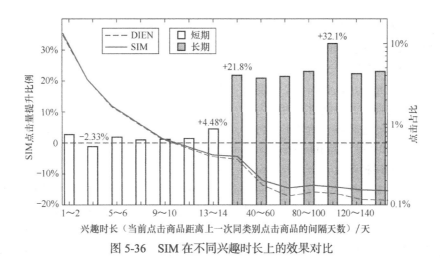

图 5-36 SIM 在不同兴趣时长上的效果对比

从图 5-36 可以发现，相比线上的短期 DIEN 模型，使用 SIM 模型时，较长的兴趣时长点击数量有明显的提升（DIEN 和 SIM 流量大小一样）。这说明 SIM 使推荐系统的视野变得"开阔"，能够给用户推荐兴趣更长期的商品。同时，在推荐长期兴趣相关的商品时，SIM 能够准确地对用户兴趣偏好进行精准的刻画，使得用户点击兴趣时长变长。

## 5.3.10  CAN——特征交叉新路线

5.3.2 节和 5.3.3 节介绍了谷歌特征交叉的方法。2021 年，阿里巴巴提出了特征交叉新方法——CAN，为特征交叉提供了新路线。CAN 通过对特征的协同关系建模，使其具备笛卡儿积特征交叉的效果，同时具备一定的信息共享。

特征交叉分为人工特征交叉和模型化特征交叉。人工特征交叉依赖于对业务的理解，简单有效，但是无法完全挖掘特征之间的关系。模型化特征交叉依靠模型自动化学习，可以挖掘潜在的特征交叉，包括 FM、PNN、DCN 等模型。虽然 FM、DCN 等模型能够起到一定的特征交叉作用，但是在很多场景中的效果并不明显。

阿里巴巴的工程师通过实验发现，在 CTR 预估问题里，把待预估的物品信息（如物品 ID）和用户历史行为序列进行笛卡儿积运算，形成一个新的序列，对其 Embedding 后池化效果很好，在 DIN 和 DIEN 的基础上效果有比较明显的提升。

### 1. 笛卡儿积交叉的有效性

假设用户行为序列中有一个商品 ID 为 $A$，待预估商品为 $B$，笛卡儿积形成新的 ID $A\&B$。$A\&B$ 每次在一条样本中出现，训练时都会更新独属于自己的 Embedding。而这个 $A\&B$ 的 Embedding，其学习的是 $A$、$B$ 两个 ID 在一条样本贡献后对标签（label）的协同（co-action）信息。这里的协同作用对 CTR 预估非常重要，例如在 CTR 预估中要解决的是每条样本最后预测是否点击，解的问题是所有输入信息 $X$ 条件下点击的概率 $P(Y|X)$，建模协同作用就是单独建模 $P(Y|A,B)$。具体来说，如果 $A$ 和 $B$ 分别是待预估的商品 ID 以及用户行为序列中的商品 ID。如果我们对行为序列做求和池化或

平均池化，就等于忽视了商品 ID 间的协同作用。图 5-37 展示了特征之间的协同作用。

对序列进行类似 DIN/DIEN 的加权和运算，在协同作用的视角下可以看作一个尺度的协同作用，没有方向，且只能对原始行为序列 ID 的 Embedding 进行纯正的修正。而如果对每个序列 ID 和预估商品 ID 进行笛卡儿积运算，把原始的序列变成一个笛卡儿积

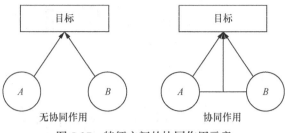

图 5-37　特征之间的协同作用示意

ID 序列，再为每个 ID 都学习一个 Embedding，此时协同作用就是用向量来建模，且这个新的 Embedding 和原始序列的 Embedding 完全独立，自由度更大。如果原始 ID 的协同作用建模本身有用，那么笛卡儿积就是协同作用建模最直接的方式。笛卡儿积+端到端学习的 Embedding 其实很像一个大的记忆网络，只不过写入和读出的索引相同，都是笛卡儿积化后的 ID。在这样的模式下，这些代表协同作用的笛卡儿积 ID 的 Embedding 在训练时具备样本穿越性，任意一个笛卡儿积 ID $A\&B$ 的 Embedding 都是独立学习的，同时保证了在一条 $A\&B$ 出现的样本里，这个 Embedding 能把当前学到的协同作用无损地带入。而在简单的特征交叉方法中，比如对 $A_1$ 的 Embedding 和 $B_1$ 的 Embedding 进行外积运算，这个时候 $A_1\&B_1$ 的协同信息为 $\mathrm{Emb}_{A1}\times\mathrm{Emb}_{B1}$，它在训练时也会被 $B_1$ 的 Embedding 本身的学习和 $A_1\&B_1$ 更新，很难保证学习到的协同信息在下一次出现时还保留上一次学习的信息。

**2. 笛卡儿积的局限性**

笛卡儿积是非常常用也比较好理解的特征交叉方式。不过对用户行为序列和待预估物品进行笛卡儿积运算也会有很多问题。

（1）特征空间急剧膨胀。由于 ID 本身占用的空间就很大，因此组合之后将导致特征空间急剧膨胀，Embedding 的查询时间增加，模型复杂度变高。

（2）无法学习未出现的 ID 组合。笛卡儿积意味着强记忆性，对于一些样本里没有出现过的 ID 组合，它是无法直接学习的。稀疏的组合和稀疏的 ID，使学习效果也很差。此外，笛卡儿积的参数膨胀本身会使模型的性能和维护上的鲁棒性都进一步降低。

那么，在笛卡儿积有效的情况下，有没有参数更少的模型可以替代笛卡儿积这种硬的 ID 组合方式呢？第一条线索是参数空间的视角。前面提到二维笛卡儿积的方式，如果我们局限于对物品 ID 进行协同作用建模分析，可以看作一个全参数空间为 $N\times N\times D$ 的方法，$N$ 为物品 ID 的数量，$D$ 为 Embedding 的维度。可以看出，这个参数空间非常大，在淘宝这样的推荐场景中，$N$ 的规模在上亿量级。虽然实际训练时不需要这么大的空间，因为不是所有 ID 组合都会在样本中出现，但是笛卡儿积这个方法的假设参数空间依然是 $N\times N\times D$。这意味着在笛卡儿积有效的状态下，存在大量的参数空间冗余，再考虑到笛卡儿积交叉导致的稀疏性，出现次数为个位数的笛卡儿积 Embedding 无法有效学习。第二条线索是学习难度视角。前面提到，笛卡儿积的方式保障了任意一组协同作用组合的学习是独立且强记忆力的。而采用外积的方式很难对协同信息建模，因为没有参数来稳定地维持对协同信息的建模学习。虽然笛卡儿积看上去有效且是对协同作用的直接建模，但是难以忽视的一点是在电商业务场景中，商品之间是有联系的，任意两个商品的协同信息也应该有共享的部分，不应

该是完全独立的。而采用直接外积的方式，共享的维度过大，单侧 ID 的信息完全共享，参数空间为 $N \times D$。如果能找到一种方法，能有效利用不同协同作用之间可共享的信息，就有机会把参数空间降低到 $N \times T \times D$，其中 $T << D$。

### 3. CAN 模型结构

为了实现前面所提到的部分信息共享建模协同信息，一种方案是从记忆网络视角，把物品 ID 的参数从 $D$ 扩展到 $T \times D$，即把 Embedding 变成一个有 $T$ 个槽位（slot）的矩阵。这种方案下任意一个 ID 都有 $T$ 个槽位，每个槽位存放维度为 $D$ 的向量。记忆网络视角建模协同信息如图 5-38 所示。

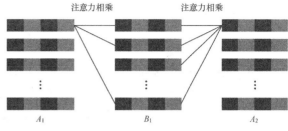

图 5-38　记忆网络视角建模协同信息

按照图 5-38 所示的方法，我们可以借鉴注意力的思路来对协同作用建模，并保持不同组合协同作用学习的部分独立性。例如，在对协同作用建模时，让不同的槽位对另一个 ID 的所有槽位做注意力聚合，并与聚合后的结果进行外积运算，表示成如下形式。

$$\text{co-action}\left(A_1 \, \& \, B_1\right) = \sum_{t=1}^{T} \text{emb}_t^{A_1} \times \text{AttAggregate}\left(\text{emb}_t^{A_1}, \left[\text{emb}_1^{B_1}, \cdots, \text{emb}_T^{B_1}\right]\right) \tag{5-34}$$

其中，AttAggregate 表示注意力后使用聚合函数聚合（比如注意力后加权和）。公式（5-34）的核心思想是对不同的协同作用建模时，使用 $T$ 个槽位中不同的参数，同时更新不同的参数，保持协同作用建模一定的参数独立性。在这种思路下可以设计和尝试的具体模型方案非常多，但是整个交叉实验的代价非常大。

既然核心目的是让协同作用的建模过程中有相对稳定和独立的参数，同时又想让不同协同作用之间有一定的信息共享。那么有没有比记忆网络更简单有效的方法呢？阿里巴巴提出的 CAN 模型结构便是一种更简单的方案，把协同作用希望建模的两个 ID，一端信息作为输入，另一端信息作为 MLP 的参数，用 MLP 的输出表示协同信息。CAN 模型结构如图 5-39 所示（见文前彩插），图 5-39（a）所示为协同作用建模的部分，图 5-39（b）所示为 DIEN 模型结构。

CAN 模型的创新点在于协同作用建模的时候，保证参数独立的同时能够共享一部分信息。图 5-39（a）的上部是协同作用单元网络结构，为了对用户历史序列 $P_{\text{user}}$ 和目标商品 $P_{\text{item}}$ 的协同关系协同作用单元$(P_{\text{user}}, P_{\text{item}})$ 建模，将 $P_{\text{user}}$ 的 Embedding 向量转化为 MLP 结构，再将 $P_{\text{item}}$ 的 Embedding 作为 MLP 的输入，最后输出的就是协同信息结果。比如 $P_{\text{user}}$ 的维度是 160，$P_{\text{item}}$ 的维度是 16，那么可以将 $P_{\text{user}}$ 转化为两层的 MLP 结构，第一层的维度是 16×8，第二层的维度是 8×4，最终协同信息的输出维度为 4。

在这种方式中，由于 MLP 有多层，再加上每一层加入了非线性函数，因此 $A_1$ 和不同的 ID 共享信息的时候（比如 $B_1$、$B_2$），其输出有一定信息共享，而在参数更新时也会有部分信息不同。如果 MLP 的激活函数是 ReLU，这种方式甚至会稀疏更新部分参数，做到更新部分参数的独立性，从而实现协同信息的稳定性。

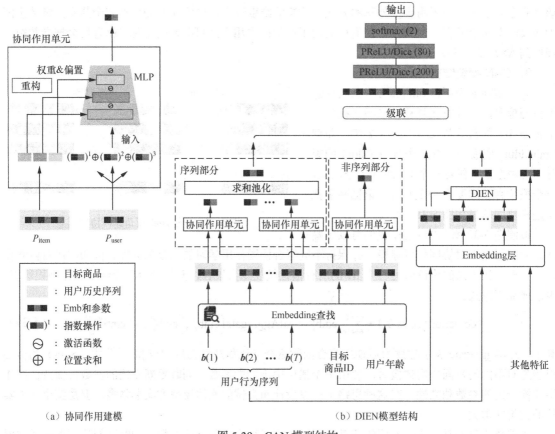

（a）协同作用建模　　　　　　　　（b）DIEN 模型结构

图 5-39　CAN 模型结构

### 4. CAN 实验结果

为了测试 CAN 方法的有效性，阿里巴巴在公开数据集和生产数据集上进行了完备的实验。CAN 离线实验结果如表 5-13 所示。

表 5-13　CAN 离线实验结果

| 模型 | 亚马逊数据集 | 淘宝数据集 |
| --- | --- | --- |
| DIEN | 0.7518 | 0.9028 |
| DIEN+Cartesian | 0.7608 | 0.9091 |
| **CAN** | **0.7690** | **0.9095** |
| **CAN+Cartesian** | **0.7692** | **0.9613** |

CAN 在不同公开数据集上都取得了 SOTA，在淘宝数据集上比 DIEN 离线 AUC 提升了约 0.74%。除了在离线数据上的提升，CAN 在阿里巴巴展示广告业务场景也取得了巨大提升。通过长期的 AB 实验测试，相比之前的基础模型，线上 CTR 提升了 11% 以上，RPM 提升了 8% 以上，如表 5-14 所示。

表 5-14　CAN 线上 AB 实验结果

| 场景 | CTR 提升 | RPM 提升 |
| --- | --- | --- |
| Scene1 | +11.4% | +8.8% |
| Scene2 | +12.5% | +7.5% |

　　无论是离线实验，还是线上实验，CAN 确实性能优异，效果比笛卡儿积方法更好，同时模型参数量不会急剧膨胀，因为这种方式需要查询参数的 ID 量不变，对在线服务 CPU 和延时也比较友好。

　　使用 CAN 方法时，虽然查询的 ID 数不会变，也就是 ID 空间不会变，但是会增加 Embedding 的维度。这主要是因为需要将 Embedding 转化为 MLP 多层结构，这样 Embedding 的维度就不能太小，否则输入 MLP 结构的 Embedding 就会变得更小，表达的信息就受限，影响最终效果。另一方面，由于在协同作用网络中，$P_{user}$ 和 $P_{item}$ 的 Embedding 查找表和之前的查找表也不一样，因此会进一步增加额外的参数空间。虽然 CAN 也有其局限性，但它也为推荐系统中的特征交叉提供了新思路。

# 5.4　小结

　　本章系统梳理了推荐系统中主流精排模型的相关知识，从传统的机器学习模型，到谷歌和阿里巴巴提出的深度学习模型，沿着模型融合、特征交叉、兴趣动态表达多个不同维度，介绍了精排模型的迭代路径，让读者建立清晰的认知。本节对精排模型的关键知识进行总结，如表 5-15 所示，希望可以帮助读者再次回顾本章的关键知识。

表 5-15　推荐系统中精排模型的关键知识

| 模型名称 | 基本原理 | 特点 | 局限性 |
| --- | --- | --- | --- |
| FM | 在 LR 的基础上引入二阶特征交叉，为每一维特征训练得到相应的隐向量，通过隐向量的内积得到特征交叉权重 | 相比 LR，具备二阶特征交叉能力，模型的表达能力增强 | 只能对二阶的特征交叉建模，不容易扩展到更高阶的特征交叉 |
| FFM | 在 FM 模型的基础上，加入特征域的概念，使每个特征在与不同域的特征交叉时采用不同的隐向量 | 相比 FM 模型，进一步提升了特征交叉能力 | 模型的训练开销增加，效果提升有限 |
| GBDT+LR | 利用 GBDT 自动提取特征交叉，将原始特征转化为组合后的离散特征，最后输入 LR 模型 | 模型自动学习特征交叉，具备了更高阶特征交叉的能力 | GBDT 无法实时训练，更新时间长 |
| MLR | 利用结构性先验，对样本分片建模，在每个分片内部构建 LR 模型，最后将分片概率和 LR 得分进行加权平均 | 模型适应性强，能解决用户分组、位置偏置问题 | 模型结构相对简单，表达能力有限 |
| WDL | DNN 和 LR 联合训练，利用 Wide 部分加强模型的记忆能力，利用 Deep 部分加强模型的泛化能力 | 开创了深度学习在推荐系统的应用，对深度学习推荐模型的发展影响巨大 | Wide 部分依赖人工进行特征选择 |
| DCN | 对 WDL 模型的 Wide 部分进行改进，使用交叉能力更强的 Cross 网络 | 解决了 WDL 模型人工组合特征的问题 | Cross 网络设计过于简单，效果有限 |

续表

| 模型名称 | 基本原理 | 特点 | 局限性 |
|---|---|---|---|
| DCN-v2 | 对 DCN 的 Cross 网络进行改进，将交叉层的权重从 $n$ 维向量变成 $n×n$ 的矩阵，同时引入 MOE 结构以提升不同子空间特征交叉能力 | 加强了 Cross 网络的特征交叉能力，使用 MOE 结构进一步提升了特征交叉能力 | 模型复杂度显著增加 |
| DIN | 使用注意力机制对用户动态兴趣建模，计算目标广告与历史点击的相关性，最后求加权和得到用户动态向量 | 用户兴趣的动态表达，根据目标广告的不同，可以进行更有针对性的推荐 | 没有充分利用历史行为序列信息 |
| DIEN | 对 DIN 模型进行改进，使用注意力机制筛选与目标广告相关的兴趣演化路径，使用序列模型模拟用户兴趣的迁移 | 序列模型增强了对用户兴趣变迁的表达能力，使模型具备了预测"下一次点击"的能力 | 序列模型增加了计算开销，线上服务延迟显著增加，需要在工程上进行优化 |
| BST | 使用 Transformer 对用户行为序列建模，序列信息中引入类别特征以解决冷启动问题 | 引入 Transformer，提升了序列模型的表达能力 | 相比于 DIEN，只是将序列模型从 GRU 换成了 Transformer |
| DSIN | 优化 DIEN 不能处理更长序列的问题，将用户行为序列切分成不同会话，对新的会话序列建模 | 根据用户行为特点，引入会话概念，能够处理更长的行为序列 | 依赖数据分布，用户行为不具备会话结构，效果会受影响 |
| MIMN | 借鉴谷歌 NTM 思路，将用户行为划分为多通道，对每个通道生成用户兴趣向量 | 将用户行为划分为多个"兴趣通道"建模，更精准把握兴趣变迁过程，避免不同兴趣的相互干扰 | 在处理更大规模的序列时，容易被噪声数据干扰，导致效果不理想 |
| SIM | 超长用户行为序列建模方案，一阶段基于搜索提取与目标广告相关的行为，二阶段使用更复杂模型对子序列建模 | 工业界超长用户行为序列建模的首次尝试，将用户行为序列长度从 1000 量级扩展到 10 万量级 | 需要离线构建索引，存储开销显著增加 |
| CAN | 对特征之间的协同作用建模，把协同作用希望建模的两个 ID，一端作为输入，另一端作为 MLP 的参数，用 MLP 输出表示协同信息 | 提供了模型化特征交叉的新思路，能够达到笛卡儿积交叉的效果，同时具备一定的信息共享 | 模型参数显著增加 |

由于精排模型是推荐系统中的核心部分，模型的迭代往往能带来巨大的业务指标提升，因此精排模型层出不穷。面对如此多的推荐系统模型，读者需要熟悉每个模型的特点及其适用场景。需要明确的是，没有一个特定的模型能够适应所有业务场景。

推荐系统精排模型经历了从传统机器学习到深度学习的演化。从谷歌最早提出的 WDL，到后来改进的 DCN 和 DCN-v2，再到阿里巴巴提出的 DIN，发展到后面的 DIEN、MIMN、SIM，深度学习推荐模型进化速度越来越快，应用场景越来越广。

在推荐系统中，除了需要考虑单纯的 CTR 目标，还需要考虑多样性等其他目标。此外，在推荐系统中，由于需要一次性向用户展现多条数据，单条 CTR 最大化不一定能使整屏的收益最大，因此需要对整屏建模，最大化整屏的收益。在推荐系统的多层架构中，优化整屏多样性和收益是在精排之后的重排模块中进行的。第 6 章将介绍推荐系统重排模块的相关技术，有了本章精排的知识架构，相信读者对第 6 章内容的理解会更加轻车熟路。

# 第**6**章　重排技术演进

精排是推荐系统中最重要的一环，一般通过 pointwise 的方式对每一个物品计算得分，然后进行排序。但是这样做只考虑了物品与用户的相关性，而忽略了物品之间的相互影响。在电商业务、短视频、信息流等推荐场景中，需要一次性向用户展示多条数据，这就需要考虑整屏的收益最大化。此外，除了需要考虑 CTR 这一单一目标，在推荐系统中往往还需要考虑多样性等其他指标，这就要求我们不能完全按 CTR 排序。因此，工业界使用的推荐系统在精排之后，还有一个重排模块，该模块在考虑物品相关性的情况下对排序结果进行重排。

在考虑多样性的场景中，最简单的是基于规则控制，保证每个类别的数据最多有几条。这样做虽然简单，但是往往带来指标的下降。2018 年 Hulu 提出了基于行列式点过程（determinantal point process，DPP）来提升推荐系统多样性的方法，在模型得分相近的前提下，尽可能提升物品之间的多样性。

在考虑整屏收益最大化的场景中，由于精排基于 pointwise 的排序策略未能充分利用物品展示列表的上下文信息，因此效果不是最优的。一种直接利用上下文信息优化排序方法的是对精排结果进行重排，这可以抽象建模成一个序列（精排序列）生成另一个序列（重排序列）的过程，自然联想到可以使用 NLP 领域常用的序列到序列（sequence to sequence）的方法，如 RNN 模型、LSTM 模型等。但是 RNN 对于物品之间的影响建模有一定的缺陷，如果两个物品相隔较远，它们的相关性很难刻画。2019 年阿里巴巴提出了基于 Transformer 的个性化重排结构，与 RNN 相比，两个物品的相关性计算不受距离的影响，同时 Transformer 可以并行计算，处理效率比 RNN 更高。

除了基于 RNN、Transformer 等序列模型优化重排结果，业界主流的方法还包括基于生成式排序。将优化问题转化为如何在 $N$ 个候选物品中选出 $K$ 个物品的排序，使整屏的收益最大化。业界主流的做法是使用贪心策略，每次决策都选择能让后续收益最大化的物品，这正是强化学习解决问题的思路。在每次决策过程中，优化的目标都是长期收益最大化。目前，快手在短视频场景以及微信在"看一看"场景中都成功部署了基于强化学习的重排模型，并且取得了不错的收益。

第 5 章介绍的精排模型往往设计成非常复杂的模型结构。但是对于重排模块，工业界往往要求低延时，能够快速完成装屏。因此，重排算法一般不会对精排的所有结果进行排序，而是选择精排的 Top-$N$ 进行排序。

本章将从基于规则的多样性重排算法出发，介绍基于 DPP 的重排模型，并重点介绍深度学习和强化学习在工业界重排中的具体应用。

# 6.1　重排的作用

　　早期的推荐系统一般只包含召回和排序两部分。随着排序模型复杂度的不断提高，尤其是深度学习在排序中的应用，后来又将排序拆分为粗排和精排两部分。那么在召回、粗排、精排的 3 层架构之上，为什么工业界又增加了重排模块？重排究竟有什么作用？

　　和学术界基于 CTR 等评分来预测任务不同，真实的信息流推荐是一个人机交互系统，并且存在无法忽视的上下文环境。如图 6-1 所示，在阿里巴巴信息流推荐场景中，展现给用户的是品类多样的商品，并不是只展现 CTR 最高的一类商品。这是因为单条 CTR 最大化时，整屏的点击量不一定最大。信息流推荐系统强调整体收益最大化，而精排模型只考虑了单条 CTR 最大化，因此基于多样性和整体收益最大化的重排模型应运而生。

首页信息流　　　　　　　　微详情页　　　　　　　短视频

图 6-1　阿里巴巴信息流推荐场景

　　推荐系统中的重排算法主要解决两个问题。

　　第一个问题是多样性控制。在保证 CTR 的前提下，尽可能向用户展示不同的品类。例如，在新闻推荐场景中，假设一个用户的兴趣包含娱乐、体育、财经，如果用户对 3 个不同类别新闻的 CTR 不大，那么重排模型倾向于向各用户展示 3 条数据，而不是只展现 9 条娱乐。重排算法的多样性控制除了基于用户体验，还有一个重要因素是防止用户兴趣死锁。想象一下，如果推荐系统只给出用户 CTR 最高的数据，那么最终用户只能看到相同类别的数据。

第二个问题是整体收益最大化。粗排和精排解决的都是单条数据收益最大化问题，如 CRT 最大化，但是在信息流推荐场景中，用户点击后必然会影响后续的行为。例如，在新闻推荐场景中，用户在点击某场 CBA 比赛的比分结果后，大概率不会再点击另一条也是介绍相同比赛的比分结果的新闻，因此单条 CTR 最大化，不一定带来整屏点击量最大。表 6-1 展示了精排模型和重排模型的区别。

表 6-1　精排模型和重排模型的区别

| 模型 | 优化目标 | 建模方法 |
| --- | --- | --- |
| 精排模型 | 单条收益最大化（CTR/CVR） | pointwise |
| 重排模型 | 整体收益最大化/多样性控制 | listwise、强化学习 |

# 6.2　基于规则的多样性重排

简单的多样性重排就是基于规则，按模型得分从高到低，选出满足多样性约束的商品。例如需要从 8 个商品中选出 4 个商品，每个类别下的商品个数最多为 2，其筛选过程如图 6-2 所示。

虽然基于规则的多样性重排简单、可操作性强，但是可能导致选出的商品不是用户最喜欢的。例如在图 6-2 中，如果商品 7 的模型得分非常低，虽然多样性提升了，但是很可能导致用户的点击量下降，影响线上指标。

为了避免选择模型得分很低的商品，一种策略是设置最低罚值，只在高于罚值的集合中保证多样性，比如只在模型最高预估值的 0.5 倍以上进行选择。但是这种策略很难控制，而且维护起来非常麻烦。

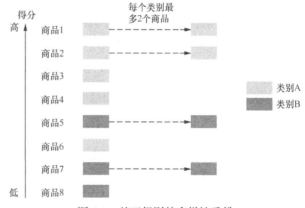

图 6-2　基于规则的多样性重排

为了平衡 CTR 和多样性的关系，Hulu 在 2018 年提出了基于行列式点过程的重排算法，取得了很好的效果。

# 6.3　基于行列式点过程的重排

精排模型主要解决用户和物品之间的相关性预估，而推荐结果的多样性对于推荐系统也非常重要。相关性主要通过用户兴趣和物品之间的匹配程度来衡量，可以通过精排 CTR 预估模型来构建，希望把用户感兴趣的物品推荐给用户。多样性的衡量并没有那么直观，一种方法是计算不同物品之间的余弦相似度，值越小表明多样性越好。Hulu 在 NIPS 2018 会议上发表的论文 "Fast Greedy MAP Inference for Determinantal Point Process to Improve Recommendation Diversity" 是基于行列式点过程来提升推荐系统多样性的方法，在保证相关性的同时，尽可能提升推荐结果的多样性。

### 1. 什么是行列式点过程

行列式点过程是一种性能较高的概率模型。它将复杂的概率计算转换成简单的行列式计算，通过核矩阵（kernel matrix）的行列式计算每一个子集的概率。在推荐系统中，该概率可以理解为用户对推荐列表满意的概率，受到相关性与多样性两个因素的影响。

具体来说，行列式点过程刻画的是一个离散集合 $Z = \{1, 2, \cdots, M\}$ 中每一个子集出现的概率，当给定非空集合 $Y$ 出现的概率 $P(Y)$ 时，存在一个由 $Y$ 中元素构成的半正定矩阵 $L_Y$，满足以下关系。

$$P(Y) \propto \det(L_Y) \tag{6-1}$$

在给定上面的概率分布后，很多任务都可以通过最大化后验概率求解，表示如下。

$$Y_{map} = \arg\max_{Y \subseteq Z} \det(L_Y) \tag{6-2}$$

### 2. 如何通过行列式点过程优化推荐系统多样性

行列式点过程中的核矩阵 $L$ 是一个半正定矩阵，可以被分解成 $L = B^T B$，为了将 DPP 模型应用于推荐场景中，考虑将矩阵 $B$ 的每个列向量 $B_i$ 分解为 $B_i = r_i f_i$，其中 $r_i$ 为商品 $i$ 与用户的相关性，$f_i$ 为商品 $i$ 的 Embedding，并且模为 1。因此核矩阵中的元素可以表示如下。

$$L_{i,j} = <B_i, B_j> = <r_i f_i, r_j f_j> = r_i r_j <f_i, f_j> \tag{6-3}$$

其中，$<f_i, f_j> = S_{ij}$ 是商品 $i$ 和 $j$ 的相似度，整个核矩阵可以表示如下。

$$L = \mathrm{Diag}(r_u) \cdot S \cdot \mathrm{Diag}(r_u) \tag{6-4}$$

其中，$\mathrm{Diag}(r_u)$ 是对角矩阵，核矩阵的行列式可以表示如下。

$$\det(L) = \prod_{i \in R_u} r_{u,i}^2 \cdot \det(S) \tag{6-5}$$

对公式（6-5）两边取对数，则可以表示如下。

$$\log(\det(L)) = \sum_{i \in R_u} \log(r_{u,i}^2) + \log(\det(S)) \tag{6-6}$$

公式（6-6）等号右边的第一项可以表示用户和商品的相关性，第二项可以表示商品之间的多样性。因此最大化公式（6-6）可以在保证相关性的同时优化系统多样性。图 6-3 是基于行列式点过程的实验结果，可以看出最终选出的点都是比较分散的。

无论是基于规则还是基于行列式点过程，都是为了优化系统的多样性。在重排模块中，优化多样性可以提升用户体验，最终提升系统点击量。本质上优化多样性也是为了最大化整体收益，那么除了多样性优化，还可以直接优化整屏点击量。后面会介绍通过模型直接优化整屏收益。

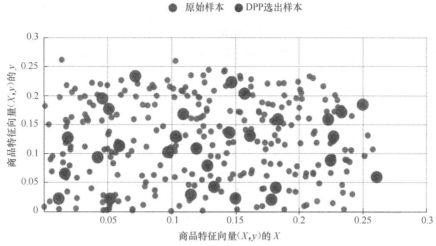

图 6-3　基于行列式点过程的多样性结果

# 6.4　深度学习在重排中的应用

无论是粗排还是精排,出于性能上的考虑,一般采用 pointwise 的方法对每一个候选物品进行打分。这样的做法仅仅考虑了单条数据 CTR 最优,而没有考虑排序列表中物品之间的关系,也没有考虑整屏收益的最大化。2019 年阿里巴巴在论文"Personalized Re-ranking for Recommendation"中提出了一种基于 Transformer 的重排模型——个性化重排模型(personalized re-ranking model,PRM)。PRM 能够有效利用排序列表中物品之间的序列信息,使得整体收益最大化。

PRM 结构如图 6-4 所示。主要分为 3 个部分:输入层、编码层和输出层。

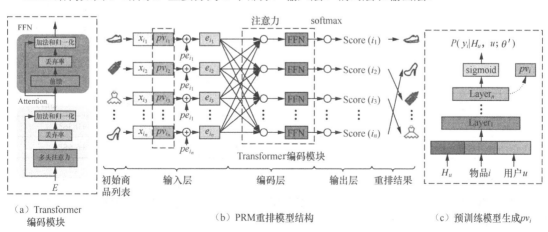

图 6-4　PRM 结构

（1）输入层（input layer）：主要作用是将精排后的排序列表，通过引入每个物品的特征向量、预训练的个性化向量、位置编码信息，生成表达能力更强的物品 Embedding。

（2）编码层（encoding layer）：其作用是刻画推荐列表中物品之间的相关性，引入上下文信息。

（3）输出层（output layer）：其主要作用是经过全连接后生成每个物品的重排得分。

在 PRM 结构中，输出层与普通的模型结构没有太多区别，主要创新在于输入层引入了每个物品的个性化向量（personalized vector，PV），增强了每个物品向量的表达能力。

#### 1．PRM 输入层结构

经过精排阶段后，我们得到了固定的列表 $S = [i_1, i_2, \cdots, i_n]$，每个物品对应一个特征向量 $x_i$。此外，输入层还包含两个部分。其一是个性化向量 $pv_i$，它由预训练模型得到，模型结构如图 6-4（c）所示。预训练模型是一个二分类模型，其输入包括用户特征和物品特征，取最后一层作为个性化向量，这样做的好处是每个物品向量都包含用户的偏好信息。其二是位置编码信息 $pe_i$，主要作用是利用精排推荐列表中的序列信息。最终输入层的 Embedding 记作 $E$，可以表示为以下形式。

$$E = \begin{bmatrix} x_{i_1}; pv_{i_1} \\ x_{i_2}; pv_{i_2} \\ \vdots \\ x_{i_n}; pv_{i_n} \end{bmatrix} + \begin{bmatrix} pe_{i_1} \\ pe_{i_2} \\ \vdots \\ pe_{i_n} \end{bmatrix} \tag{6-7}$$

通过公式（6-7）的处理，经过输入层的物品向量包含物品信息、用户个性化信息、位置信息，表达能力更强。

#### 2．PRM 实验结果

为了测试 PRM 重排模型的效果，阿里巴巴在电商业务场景进行了 AB 测试，实验结果如表 6-2 所示。表 6-2 中的 PV 表示 24 小时内店铺所有页面的浏览总量，IPV 表示点击进入商品详情页的浏览次数，GMV 表示商品的交易总额。表 6-2 中的模型 PRM-Base 表示标准的 PRM，只是在输入层中没有加入个性化向量，而效果最好的 PRM-Personalized-Pretrain 表示在输入层引入了预训练模型的个性化向量。可以看到，在 PRM 中引入个性化向量的效果非常好，线上各指标提升明显。

表 6-2　重排模型 PRM 线上实验结果

| 重排模型 | PV | IPV | CTR | GMV |
| --- | --- | --- | --- | --- |
| PRM-Base | +1.27% | +2.44% | +1.16% | +0.36% |
| **PRM-Personalized-Pretrain** | **+3.01%** | **+5.69%** | **+2.6%** | **+6.65%** |

PRM 重排模型被提出之后，业界其他公司也借鉴了其模型结构，其中美团借鉴 PRM 并应用于搜索场景，模型结构如图 6-5 所示。与阿里巴巴 PRM 不同的是，美团 PRM 的输入层不包含预训练的个性化向量，和表 6-2 中的 PRM-Base 模型结构一致。此外，美团的工程师分析数据发现 95% 的用户浏览深度不超过 10，考虑到线上性能问题，所以最终选择对 Top-10 的商品进行重排。

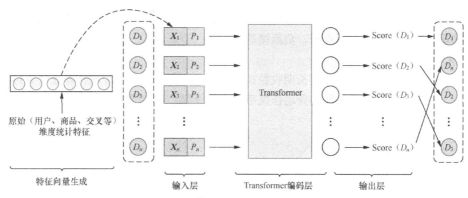

图 6-5 美团借鉴 PRM 并应用于搜索场景

# 6.5 强化学习在重排中的应用

6.1 节已经介绍过推荐系统是人机交互的过程，每次的用户行为对后续动作都有很大影响。而强化学习与前面的深度学习模型的不同之处在于由静态变为动态，对数据实时性的利用能力大大加强。此外，相比于传统的监督学习方法，强化学习能够最大化长期收益，和重排的目标一致。在介绍强化学习在重排中的应用之前，先介绍什么是强化学习。

### 1. 什么是强化学习

强化学习（reinforcement learning，RL）是近年来机器学习领域非常热门的研究话题。它的研究起源于机器人领域，对智能体（agent）在不断变化的环境（environment）中决策和学习的过程进行建模。在智能体的学习过程中，会收集外部收益（reward），改变状态（state），再根据状态对下一步的动作（action）进行决策，在行动之后持续收集收益的循环，整个过程如图 6-6 所示。

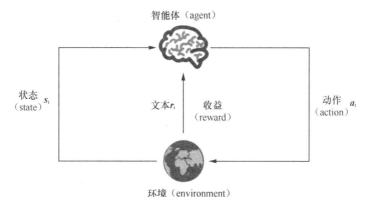

图 6-6 智能体和环境的循环作用

强化学习与其他监督学习显著的区别是最大化长期收益，因此强化学习非常适合应用于推荐系统的重排中。如果将强化学习应用于推荐场景中，那么智能体就是推荐系统，动作就是推荐了什么内容，反馈就是反馈信息，包括点击、负反馈等。

### 2. 强化学习重排序

利用强化学习的实时性以及可对长期收益建模的特点，将其应用于视频推荐系统重排序的序列决策过程中，从前向后依次贪心地选择动作概率最大的视频。整个序列决策过程如图 6-7 所示。

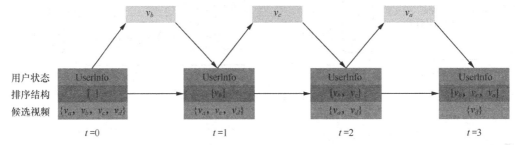

图 6-7　基于强化学习的序列决策过程

在图 6-7 所示的序列决策过程中，每次基于当前用户状态以及长期收益，选择动作概率最大的动作。比如 $t = 1$ 时刻，选择了动作概率最大的视频 $v_c$。可以看出，整个序列决策过程中最关键的步骤就是计算累计收益以及确定每个动作的概率。其中，累计收益可以表示如下。

$$R_t = r_{t+1} + \gamma r_{t+2} + \gamma^2 r_{t+3} + \cdots$$
$$R_t = r_{t+1} + \gamma R_{t+1}$$

(6-8)

优化目标就是最大化智能体在多轮交互中的累计收益，表示如下。

$$Q^*(s, a) = \max_\pi E\left\{\sum_k \gamma^k r_{t+k} \mid s_t = s, a_t = a\right\}$$

(6-9)

对于动作选择概率的生成，我们可以使用任意深度学习模型。为了对序列之间的关系建模，在网络结构中可以引入 RNN、LSTM 等序列模型。图 6-8 所示为谷歌策略选择函数的网络结构，用于生成每个动作的选择概率。

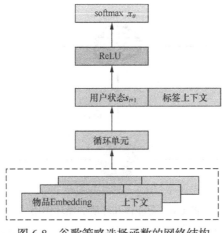

图 6-8　谷歌策略选择函数的网络结构

在图 6-8 所示的网络结构中，使用 RNN 刻画每个状态的序列信息，模型最终输出每个状态 $s$ 下选择动作 $a$ 的概率，表示如下。

$$\pi_{\theta}\left(a|s\right)=\frac{\exp\left(s^{\mathrm{T}}v_{a}\,/\,T\right)}{\sum_{a'\in\mathcal{A}}\exp\left(s^{\mathrm{T}}v_{a'}\,/\,T\right)} \tag{6-10}$$

有了公式（6-8）对累计收益的定义，以及公式（6-10）对每个动作的选择概率的计算，接下来便可以通过策略梯度更新网络参数，表示如下。

$$\nabla_{\theta}\mathcal{J}\left(\pi_{\theta}\right)=\sum_{s_{t}\sim d_{t}^{\pi}(\cdot),a_{t}\sim\alpha_{\theta}(\cdot|s_{t})}R_{t}\left(s_{t},a_{t}\right)\nabla_{\theta}\log\alpha_{\theta}\left(a_{t}\,|\,s_{t}\right) \tag{6-11}$$

实际应用时，谷歌将强化学习运用于推荐场景中，用户观看时长提升了 0.86%，手机端用户观看时长提升最明显，提升了 1.04%。快手也将强化学习运用于短视频推荐场景中的重排序模块，上线后 App 观察时长提升了 0.4%，新设备的次留存也有显著提升。

# 6.6  小结

本章梳理了工业界主流的重排模型的相关知识。从早期的基于规则的多样性重排，到后来基于行列式点过程的重排，再到阿里巴巴提出的基于深度学习的重排算法，最后到基于强化学习的重排算法，重排模型在推荐系统中的应用越来越广，方法也越来越多元化。本节对工业界主流的重排方法进行了总结，如表 6-3 所示。

表 6–3　工业界主流的重排方法总结

| 重排方法 | 基本原理 | 特点 | 局限性 |
| --- | --- | --- | --- |
| 简单规则 | 基于简单规则进行选择 | 可以实现快速上线 | 难以维护，提升多样性的同时损失系统的主要指标 |
| 行列式点过程 | 基于行列式点过程优化系统多样性，构建相关性目标和相似度目标 | 在不损害相关性的前提下，提升系统多样性 | 没有充分利用推荐列表的序列信息，推荐效果不是最优的 |
| 深度学习重排模型 | 基于 Transformer 刻画推荐列表中物品之间的上下文信息 | 充分利用了推荐列表的上下文信息 | 并没有直接优化推荐列表的整体收益 |
| 强化学习重排模型 | 将强化学习的思路应用于重排的序列决策过程 | 能够快速捕捉交互的实时性，优化长期收益，最大化整体指标 | 模型训练困难，工程实现难度大 |

到目前为止，我们已经介绍了推荐系统主要的 4 层级联架构，从召回、粗排、精排到本章的重排。但在工业界的推荐系统中，除了功能上的 4 层架构，还包括很多其他重要知识，如多目标排序、各种偏置和消除偏置的方法等，这些知识对我们了解推荐系统至关重要。第 7 章将介绍多目标排序在推荐系统中的应用，该项技术对于优化推荐系统中的用户观看时长、播放完成率、用户留存率等其他业务指标至关重要。

# 第 7 章 多目标排序在推荐系统中的应用

在搜索和推荐等信息检索场景下，最基础的优化目标是 CTR，比如百度信息流推荐以及今日头条优化的主要目标都是 CTR。第 5 章介绍的深度学习推荐模型的优化目标也都是 CTR 这一单一目标。虽然对 CTR 单目标进行优化符合信息流的业务场景，但也会带来负面影响。例如在新闻推荐场景中，一些"标题党"文章虽然 CTR 也很高，但是过多的推荐必然导致用户的流失。因此除 CTR 目标外，也应考虑对用户的其他目标进行统一建模，比如关注、点赞、分享等都可以作为正反馈，而负向评论、短阅读等可以作为负反馈。

从商业模式的角度出发，很多业务场景也不只是考虑 CTR 单一目标。比如 YouTube 的主要商业模式是免费视频带来的广告收入，视频播放过程中会插播不同的广告，因此 YouTube 优化的主要目标是播放时长而不是 CTR。而在阿里巴巴这样的电商平台，公司的商业目标是让用户产生更多的购买行为，因此优化的目标也不仅是 CTR，还要考虑 CVR 目标。

从业务的发展角度出发，大多数推荐系统也不再只优化单一目标，而是同时考虑优化其他业务指标。比如在短视频场景中，最开始的优化目标主要是 CTR 和时长，而随着业务的发展，需要兼顾用户评论、点赞等强互动行为的生态收益。像快手、抖音这样的短视频场景，主要的目标是提高整体用户的日活跃用户数（Daily Active User，DAU），让更多的人使用，提升用户留存率。在具体的建模过程中，留存目标很难直接建模，一般都是通过提升 CTR、时长等正反馈，同时减少负反馈，实现提升用户留存率的目标。正是基于这些业务需求，多目标排序在推荐系统中变得越来越重要，由此也产生了不同的技术路线。

从技术角度讲，多目标排序模型和第 5 章的深度学习模型一样，只是优化的目标由单一目标变成多个目标。由于需要兼顾多个目标，多目标排序需要解决以下 3 个主要问题。

（1）离线融合问题。如何在模型中融合多个不同的目标，构建最终的损失函数。

（2）模型训练问题。如何在保证单一目标不降的情况下，尽可能同时优化其他目标，使得所有目标都达到最优解。

（3）线上融合问题。线上如何融合多个不同的目标，在提升核心业务指标的同时，带来其他生态指标的提升。

本章将围绕上面 3 个问题，总结推荐系统领域影响力较大的多目标排序模型，构建它们之间的演化图谱，并逐一介绍模型的技术特点。

# 7.1 推荐系统的优化目标

随着大数据、人工智能时代的到来，如何利用推荐算法在各个业务场景中为用户提供个性化的服务，成为业界关注的重点。起初推荐算法只需要考虑单一目标就能带来不错的业务增长，但是随着业务的发展，单一目标往往无法进一步带来持续的收益，这时需要考虑多个目标的联合优化，以此促进整个生态的良性发展。例如，在短视频推荐场景中，最开始只需要优化播放时长，而随着业务的发展，往往需要兼顾用户评论、点赞等强互动行为的生态收益。图 7-1 展示了快手短视频推荐场景的排序目标，可以看到除了包含收藏、下载、点赞等多个正反馈目标，还包含不感兴趣、负向评论等多个负反馈目标。

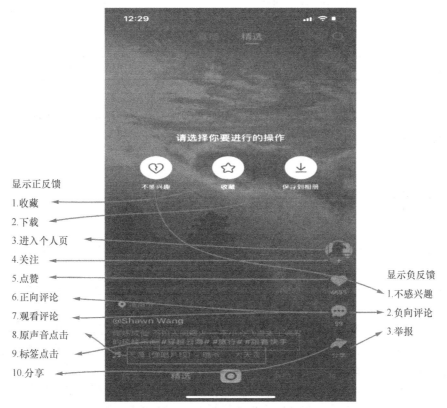

图 7-1　快手短视频推荐场景的排序目标

除了前面提到的引入多个排序目标可以提升整个生态收益，多个排序目标往往还能带来关键指标的提升，因为不同指标之间是有一定相关性的，比如关注、分享、点赞往往是正相关的，一个指标的提升，往往带来其他指标的同步提升。

虽然推荐系统的模型结构都是可以复用的，但是不同业务场景的优化目标往往有显著差异。例如电商推荐场景优化的主要目标是 CVR，而视频推荐场景优化的主要目标是播放时长。表 7-1 总结了不同场景的主要优化目标。

表 7-1　精排和重排的区别

| 场景 | 典型应用（或功能模块） | 主要优化目标 | 其他优化目标 |
| --- | --- | --- | --- |
| 文章、资讯类推荐 | 微信看一看、今日头条、360 快资讯、微博、知乎等 | CTR | 用户留存率、关注、分享、点赞、收藏 |
| 短视频推荐 | 抖音、快手 | 播放时长 | 用户留存、CTR、有效播放、播放完成率、关注、点赞、分享、收藏、下载 |
| 长视频推荐 | YouTube、奈飞、爱奇艺、腾讯视频、优酷 | 播放时长 | CTR、播放完成率、分享、下载、收藏 |
| 电商推荐 | 亚马逊、淘宝、天猫、京东、拼多多 | CVR | CTR、互动率、停留时长、成交量 |
| 个性化音乐推荐 | 网易云音乐、QQ 音乐、咪咕音乐 | CTR | 播放时长、播放完成率、收藏、下载 |
| 社交网络 | Facebook、微信 | 推荐物品的 CTR | 互动率、成交量 |
| 基于位置的服务 | 美团、饿了么、大众点评 | CTR | 下单率、分享、关注、评论 |

从表 7-1 可以看出，推荐系统中不同业务场景的优化目标差异很大。但是无论是哪个业务场景，一般都不只考虑单一优化目标。正是因为每个场景都会考虑多个业务指标，因此多目标排序算法在推荐场景得以广泛应用。

# 7.2　多目标排序模型的演化关系

图 7-2 所示为多目标排序模型的演化关系，本章将它作为学习多目标排序模型的索引。读者可以基于此图了解多目标排序模型的框架和关系脉络。

根据图 7-2 所示的多目标排序模型的演化关系可知，推荐系统中的多目标排序模型主要由以下两个部分组成。

（1）以 MMOE 为代表的多门控混合专家系统。这类模型主要用于解决不相关目标联合学习效果不佳的问题。传统的多目标模型采用共享底层参数结构（即底层特征共享）的方式，这种多目标学习共享结构的一大特点是目标之间都比较相似，而对于目标差异比较大的场景，这种多目标学习往往会在提升某一个目标效果的同时，导致其他目标效果降低。针对不相关目标联合训练的问题，谷歌在 2018 年提出了混合专家系统 MOE 的改进版本——MMOE，腾讯在 2020 年也提出了针对 MMOE 的改进版本——PLE。

（2）目标序列依赖关系建模。这类模型主要是通过目标之间的依赖关系建模，解决样本选择偏差（sample selection bias，SSB）和数据稀疏性（data sparsity，DS）问题。例如，阿里巴巴提出的 ESMM 通过建模曝光→点击→转化，解决 CVR 目标样本选择偏差和数据稀疏性问题。为了进一步解决 CVR 目标数据稀疏性问题，阿里巴巴又提出了改进版的 ESM$^2$ 模型。此外，阿里巴巴在 2019 年提出了另外一个模型 DBMTL，使用贝叶斯网络建模目标之间的依赖关系，比 ESMM 更加通用。

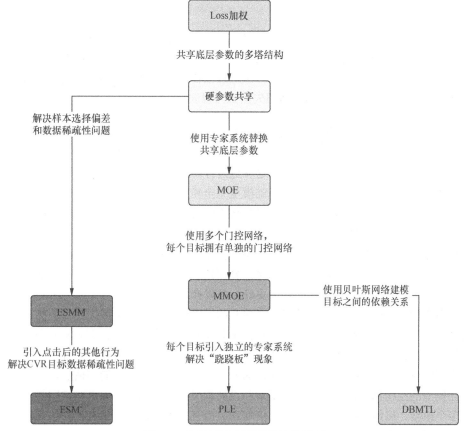

图 7-2　多目标排序模型的演化关系

　　读者应该已经从上面的描述中总结出了多目标排序模型的演化关系。为了解决不同目标之间联合学习的不兼容问题，谷歌提出了 MMOE，为每个目标设计单独的门控网络，从而学习不同的专家系统组合模式，模型可以更容易地捕捉到目标之间的差异。在此基础上，腾讯提出的 PLE 模型进一步解耦不同目标之间的参数，为每个目标设计单独的参数（专家系统），进一步降低不相关目标之间的相互影响。而为了解决稀疏目标的训练问题以及线上线下样本选择偏差问题，阿里巴巴先后提出了 ESMM、ESM$^2$ 以及通用架构 DBMTL，用于建模目标之间的依赖关系。

　　除了前面提到的有关多目标模型结构的设计问题，多目标排序的另外一个重要问题是融合多个目标之间的损失值。本章主要从人工经验融合、非确定性加权损失（uncertainty to weight loss，UWL）融合和最近提出的帕累托融合 3 个方面介绍具体的实现。

　　本章接下来将按照图 7-2 所示的演化关系，详细介绍每个模型的细节，并介绍有关多目标融合优化的相关内容。

# 7.3   通过样本权重进行多目标优化

同时优化多个目标的简单方法就是样本加权。如果主目标是 CTR，分享是正反馈目标，那么点击和分享都是正样本，分享的样本可以设置更高的样本权重。为了达到对样本加权的目的，一种方法是对样本进行重采样，另外一种更简单的方法是直接在损失函数中增加一个权重系数。例如，主目标是 CTR，分享是需要加权的目标，则损失函数可以表示如下。

$$L = -\frac{1}{n}\sum_{i=1}^{n} w_i \times y_i \times \log(p_i) + w_i \times (1-y_i) \times \log(1-p_i) \qquad (7-1)$$

公式（7-1）中，如果 $y_i = 0$，则 $w_i = 1$。这种通过样本权重进行多目标优化的方法训练起来很简单，仅在训练时乘以样本权重，上线时和基础模型完全相同，不需要额外开销。但是这种方法的缺点也很明显，其本质上并不是多目标建模，只是将不同的目标转化为同一个目标，样本的加权权重需要根据线上 AB 测试才能确定。

除了通过样本加权进行多目标优化，刚开始做多目标排序的时候，还有一种直接的方法，就是针对每个目标都单独训练一个模型，单独部署一套预估服务，然后将多个目标的预估值融合后进行排序。这种方法比直接进行样本加权的效果更好，可以在各个指标之间达到一个平衡。其具体做法为：假如有多个优化目标，每个目标都用一个独立的模型优化，可以根据优化目标的不同，采用不同的损失函数。例如，在视频推荐场景中，我们用分类模型优化 CTR，用回归模型优化停留时长。不同的模型得到预估值之后，通过一个函数将多个目标融合在一起，如直接通过加权和，给不同的目标分配不同的权重。图 7-3 所示的方法通过加权和融合多个独立模型的预估值，这种方法的优点是每个独立模型的结构都可以复用，只需要单独设计损失函数；但是缺点也非常明显，线上预估时需要请求多个模型，离线训练的计算开销成倍增长，而且多个模型之间相互独立，目标之间无法共享信息，不能用各自训练的部分作为先验。

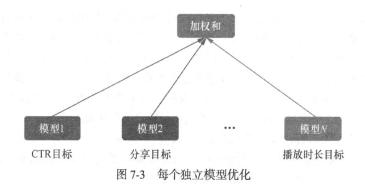

图 7-3   每个独立模型优化

既然多个独立模型无法共享信息，那么可不可以通过一个模型优化多个目标，既能共享信息，计算开销也不用显著增长？接下来将介绍工业界主流的多目标排序模型如何通过端到端的方式优化多个目标。

# 7.4 多目标排序模型

7.3 节介绍了通过样本加权来达到同时优化多个目标，例如在推荐场景中需要同时考虑用户的 CTR 和关注率，就对关注的样本进行加权。但这种样本加权的方式有明显的缺点，它需要不断地进行 AB 实验以调整样本权重。而另一种通过独立模型优化每个目标的方式会显著增加模型的训练开销，而且无法利用目标之间的共享信息来辅助目标学习。

为了解决上面的问题，工业界一般都采用底层参数共享、顶层独立结构的架构。通过顶层模型结构的设计，当不同的学习目标较为相关时，多目标学习可以通过目标之间的信息共享来提升学习的效率，典型的应用包括共享底层（shared-bottom）参数的多塔结构。

共享底层模型可以很好地利用不同目标之间的共享信息。但通常情况下，目标之间的相关性不强，有时候甚至是冲突的，此时应用共享底层可能带来负迁移现象。也就是说，相关性不强的目标之间的信息共享会影响模型的效果。为了解决负迁移现象，谷歌先后提出了 MOE 和 MMOE 模型，将共享底层网络替换成 MOE 层，使得模型能够捕捉到不同目标之间的差异性。而在 MMOE 的基础上，腾讯针对多目标学习普遍存在的"跷跷板"现象（提升一部分目标效果的同时，牺牲其余部分目标的效果），提出了 PLE 模型。

除了面临负迁移问题，不同目标之间的样本空间可能差异很大。例如，在电商推荐场景，CTR 目标的样本空间是全展现样本，而 CVR 目标的样本空间是点击样本，这导致 CVR 目标的样本非常稀疏。为了解决这个问题，阿里巴巴先后提出了 ESMM 和 $ESM^2$ 模型，通过目标之间的依赖关系建模，使得所有目标在全展现样本空间学习。

## 7.4.1 共享底层参数的多塔结构

在谷歌的 MMOE 模型被提出来之前，工业界的多目标排序模型主要采用的是共享底层参数的多塔结构：一个模型对所有目标进行排序，底层参数完全共享，只是不同目标的输出层参数不一样。共享底层参数的多塔结构如图 7-4 所示。

在图 7-4 中，塔（tower）表示目标独有的参数，可以是全连接层，也可以是任意复杂的结构。共享网络通常位于底部，表示为函数 $f$，多个目标共用这一层。往上，$k$ 个目标分别对应一个塔，表示为 $h^k$，最终每个目标的输出表示如下。

$$y_k = h^k \left( f\left( x \right) \right) \tag{7-2}$$

这种方法最大的优点是目标越多，单目标越不可能过拟合。底层参数共享，互相补充学习，目标相关性越高，模型的损失值可以降到越低。

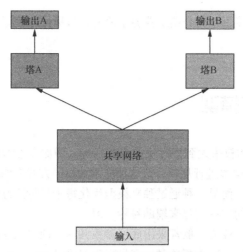

图 7-4　共享底层参数的多塔结构

比如在图 7-5 所示的例子中，假如目标 A 是对狗分类，目标 B 是对猫分类，采用共享底层参数的方式往往可以达到更好的效果。因为同时进行猫和狗的分类，底层的共享参数可以学到有关毛发、眼睛、耳朵的一些共同模式。

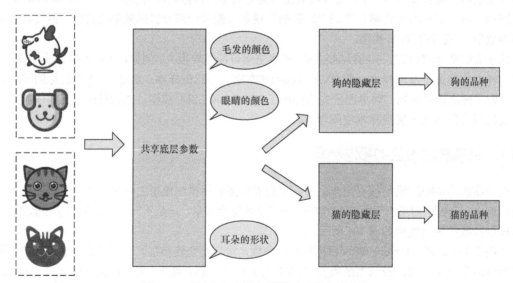

图 7-5　采用共享底层参数同时对猫和狗分类

如图 7-5 所示，相关目标使用共享底层参数取得了不错的效果。但是这种方法的缺点是强制共享底层参数很难适合所有场景，尤其是当目标相关性不高时。例如，我们的目标是实现一个对狗分类的算法，同时对汽车进行分类，共享底层参数往往使两个目标都学不好，如图 7-6 所示。

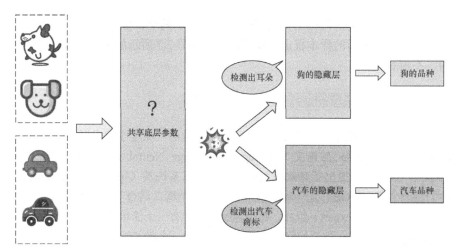

图 7-6　共享底层参数同时对狗和汽车分类

在图 7-6 所示的例子中，很难找到狗和汽车之间的共同特征，强制共享底层参数会导致两个目标效果都变差。

虽然共享底层参数存在一些问题，但这不妨碍它成为一种非常经典、效果还不错的方法，业界最开始使用多目标排序时一般都把这个方法作为基础模型。美团在 2018 年曾将这种方法应用于美团 App 首页的"猜你喜欢"场景，知乎也在推荐页部署了该模型。美团"猜你喜欢"场景使用的共享底层参数多目标模型如图 7-7 所示。

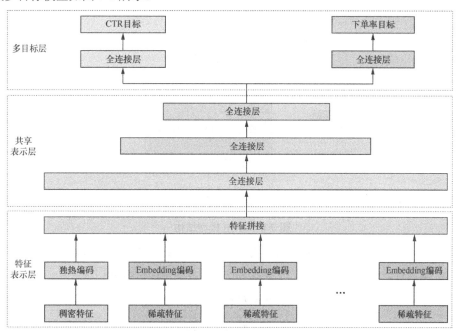

图 7-7　将共享底层参数应用于美团"猜你喜欢"场景

如图 7-7 所示，美团优化的目标主要是 CTR 和下单率，两个目标共享底层参数，各自的目标使用独立的全连接层。与 7.3 节的样本权重加权相比，使用图 7-7 所示的模型结构，线上 CTR 提升了 1.23%，取得了不错的效果。

## 7.4.2　MOE——替换共享底层参数的门控网络

早在 2017 年，谷歌大脑团队的两位科学家，大名鼎鼎的"深度学习之父"——Geoffrey Hinton 和谷歌首席架构师 Jeff Dean 在论文"Outrageously Large Neural Networks: The Sparsely-Gated Mixture-of Experts Layer"中提出了稀疏门控制的混合专家系统层（sparsely-gated mixture-of experts layer），其中的混合专家（MOE）是一种特殊的神经网络结构，结合了专家系统和集成思想。

MOE 由许多专家系统（expert）组成，每个专家系统都有一个简单的前馈神经网络和一个可训练的门控网络（gating network）。该门控网络选择专家系统的一个稀疏组合来处理每个输入，它可以实现自动分配参数来捕捉多个目标可共享的信息或者某个目标特定的信息，而无须为每个目标添加复杂的网络结构，而且网络的所有部分都可以通过反向传播一起训练。MOE 模型结构如图 7-8 所示。

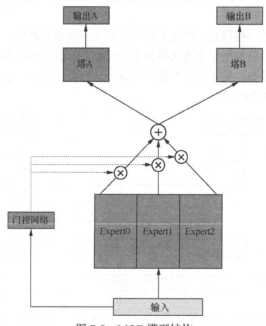

图 7-8　MOE 模型结构

如图 7-8 所示，MOE 用一组专家系统组成的神经网络替换原来的共享参数部分，每一个专家系统都是由一个前馈神经网络和一个门控网络组成的。MOE 的输出表示如下。

$$y_k = h^k\left(f^k(\boldsymbol{x})\right)$$

$$f^k(\boldsymbol{x}) = \sum_{i=1}^{n} g(\boldsymbol{x})_i f_i(\boldsymbol{x}) \tag{7-3}$$

其中，$y_k$ 是第 $k$ 个目标的输出，$f_i$ 是专家系统，即图 7-8 中的 Expert0、Expert1 和 Expert2，$g$ 是门控网络，表示如下。

$$g(x) = \text{softmax}(\boldsymbol{W}_g \boldsymbol{x}) \tag{7-4}$$

从公式（7-3）和公式（7-4）可以看出，$g$ 产生 $n$ 个专家系统的概率分布，最终输出的是所有专家系统的概率加权和。

可以把 MOE 看成多个独立模型的集成方法。在实际应用中，MOE 可以作为一个基本的组成单元，也可以将多个 MOE 结构堆叠在一起。比如一个 MOE 的输出可以作为下一层 MOE 的输入。MOE 的优点可以总结为以下两点。

（1）实现一种多专家系统集成的效果。MOE 的思想是训练多个神经网络（即多个专家系统），每个专家系统通过门控网络被指定应用于数据集的不同部分，最后通过门控网络将多个专家系统的结果进行组合。单个模型往往善于处理一部分数据，不擅长处理另外一部分数据，而多专家系统可以很好地处理这个问题。

（2）额外计算开销小，能显著提升模型性能。神经网络的表达能力受其参数数量的限制，MOE 网络只增加很小的计算开销就可以显著提升模型性能。

### 7.4.3 MMOE——改进 MOE 的多门混合专家系统

2018 年谷歌在论文"Modeling Task Relationships in Multi-task Learning with Multi-gate Mixture-of-Experts"中提出了 MOE 的改进版——多门控混合专家系统（multi-gate mixture-of-experts，MMOE）。MMOE 在 MOE 的基础上，使用了多个门控网络，即 $k$ 个目标对应 $k$ 个门控网络。MMOE 模型结构如图 7-9 所示。

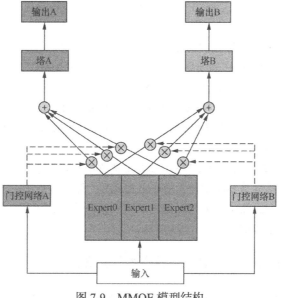

图 7-9　MMOE 模型结构

从图 7-9 可以看出，MMOE 对于目标 A 和目标 B 使用了独立的门控网络，保证了目标的独立性。MMOE 的输出如下。

$$y_k = h^k \left( f^k \left( \boldsymbol{x} \right) \right)$$

$$f^k \left( \boldsymbol{x} \right) = \sum_{i=1}^{n} g^k \left( \boldsymbol{x} \right)_i f_i \left( \boldsymbol{x} \right) \tag{7-5}$$

$$g^k \left( \boldsymbol{x} \right) = \text{softmax}(\boldsymbol{W}_g^k \boldsymbol{x})$$

公式（7-5）与公式（7-3）、公式（7-4）的不同之处在于每个目标使用了独立的门控参数 $g^k$。MMOE 是对 MOE 的改进，相对于 MOE 的结构中所有目标共享一个门控网络，MMOE 的结构优化为每个目标都使用一个独立的门控网络。这样的改进可以针对不同目标得到不同的专家系统权重，从而实现对专家系统的选择性利用，不同目标对应的门控网络可以学习到不同的专家系统组合模式，因此模型更容易捕捉到不同目标间的相关性和差异性。在实际的应用中，MMOE 比 MOE 的应用更广泛，效果也更好。谷歌 MMOE 论文中的实验结果表明，目标的相关性越高，模型的损失值可以降到越低，同时 MMOE 的效果显著优于 MOE 和 Shared-Bottom。图 7-10 对比了 MMOE、MOE 和 Shared-Bottom 的效果，其中 OMOE 表示 MOE。

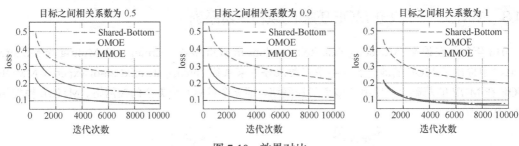

图 7-10　效果对比

从图 7-10 可以看出，随着目标之间的相关性降低，MMOE 的效果相比 MOE 越来越显著。而随着目标之间的相关性降低，MMOE 的效果没有明显下降，表明 MMOE 具有很强的稳定性。

由于 MMOE 良好的性能，在 2019 年的 RecSys 会议上，谷歌发表了一篇 MMOE 的应用文章，"Recommending What Video to Watch Next: A Multitask Ranking System"，并将其应用于 YouTube 的大规模视频推荐中，同时优化 CTR 和播放时长等多个目标。由于很多目标之间不一定是高度相关的，甚至有很多目标之间是冲突的，比如我们不仅希望用户观看，还希望用户能给出高评价并分享。对于存在潜在冲突的多目标，YouTube 通过 MMOE 的结构来解决，即通过门控机制选择性地获取信息。在真实场景中的另外一个挑战是系统中经常有一些隐形的"偏见"，比如用户是因为视频排序靠前而点击观看，而非真的喜欢。这篇论文中同时提出了有关消除类似偏见的方法，这部分属于推荐系统公平性问题，将在第 8 章中详细介绍。

### 7.4.4　PLE——改进 MMOE 解决"跷跷板"现象

7.4.2 节和 7.4.3 节已经介绍了 MOE 和 MMOE 模型，它们可以很好地用于多目标排序。谷歌提出的 MMOE 主要是用于解决多目标排序中的"跷跷板"现象。"跷跷板"现象主要是指在多目标学习中，往往能提升一部分目标的效果，但会牺牲另外一部分目标的效果。即使通过 MMOE 这种方式减轻负迁移现象，"跷跷板"现象仍然是广泛存在的。

### 1. PLE 提出背景

PLE 的提出主要是为了进一步解决多目标排序的"跷跷板"现象。图 7-11 展示了多目标排序中的"跷跷板"现象（数据来自腾讯公司的公开数据）。

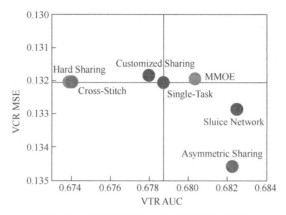

图 7-11　多目标排序中的"跷跷板"现象

在图 7-11 对应的模型中，同时优化 VCR 和 VTR 两个目标。其中：VCR 表示视频完成度，假设 10 分钟的视频被用户观看了 5 分钟，则 VCR = 0.5，这是一个回归问题，以 MSE 作为评估指标；VTR 表示此次观看是否为有效观看，即用户观看时长是否在给定的阈值之上，这是一个二分类问题，以 AUC 作为评估指标。可以看到，几乎所有的模型都是在一个目标上表现优于单目标模型，而在另一个目标上表现差于单目标模型，这就是所谓的"跷跷板"现象。MMOE 尽管已经做了一定改进，在 VTR 目标上取得了不错的收益，但在 VCR 上的收益接近于 0。MMOE 主要存在以下两方面的问题。

（1）MMOE 中所有的专家系统是被所有目标共享的，导致无法捕捉到目标之间更复杂的关系，从而给部分目标带来一定的噪声。

（2）不同的专家系统之间没有交互，联合优化的效果有所折扣。

针对 MMOE 的问题，在 2020 年的 RecSys 会议上，腾讯发表了一篇关于 MMOE 的改进论文"Progressive Layered Extraction: A Novel Multi-Task Learning (MTL) Model for Personalized Recommendations"，该论文获得了 RecSys 2020 最佳长论文奖。论文中提出了 MMOE 的改进模型——PLE，可用于解决多目标学习的"跷跷板"现象。

### 2. PLE 简化版——CGC 模型结构

针对 MMOE 的第一个问题，腾讯提出了自定义门控（customized gate control，CGC）网络模型，它可以看作 PLE 的简化版本。CGC 中的每个目标有独立的专家系统，同时保留了 MMOE 中共享的专家系统，CGC 网络模型结构如图 7-12 所示。

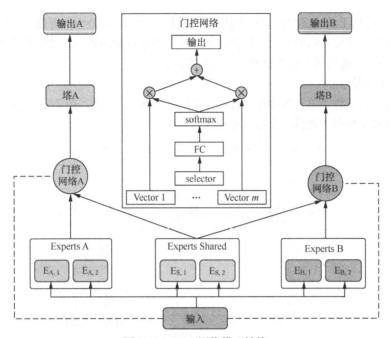

图 7-12　CGC 网络模型结构

在图 7-12 中，Experts A 和 Experts B 是目标 A 和目标 B 各自的专家系统，中间的 Experts Shared 是共享的专家系统。图中的 selector 表示不同目标选择哪些专家系统。对于目标 A，selector 选择 Experts A 和 Experts Shared。而对于目标 B，selector 选择 Experts B 和 Experts Shared。这样既保留了 MMOE 的共享部分，又能保证目标之间的独立性。目标 $k$ 的输出可以表示如下。

$$y_k = h^k\left(f^k\left(\boldsymbol{x}\right)\right)$$

$$f^k\left(\boldsymbol{x}\right) = \sum_{i=1}^{n} g^k\left(\boldsymbol{x}\right)_i S_i^k\left(\boldsymbol{x}\right) \tag{7-6}$$

$$g^k\left(\boldsymbol{x}\right) = \text{softmax}(\boldsymbol{W}_g^k \boldsymbol{x})$$

其中，$\boldsymbol{W}_g^k \in \mathbb{R}^{(m_k+m_s)\times d}$ 为目标 $k$ 的门控网络权重，$m_k$ 和 $m_s$ 分别是目标 $k$ 独有的专家系统个数以及共享的专家系统个数，$d$ 是输入维度。$S^k$ 由共享的专家系统和目标 $k$ 的专家系统组成，可以表示如下。

$$S^k\left(\boldsymbol{x}\right) = [\text{E}_{k,1}^{\text{T}}, \text{E}_{k,2}^{\text{T}}, \cdots, \text{E}_{k,m_k}^{\text{T}}, \text{E}_{s,1}^{\text{T}}, \text{E}_{s,2}^{\text{T}}, \cdots, \text{E}_{s,m_s}^{\text{T}}] \tag{7-7}$$

比如按图 7-12 所示的结构，对于目标 A，$S^k$ 可以表示为[$\text{E}_{A,1}$, $\text{E}_{A,2}$, $\text{E}_{S,1}$, $\text{E}_{S,2}$]。CGC 可以看作 Customized Sharing 和 MMOE 的结合版。每个目标有共享的专家系统和独有的专家系统。

### 3．PLE 模型结构

针对 MMOE 的第二个问题，腾讯提出了递进分层提取（progressive layered extraction，PLE）网络模型，模型结构如图 7-13 所示。

PLE 在 CGC 的基础上，考虑了不同的专家系统之间的交互，可以看作 Customized Shaing 和

ML-MMOE 的结合版本。在下层模块，增加了多层提取网络（extraction network），在每一层，共享专家系统不断吸收各自独有的专家系统之间的信息，而目标独有的专家系统则从共享专家系统中吸收有用的信息。每一层的计算过程和 CGC 类似。PLE 中第 $k$ 个目标第 $j$ 层的输出表示如下。

$$f^{k,j}(\boldsymbol{x}) = \sum_{i=1}^{n} g^{k,j}(f^{k,j-1}(\boldsymbol{x}))_i S_i^{k,j} \tag{7-8}$$

公式（7-8）中的 $S^{k,j}$ 包含两部分，表示如下。

$$S^{k,j}(\boldsymbol{x}) = [\mathrm{E}_{k,1}^{\mathrm{T}}(f^{k,j-1}), \cdots, \mathrm{E}_{k,m}^{\mathrm{T}}(f^{k,j-1}), \mathrm{E}_{s,1}^{\mathrm{T}}(f_s^{j-1}), \cdots, \mathrm{E}_{s,m}^{\mathrm{T}}(f_s^{j-1})]^{\mathrm{T}} \tag{7-9}$$

其中，$\mathrm{E}_{k,1}^{\mathrm{T}}(f^{k,j-1})$ 表示第 $j$ 层目标 $k$ 独有的专家系统的输入为 $f^{k,j-1}$，而 $\mathrm{E}_{s,1}^{\mathrm{T}}(f_s^{j-1})$ 表示第 $j$ 层共享的专家系统的输入为 $f_s^{j-1}$，$f_s^{j-1}$ 表示第 $j-1$ 层共享部分的门控网络，这部分门控网络的输入包含所有的专家系统，可以表示如下。

$$f_s^j(\boldsymbol{x}) = \sum_{i=1}^{n} g_s^j(f_s^{j-1}(\boldsymbol{x}))_i S_{all}^j \tag{7-10}$$

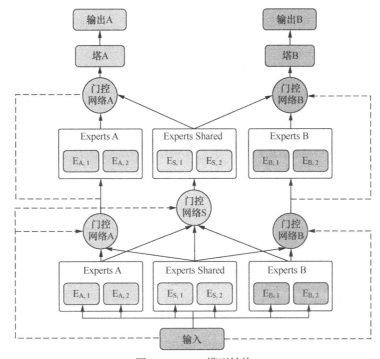

图 7-13　PLE 模型结构

公式（7-10）中的 $S_{\mathrm{all}}$ 就是所有的专家系统。最后 PLE 每个目标的输出表示如下。

$$y^k(\boldsymbol{x}) = h^k(f^{k,N}(\boldsymbol{x})) \tag{7-11}$$

PLE 的多层结构能够更好地吸收各目标独有的专家系统信息,而且能够获取共享专家系统信息。有了 PLE 的模型结构,接下来介绍腾讯是如何训练 PLE 模型的。

### 4. PLE 训练优化

传统的多目标的损失是各目标损失的加权和,表示如下。

$$L(\theta_1, \cdots, \theta_K, \theta_s) = \sum_{k=1}^{K} w_k L_k(\theta_k, \theta_s) \tag{7-12}$$

而在腾讯视频场景中,不同目标的样本空间是不一样的。比如在计算视频的完成度(VCR)时,必须有视频点击行为才行。不同目标的训练空间如图 7-14 所示。

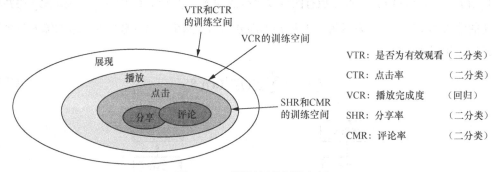

图 7-14　不同目标的训练空间

为了解决图 7-14 中不同目标的训练空间不一致的问题,腾讯在目标损失上做了优化,不同目标只使用自己样本空间的样本,损失函数表示如下。

$$L_k(\theta_k, \theta_s) = \frac{1}{\sum_i \delta_k^i} \sum_i \delta_k^i \mathrm{loss}_k(\hat{y}_k^i(\theta_k, \theta_s), y_k^i) \tag{7-13}$$

其中, $\delta_k^i$ 取值为 0 或 1,表示第 $i$ 个样本是否属于第 $k$ 个目标的样本空间。

其次是不同目标之间权重的优化。关于多目标的权重设置,最常见的是人工设置,这需要通过不断的尝试来探索最优的权重组合。腾讯在 PLE 中也是采用人工设置权重的方式,不过在不同的训练轮次,权重会改变。在训练的每一轮,权重的计算方式如下所示。

$$w_k^t = w_{k,0} \gamma_k^t \tag{7-14}$$

公式(7-14)中所有的参数均为人工设定的超参数。

### 5. PLE 实验结果对比

为了验证 PLE 是否真实有效,腾讯的工程师们做了大量的实验对比,包括离线实验和线上 AB 实验。表 7-2 所示为 PLE 在 VTR 和 VCR 目标上的表现,可以看出,与单目标相比,PLE 在两个目标上都有提升,虽然 MMOE 在 VTR 上有提升,但是在 VCR 目标上有所下降。表 7-3 所示为 PLE 在 CTR 和 VCR 目标上的表现,和表 7-2 结论相似,PLE 都取得了最好的效果,而 MMOE 在两个目标上都没有明显提升。表 7-3 所示为线上 AB 实验结果,可以看出共享底层参数的多塔模型会导致观看次数和用户观看时长都有所下降，而 MMOE 和 PLE 都会提升两个指标，其中 PLE 的提升最明显。

结合表 7-2～表 7-4 所示的结果，可以看到，无论是离线实验还是线上 AB 实验，PLE 均取得了最佳的效果。

表 7-2　PLE 在 VTR 和 VCR 目标上的表现

| 模型 | AUC VTR | MSE VCR | VTR 提升 | VCR 提升 |
| --- | --- | --- | --- | --- |
| Single-Task | 0.6787 | 0.1321 | — | — |
| Shared-Bottom | 0.6740 | 0.1320 | −0.47% | +1.8E−5 |
| MMOE | 0.6803 | 0.1319 | +0.16% | −0.0009 |
| CGC | **0.6832** | 0.1320 | **+0.45%** | +3.5E−5 |
| **PLE** | **0.6831** | **0.1307** | **+0.44%** | **+0.0013** |

表 7-3　PLE 在 CTR 和 VCR 目标上的表现

| 模型 | AUC CTR | MSE VCR | CTR 提升 | VCR 提升 |
| --- | --- | --- | --- | --- |
| Single-Task | 0.7379 | 0.1179 | — | — |
| MMOE | 0.7382 | 0.1175 | +0.03% | +0.0004 |
| CGC | 0.7398 | 0.1155 | +0.20% | +0.0023 |
| **PLE** | **0.7406** | **0.1150** | **+0.27%** | **+0.0029** |

表 7-4　PLE 线上 AB 实验结果

| 模型 | 总的观看次数 | 总的用户观看时长 |
| --- | --- | --- |
| Single-Task | — | — |
| Shared-Bottom | −1.65% | −1.79% |
| MMOE | +1.94% | +1.73% |
| CGC | +3.92% | +2.75% |
| **PLE** | **+4.17%** | **+3.57%** |

由于 CTR、VCR、VTR 这 3 个目标有一定的相关性，因此为了验证 PLE 在不同相关性上的效果，腾讯的工程师设计了不同的数据集，保证每个数据集上不同目标的相关性从高到低排列。对比了 Shared-Bottom、MMOE 和 PLE 的结果，如图 7-15 所示（见文前彩插）。

可以看到，无论目标之间的相关性如何，PLE 都取得了最优的效果。即使在相关系数只有 0.2 的目标上，PLE 在两个目标上依然有所提升，而 MMOE 只在目标 1 上有所提升，在目标 2 上呈现负向效果。

在图 7-15 中，相对于 MMOE 和 Shared-Bottom，PLE 取得了最优的效果。MMOE 的效果主要在两个目标相关系数比较高的情况下，当相关系数为 0.75 时，MMOE 在两个目标上都取得了正向收益，而当相关系数小于 0.5 时，MMOE 往往只能提升一个目标，并带来另一个目标的下降。虽然 MMOE 效果不及 PLE，但是还是要优于完全共享底层参数的 Shared-Bottom。比较有意思的是，当两个目标相关系数为 1，也就是完全正相关时，PLE 仍然能取得收益，这部分的收益应该主要是因为 PLE 保留了 MMOE 多专家系统集成的思路，而且 PLE 是多层 CGC 的结构，相比 MMOE 模型参数更多，表达能力更强；MMOE 在目标 1 上是正向收益，但是在目标 2 上是负向收益。图 7-15（f）显示了不同相关系数的汇总效果，可以明显看到 PLE 优于 MMOE 和 Shared-Bottom。

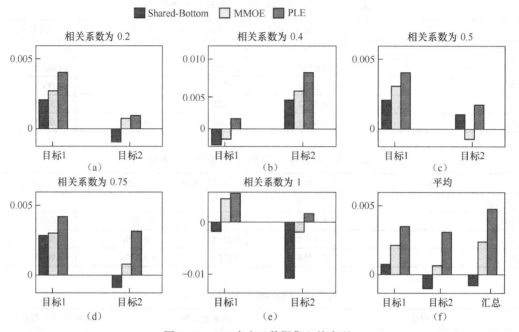

图 7-15　PLE 在人工数据集上的表现

为了对比 MMOE 和 PLE 不同专家系统的输出均值，从而比较不同模型的专家系统利用率，腾讯的工程师设置了不同的对比实验，希望通过分析专家系统利用率来解释 PLE 取得最优效果的原因。为了方便比较，将 MMOE 的专家系统个数设置为 3，而 PLE 和 CGC 中每个目标独有的专家系统个数为 1，共享的专家系统个数为 1。这样不同模型都有 3 个专家系统。实验结果如图 7-16 所示（见文前彩插），图 7-16（a）和图 7-16（c）很好理解，反映了不同目标对专家系统的利用率，图 7-16（b）的 S1、S2、S3 分别表示第一层到第三层共享专家系统输出对专家系统的利用率，可以看到只有第一层和后面两层利用率差异明显，而 VTR 和 VCR 两个目标对于专家系统的利用率差异很小。反观图 7-16（d），VTR,1 和 VTR,2 有明显差异，反映了层与层之间的利用率不一样，而 VTR,1 和 VCR,1 差异更明显，反映了不同目标对于专家系统的利用率有明显差异。

总结图 7-16 的信息，可以得知无论是 MMOE 还是 ML-MMOE，不同目标在 3 个专家系统上的权重都是接近的，这其实更接近于一种硬参数共享（hard parameter sharing）的方式。但对 CGC 和 PLE 来说，不同目标在共享专家系统上的权重是有较大差异的，针对不同的目标，PLE 能够有效利用共享专家系统和独有专家系统的信息，这也解释了为什么 PLE 能够达到比 MMOE 更好的训练效果。

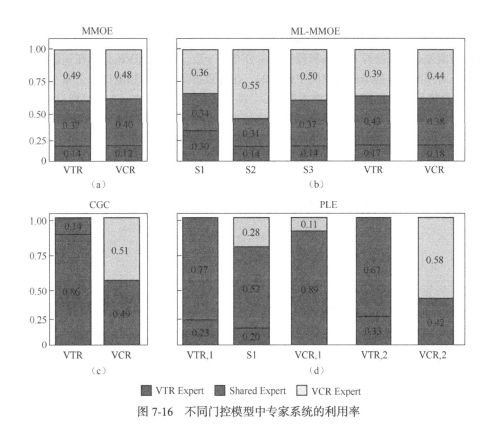

图 7-16　不同门控模型中专家系统的利用率

## 7.4.5　ESMM——根据目标依赖关系建模

7.4.4 节介绍了 PLE 可以很好地根据不同目标之间的相互关系建模，即使目标低相关，也能达到很好的效果。但是，不同目标之间可能有显式的某种依赖关系，我们可以直接用模型结构来刻画。PLE 只是通过模型隐式地学习这种关系，效果肯定不如直接利用显式的依赖关系好。为了显示建模目标之间的依赖关系，在 2018 年的 SIGIR 会议上，阿里巴巴在论文 "Entire Space Multi-Task Model: An Effective Approach for Estimating Post-Click Conversion Rate" 中提出了 ESMM。本节接下来将介绍 ESMM 如何根据目标之间的依赖关系显示建模。

### 1. ESMM 提出背景

在正式提出 ESMM 之前，阿里巴巴的算法工程师发现，推荐系统中的不同目标之间通常存在一种序列依赖关系。例如，电商推荐场景中的多目标预估经常是 CTR 和 CVR，其中转化这个行为只有在点击发生后才会发生。这种序列依赖关系其实可以用来提升目标的优化效果，同时可用来解决一些目标预估中存在的样本选择偏差和数据稀疏性问题。基于此，阿里巴巴提出了 ESMM 来解决这些问题。在具体介绍 ESMM 结构之前，先介绍什么是样本选择偏差，以及什么是数据稀疏性问题。

### 2．样本选择偏差以及数据稀疏性问题

样本选择偏差是指训练样本分布和预测样本分布不一致。例如，CVR 目标在训练时只能利用点击后的样本，而预测是在整个样本空间中进行的，这导致训练样本和预测样本分布不一致，即样本选择偏差。而数据稀疏性是指训练的样本数很少，模型难以收敛。例如，CVR 目标只使用点击样本，但是点击样本只占整个样本空间的很小比例（比如电商推荐的点击样本占比不到 10%），即数据稀疏性问题。图 7-17 展示了 CVR 目标的样本选择偏差和数据稀疏性问题。

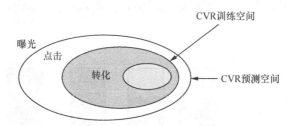

图 7-17　CVR 目标的样本选择偏差和数据稀疏性问题

### 3．ESMM 对目标序列依赖关系建模

ESMM 把样本空间分成了 3 部分——从曝光到点击再到转化的三步行为序列，并引入了浏览转化率 pCTCVR 的概念。正常作为 CVR 目标的时候，默认只在点击的样本空间进行训练，且认为曝光、点击并转化了才是正样本，曝光、点击并未转化则是负样本。如果按照这种做法，样本全空间只有点击的样本，而没有考虑到未点击的样本。ESMM 论文就提出了把曝光点击、曝光不点击以及点击后是否转化这些所有的样本都考虑进来，提出了三步行为序列公式，使用 $x$ 表示曝光，$y$ 表示点击，$z$ 表示转化，则序列公式表示如下。

$$\underbrace{P(z=1,y=1\,|\,x)}_{\text{pCTCVR}}=\underbrace{P(y=1\,|\,x)}_{\text{pCTR}}\times\underbrace{P(z=1\,|\,y=1,x)}_{\text{pCVR}} \tag{7-15}$$

通过公式（7-15），我们可以得出 CVR 的计算公式，表示如下。

$$P(z=1\,|\,y=1,x)=\frac{P(z=1,y=1\,|\,x)}{P(y=1\,|\,x)} \tag{7-16}$$

有了公式（7-16），我们便可以通过分别估计 pCTCVR 和 pCTR，然后将两者相除来得到 pCVR。而 pCTCVR 和 pCTR 都可以在全样本空间进行训练和预估，很好地解决了样本选择偏差和数据稀疏性问题。但是这种除法在实际使用中会引入新的问题：由于 pCTR 是一个很小的值，因此预估时会出现 pCVCTR > pCTR 的情况，导致 pCVR 值大于 1。ESMM 巧妙地通过将除法改成乘法来解决这个问题，引入了 pCTR 和 pCVCTR 两个辅助目标，训练时的损失值为两者相加的值。损失函数表示如下。

$$\begin{aligned}L(\theta_{\text{cvr}},\theta_{\text{ctr}})=&\sum_{i=1}^{N}l\big(y_i,f(x_i;\theta_{\text{ctr}})\big)+\\&\sum_{i=1}^{N}l\big(y_i\,\&\,z_i,f(x_i;\theta_{\text{ctr}})\times f(x_i;\theta_{\text{cvr}})\big)\end{aligned} \tag{7-17}$$

公式(7-17)等号右边的 $l\left(y_i, f\left(x_i; \theta_{\mathrm{ctr}}\right)\right)$ 是 pCTR 目标的损失函数，$l\left(y_i \& z_i, f\left(x_i; \theta_{\mathrm{ctr}}\right) \times f\left(x_i; \theta_{\mathrm{cvr}}\right)\right)$ 是 pCTCVR 的损失函数，可以看出 ESMM 并没有直接使用 pCVR 的损失函数，而 pCTR 和 pCTCVR 都在整个样本空间中，损失函数最终求解出来的就是 pCVR 的参数和 pCTR 的参数。有了损失函数的定义，ESMM 的模型结构如图 7-18 所示。

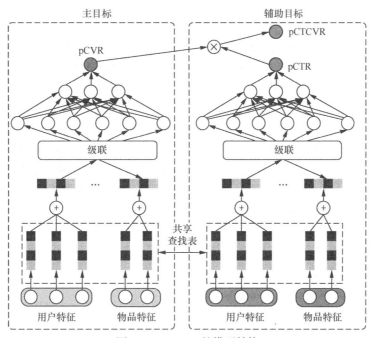

图 7-18　ESMM 的模型结构

从图 7-18 可以看出，ESMM 是双塔结构，它们是共享底层 Embedding 的，只是上层结构不一样，一个用来预测 CVR，可以在全样本空间上进行训练；另一个用来预测 CTR，CTR 是一个辅助目标。最后的 pCTCVR 可以在全样本空间上进行训练。ESMM 是一个双塔、双目标的模式，可以在全样本空间上进行训练，这样训练的好处是可以解决两个问题。

（1）样本选择偏差问题。CVR 是在点击的基础上进行训练的，训练集只有点击样本，实际数据可能有曝光点击和曝光未点击的数据，我们往往忽略了曝光未点击样本，这样就造成了样本选择偏差，即训练集和实际数据分布不一致的情况。

（2）数据稀疏性问题。因为现在的 ESMM 结构是在全样本空间上进行训练，不是只在点击的样本上进行训练，所以样本增长很多，所有样本都可以辅助更新 CVR 网络中的 Embedding，这样 Embedding 向量就会训练得更加充分。

ESMM 是一种较为通用的利用目标序列依赖关系建模的方法，除此之外，阿里巴巴后续提出的 ESM[2] 模型以及 DBMTL 模型都属于目标序列依赖关系建模这一模式。7.4.6 节和 7.4.7 节会具体介绍这两个模型。

需要强调的是，ESMM 和前面的 MMOE 和 PLE 模型是可以兼容的，只需要把 MLP 层换成 MMOE 或者 PLE，这样既保留了 PLE 对不相关目标建模的能力，又保留了 ESMM 利用目标序列依赖关系建模的优点，而且解决了样本选择偏差和数据稀疏性问题。

### 7.4.6 ESM²——改进 ESMM 解决数据稀疏性问题

阿里巴巴在提出了 ESMM 之后，继续深挖目标之间的依赖关系，优化样本选择偏差和数据稀疏性问题解决方案，于 2020 年提出了 ESMM 的演化版本——ESM²。模型的应用场景和 ESMM 完全一致，其创新在于引入了额外的辅助目标，进一步解决了数据稀疏性问题。下面对 ESM² 的主要思路和辅助目标的设计进行详细介绍。

#### 1. ESM² 提出背景

ESM² 可以看作 ESMM 的升级版。ESMM 中的两个子网络，分别是主任务（main task）用于预估 CVR 值，辅助任务（auxiliary task）用于预估 CTR 值。两个网络共享 Embedding 部分。损失值分为两部分，一是 CTR 预估带来的损失值，二是 pCTCVR（pCTR×pCVR）带来的损失值。CTCVR 是从曝光到购买，CTR 是从曝光到点击，所有 CTR 和 CTCVR 都可以从整个曝光样本空间进行训练，在一定程度上消除了样本选择偏差。

但对 CVR 预估来说，ESMM 仍然面临一定的数据稀疏性问题，因为从点击到购买的样本非常少。但是，其实用户在购买某个商品之前往往会有一些其他的行为，比如将商品加入购物车，或者加入心愿单，如图 7-19 所示。

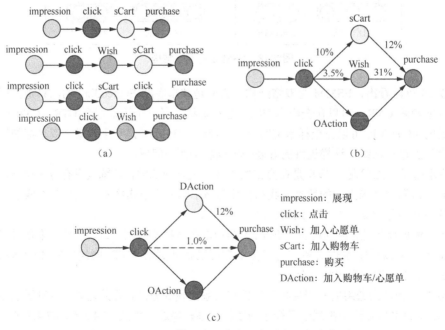

图 7-19 ESMM 模型中用户在电商平台的行为序列

图 7-19（a）展示了用户从曝光到购买的具体过程，比如 impression→click→sCart→purchase。图 7-19（b）展示了图 7-19（a）的简化过程，数字表示不同路径的数据稀疏性。比如点击后加入购物车的样本比例占 10%，点击后加入心愿单的样本比例占 3.5%。图 7-19（c）展示了从点击到购买的样本比例占 1.0%，其中包含点击到加入购物车/心愿单。

图 7-19 中把加入购物车/心愿单的行为称为 DAction，表示购买目的很明确的一类行为。而其他与购买相关性不大的行为称为 Other Action（后文简称 OAction）。此时原来的 impression→click→purchase 过程就变成了 impression→click→DAction/OAction→purchase 过程。有了新的购买过程，CVR 目标的数据稀疏性问题可以得到进一步的缓解。

## 2．ESM$^2$ 结构

有了新定义的 impression→click→DAction/OAction→purchase 过程，ESM$^2$ 模型的结构可以设计成图 7-20 所示的形式。

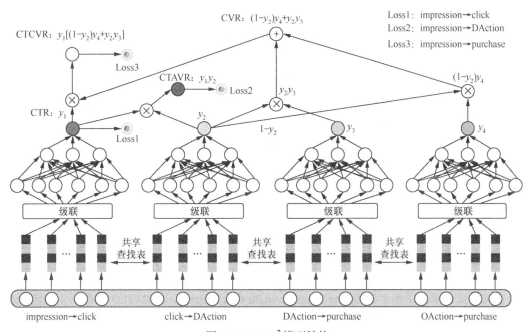

图 7-20　ESM$^2$ 模型结构

从图 7-20 可以看出，ESM$^2$ 一共有 4 个网络，分别输出的是：$y_1$ 表示 CTR、$y_2$ 表示 click 到 DAction 的概率、$y_3$ 表示 DAction 到 purchase 的概率、$y_4$ 表示 OAction 到 purchase 的概率。并且从图 7-20 可以看出，模型一共有 3 个损失值，3 个损失值的预估值分别表示如下。

- Loss1：预估值是 pCTR，impression→click 的概率，是第一个网络的输出。
- Loss2：预估值是 pCTAVR = $y_1 y_2$，impression→click→DAction 的概率，由前两个网络的输出结果相乘得到。
- Loss3：预估值是 pCTCVR，impression→click→DAction/OAction→purchase 的概率，pCTCVR

= CTR×CVR = $y_1[(1-y_2)y_4 + y_2y_3]$，由 4 个网络的输出共同得到。其中 CVR = $(1-y_2)y_4 + y_2y_3$ 是我们需要的最终预估值。

有了上面 3 个损失值的预估值，最后通过 3 个 logloss（对数似然损失）运算分别计算 3 个部分的损失，最终损失由 3 个部分的损失加权得到。

前面提到，$ESM^2$ 主要解决了 ESMM 中从点击到购买的数据非常稀疏的问题。从图 7-19 可以看出，ESMM 中 click→purchase 的样本占全空间的 1.0%。而 $ESM^2$ 中 click→DAction 的样本占比为 13.5%，DAction→purchase 的样本占比为 5.8%，OAction→purchase 的样本占比为 49%，可见在引入 DAction/OAction 后，模型的数据稀疏性问题得到了很大的缓解。

**3. $ESM^2$ 实验效果**

为了验证 $ESM^2$ 的效果，阿里巴巴的工程师对比了 DNN、ESMM 等模型，实验结果如表 7-5 所示。

表 7-5 $ESM^2$ 实验效果

| 模型 | AUC（CVR） | AUC（CTCVR） |
| --- | --- | --- |
| DNN | 0.7823 | 0.8059 |
| ESMM | 0.8398 | 0.8161 |
| **$ESM^2$** | **0.8486** | **0.8371** |

从表 7-5 可以看出，$ESM^2$ 取得了不错的实验效果，在 CVR 目标和 CTCVR 目标上都取得了最优。

事实上，除了解决数据稀疏性问题带来的收益，$ESM^2$ 本质上也引入了更多的用户行为信息，丰富了用户的行为表达，和第 5 章精排模型 MIMN、SIM 的收益异曲同工，都丰富了用户的行为序列，更好地表达了用户的兴趣。

## 7.4.7 DBMTL——用贝叶斯网络对目标依赖关系建模

前面讲的 ESMM 和 $ESM^2$ 虽然考虑了目标之间的序列依赖，但是更多的是为了解决样本选择偏差和数据稀疏性问题，并没有严格考虑目标之间的时序因果性。为了更深入地对目标之间的依赖关系建模，阿里巴巴于 2019 年在论文 "Deep Bayesian Multi-Target Learning for Recommender Systems" 中提出了深度贝叶斯多任务学习（deep Bayesian multi-task learning，DBMTL）模型。本节接下来对 DBMTL 的主要思路和目标序列的建模方法进行详细介绍。

**1. DMBTL 提出背景**

7.4.5 节讲到，ESMM 中引入了额外的目标，即浏览后的转化率 pCTCVR。pCTCVR 和 CTR 目标、CVR 目标相关，ESMM 直接通过乘法公式建立三者之间的序列关系。但是很多时候，目标之间并没有直接的乘法关系，而且目标之间直接相乘，很有可能导致一个目标的训练对另外一个目标产生很大的影响。为了更好地对目标之间的依赖关系建模，阿里巴巴提出了 DBMTL，使用贝叶斯网络对目标的依赖关系建模，下面会重点介绍贝叶斯网络的结构。

**2. DMBTL 模型结构**

假设一共有 3 个目标满足依赖关系，则 DBMT 模型结构如图 7-21 所示。图 7-21 中的 3 个目标满足的依赖关系如图 7-22 所示，目标 $t_3$ 依赖目标 $t_1$ 和 $t_2$，目标 $t_2$ 依赖目标 $t_1$。

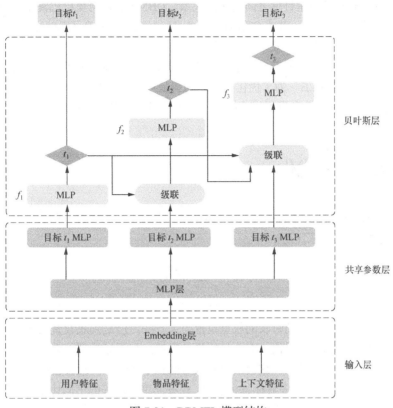

图 7-21 DBMTL 模型结构

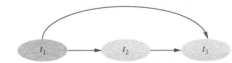

图 7-22 DBMTL 模型中目标之间的依赖关系

在图 7-21 中，最关键的部分是贝叶斯层，目标 $t_3$ 的输入是目标 $t_1$ 的输出、目标 $t_2$ 的输出以及自身输入的级联，目标 $t_2$ 的输入是目标 $t_1$ 的输出以及自身输入的级联。根据图 7-21 所示的贝叶斯层，最大化联合似然函数，表示如下。

$$\max \ P(t_1,t_2,t_3\,|\,x,H) = P(t_1,t_2,t_3\,|\,x,H) \times P(t_1,t_2\,|\,x,H)$$
$$= P(t_3\,|\,t_1,t_2,x,H) \times P(t_2\,|\,t_1,x,H) \times P(t_1\,|\,x,H) \tag{7-18}$$

根据公式（7-18），为了优化最小值，取负对数，可以得到如下损失函数。

$$-L(x,H) = w_1 \times \log\big(P(t_3\,|\,t_1,t_2,x,H)\big) +$$
$$w_2 \times \log\big(P(t_2\,|\,t_1,x,H)\big) + w_3 \times \log\big(P(t_1\,|\,x,H)\big) \tag{7-19}$$

可以看到，DBMTL 无论是模型结构还是损失函数都不复杂，但是它也是一种目标依赖直接建模的方法，借助贝叶斯原理构建目标之间的相互关系。DBMTL 在阿里巴巴淘宝直播上线后，CTR和人均时长都取得了明显的提升，其中 CTR 提升了 4.4%，人均时长提升了 5.0%，关注率提升了 2.9%，说明 DBMTL 是一个在工程实践中效果不错的模型。

到目前为止本章已经介绍了图 7-2 显示的主流多目标排序模型，为了优化负迁移现象，先后介绍了 MOE、MMOE 以及 PLE。为了优化目标之间的依赖关系，先后介绍了 ESMM、ESM² 以及DBMTL。接下来，本章将介绍多目标排序的另一个关键问题，多目标融合优化。

# 7.5　多目标融合优化

前文介绍的 MMOE、PLE、ESMM 等多目标模型，都通过人工设置不同目标之间的权重，最后加权和融合，表示如下。

$$L(\theta) = \sum_{i=1}^{K} w_i \mathcal{L}_i(\theta) \tag{7-20}$$

公式（7-20）中的 $w_i$ 是人工设置的。这样做的优点是简单直接，可以根据目标的重要程度进行设置，例如我们更关注时长，就把时长的权重设置得大一些。但是到底设置为多少合理，需要进行大量的实验，而且有些目标收敛得快，有些目标收敛得慢，都不好控制。大多数的多目标融合都是加权融合，当模型不断迭代的时候，这个固定系数可能就不适合了，经常会出现的问题是加权系数影响模型的迭代效率。具体而言，多目标怎么融合，业务侧重点发挥的空间比较大，例如只关注 CTR和分享率时，那么其他目标的权重自然可以设置得小一些。当然，业界也有一些多目标融合的方法论。本节主要介绍两种不同的融合方法，分别是剑桥大学提出的 UWL 模型，以及阿里巴巴提出的帕累托模型。

## 7.5.1　基于 UWL 联合概率分布的多目标融合

解决多目标学习问题的一个典型方法就是把所有的损失值放在一起优化，但是往往又需要设置不同的权重。传统方法中往往根据不同损失值的量级等人为分析来设置合理的权重，但是取得理想效果往往需要大量实验工作。为此，剑桥大学提出了一种使用非确定性自动学习权重的方法——UWL。

UWL 基于极大似然估计，假设 $f^W$ 为网络输出，$W$ 为网络参数，则对于回归目标，定义其输出的概率服从以 $f^W(x)$ 为均值的高斯分布，表示如下。

$$P(y \mid f^W(x)) = N(f^W(x), \sigma^2) \tag{7-21}$$

对于分类目标，其输出概率表示如下。

$$P(y \mid f^W(x)) = \mathrm{softmax}(f^W(x)) \tag{7-22}$$

对于多目标模型，联合似然函数表示如下。

$$P\left(y_1, y_2, \cdots, y_k \mid f^W(x)\right) = P\left(y_1 \mid f^W(x)\right) p\left(y_2 \mid f^W(x)\right), \cdots, p\left(y_k \mid f^W(x)\right) \tag{7-23}$$

对于回归目标，公式（7-21）转化为对数似然，表示如下。

$$\log\left(P\left(y \mid f^W(x)\right)\right) \propto -\frac{1}{2\sigma^2}\left\|y - f^W(x)\right\|^2 - \log\sigma \tag{7-24}$$

对于分类目标，公式（7-22）添加缩放因子，表示如下。

$$P\left(y \mid f^W(x)\right) = \text{softmax}\left(\frac{1}{\sigma^2} f^W(x)\right) \tag{7-25}$$

取公式（7-25）的对数似然，表示如下。

$$\log P\left(y = c \mid f^W(x), \sigma^2\right) = \frac{1}{\sigma^2} f_c^W(x) - \log\left(\sum_{c'} \exp\left(\frac{1}{\sigma^2} f_{c'}^W(x)\right)\right) \tag{7-26}$$

假设我们有两个目标，一个是分类目标，另一个是回归目标，则联合损失值可以表示如下。

$$\begin{aligned} \text{Loss} &= -\log\left(y_1, y_2 = c \mid f^W(x)\right) \\ &\approx \frac{1}{2\sigma_1^2} L_1(W) + \frac{1}{\sigma_2^2} L_2(W) + \log\sigma_1 + \log\sigma_2 \end{aligned} \tag{7-27}$$

接下来解释公式（7-27）是如何得到的，具体推导如下所示。

$$\begin{aligned} \text{Loss} &= -\log\left(y_1, y_2 = c \mid f^W(x)\right) \\ &= -\log N\left(y_1; f^W(x), \sigma_1^2\right) \cdot \text{softmax}\left(y_2 = c; f^W(x), \sigma_2\right) \\ &= \frac{1}{2\sigma_1^2}\left\|y - f^W(x)\right\|^2 + \log\sigma_1 - \log P\left(y_2 = c \mid f^W(x), \sigma_2\right) \\ &= \frac{1}{2\sigma_1^2} L_1(W) + \frac{1}{\sigma_2^2} L_2(W) + \log\sigma_1 + \log\frac{\sum_{c'} \exp\left(\frac{1}{\sigma_2^2} f_{c'}^W(x)\right)}{\left(\sum_{c'} \exp\left(\frac{1}{\sigma_2^2} f_{c'}^W(x)\right)\right)^{\frac{1}{\sigma_2^2}}} \\ &\approx \frac{1}{2\sigma_1^2} L_1(W) + \frac{1}{\sigma_2^2} L_2(W) + \log\sigma_1 + \log\sigma_2 \end{aligned} \tag{7-28}$$

有了公式（7-27），模型便可以自动学习目标之间的权重，其中 $\sigma_1$ 和 $\sigma_2$ 是可学习的参数。图 7-23 展示了使用 UWL 融合 CTR 分类目标和衍生率回归目标对应的权重大小，可以看出衍生率目标损失值权重要小于 CTR 目标损失值权重，这主要是因为衍生率损失值远远大于二分类的损失值。此外，图 7-23 还展示了两者之间的权重是动态调整的，这也是 UWL 自动学习目标权重的体现。

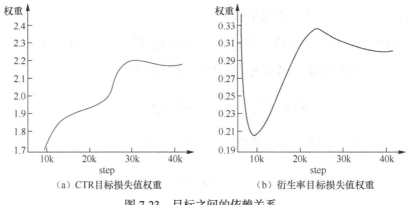

（a）CTR目标损失值权重　　　　（b）衍生率目标损失值权重

图 7-23　目标之间的依赖关系

随着迭代次数的增加，CTR 和衍生率的权重均趋于稳定，收敛在一个合理的范围内。

## 7.5.2　帕累托多目标融合

在介绍帕累托多目标融合之前，先解释一下什么是帕累托。在多目标优化中，如果一个解被认为是两个目标的最优解，那么意味着其中一个目标在不伤害另一个目标的情况下很难进一步改进。这种最优性在多目标优化中得到了广泛的认可，被称为帕累托最优性。

在帕累托最优性的情况下，只有当解 A 在所有目标上都优于解 B 时，解 A 才被认为优于解 B。帕累托最优性的目标是在不受其他目标支配的情况下找到最优解。基于此，阿里巴巴在 RecSys 2019 的会议上发表了论文 "A Pareto-Efficient Algorithm for Multiple Objective Optimization in E-Commerce Recommendation"，提出了通过帕累托最优解来自动学习不同目标的权重，每次模型参数更新后，寻找满足帕累托最优解的目标权值。

**1. 如何建立帕累托最优解的优化目标**

为了求解多目标的帕累托最优解，我们考虑模型参数的 KKT 条件，表示如下。

$$\sum_{k=1}^{K} w_i = 1, \ \exists w_i \geqslant c_i, \ i \in \{1, \cdots, K\} \ \text{且} \ \sum_{i=1}^{K} w_i \nabla_\theta L_i(\theta) = 0 \tag{7-29}$$

将公式（7-29）转化为下面的优化问题。

$$\min \left\| \sum_{i=1}^{K} w_i \nabla_\theta L_i(\theta) \right\|_2^2$$
$$\text{s·t·} \sum_{k=1}^{K} w_i = 1, \ w_i \geqslant c_i, \ i \in \{1, \cdots, K\} \tag{7-30}$$

有了公式（7-30）所示的帕累托最优解优化目标，每次使用梯度下降法更新完模型参数后，求解上面的优化问题，找出最优的目标权值，依次重复这个过程，直到模型最后收敛。

### 2. 如何求帕累托最优解

公式（7-30）定义了帕累托最优的目标函数，但是如何求解仍然是一个复杂的问题。最简单的方法是穷举，但是这样做非常耗时，而且求解出的精度也会有问题。这里只给出两个目标的求解公式，更多目标的求解方法，读者可以参考论文原文。

对于两个目标，记 $x_1 = \nabla_\theta L_1(\theta)$，$x_2 = \nabla_\theta L_2(\theta)$，帕累托问题表示如下。

$$\min_{w \in [0,1]} \left\| wx_1 + (1-w)x_2 \right\|_2^2 \tag{7-31}$$

考虑 3 种不同的情况，公式（7-31）的解表示如下。

$$w = \begin{cases} 1, & x_1^T x_2 \geqslant x_1^T x_1 \\ 0, & x_1^T x_2 \geqslant x_2^T x_2 \\ \dfrac{(x_2 - x_1)^T x_2}{\left\| x_1 - x_2 \right\|_2^2}, & \text{其他} \end{cases} \tag{7-32}$$

分析公式（7-32）可以发现，如果目标 1 的损失值特别小，即 $x_1 \to 0$，则最终很可能出现 $w$ 的值为 1 或为 0 的情况，因此帕累托不太适合用于单个目标损失值特别小的情况。

# 7.6 多目标模型训练方式

前文介绍了多目标的模型结构以及多目标的融合方式，接下来我们介绍本章的最后一部分内容：多目标的模型是如何训练的，它和单目标模型训练有什么区别。

多目标的训练主要分为两种方式：一种方式是联合训练（joint training），使用一个优化算法优化所有的参数，大多数多目标模型都采用这种方式，比如 MOE、MMOE、PLE；另一种方式叫作交替训练（alternative training），不同目标使用不同的优化算法，分别更新自己的参数，比如 ESMM 可以采用这种训练方式。接下来介绍两种不同训练方式的特点以及它们分别适合哪些情况。

## 7.6.1 联合训练

联合训练是指使用一个优化算法优化所有参数，MOE、MMOE、PLE 等模型大多采用这种训练方式。这种训练方式的优点是不同目标之间的信息可以共享，能够辅助其他目标的学习，具有协同效应，适合目标之间有一定关联的情形。以 PLE 模型为例，我们将多个目标的损失值按照 UWL 或者帕累托融合为一个目标，然后使用梯度下降法，反向传播逐层更新模型参数。可以看到，联合训练和一般的单目标训练没有什么区别，只是损失函数的定义不同而已，本质上都是使用单个优化算法求解所有参数。但是对于那些没有关联甚至存在负相关性的目标，联合训练可能导致学习的效果不好，这在共享底层参数模型中最为明显。这时，选择交替训练可能效果会更好。下面介绍交替训练的原理。

### 7.6.2　交替训练

交替训练是指多个目标拥有各自的优化算法，每个优化算法只负责更新自己的网络参数，而共享的网络参数由其中的一个优化算法负责更新，一般是主目标优化算法更新共享参数。考虑同时优化 CTR 和 CVR，模型结构是 PLE，交替训练如图 7-24 所示。

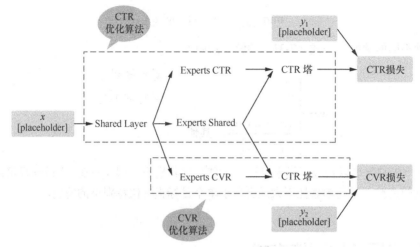

图 7-24　PLE 模型使用交替训练

从图 7-24 可以看出，交替训练定义了两个优化算法，CTR 优化算法负责更新所有共享的参数以及 CTR 塔的参数，CVR 优化算法只负责更新独有的专家系统和 CVR 塔的参数。

采用交替训练的好处是，在训练目标 CTR 时不会影响目标 CVR 的塔，同时训练目标 CVR 不会影响 CTR 的塔。这就避免了 CTR 目标的损失值降低到很小时，训练目标 CVR 影响目标 CTR，以及对学习率造成影响。

交替训练比较适合在不同的数据集上输出多个目标，多个目标不使用相同的特征的情况。以谷歌的 WDL 模型为例，Wide 部分和 Deep 部分用的特征不一样，使用的就是交替训练。Wide 部分用的是 FTRL 优化算法，Deep 部分用的是 AdaGrad 或者 Adam。

使用交替训练时，两个目标拥有各自的学习率等信息。如果存在有的损失值的返回值远小于其他损失值的情况，这种训练方式比较有优势。但是需要强调的是，如果 PLE 模型采用交替训练的方式，主目标的模型效果必然不会优于单目标模型，这是因为交替训练时不会有其他目标向主目标共享信息，必然不会带来模型效果的提升。

## 7.7　小结

本章系统地梳理了工业界主流的多目标排序模型的相关知识，从两条主线介绍多目标排序模型的演化之路。从解决多目标排序的负迁移现象出发，先后介绍了 MOE、MMOE、PLE 模型。从目标序列依赖关系建模、解决样本选择偏差和数据稀疏性问题出发，先后介绍了 ESMM、ESM²、DBMTL 模型。在此之后介绍了多目标融合优化的相关知识，包括 UWL 融合以及帕累托融合。最后介绍了两种多目标模型训练方式以及各自的适用场景。本节对多目标排序模型进行总结，如表 7-6 所示。

表 7-6　工业界主流多目标排序模型总结

| 模型名称 | 基本原理 | 特点 | 局限性 |
|---|---|---|---|
| 简单损失值加权 | 通过损失值加权改变样本权重，提升子目标的样本权重 | 可以实现快速上线 | 样本的权重需要根据 AB 实验确定 |
| Shared-Bottom | 所有目标共享底层参数，经过 MLP 后输出目标预估值 | 模型结构简单，浅层参数共享，互相补充学习，目标相关性越高，模型损失值越低 | 相关性不高的目标效果会变差 |
| MOE | 使用一组由专家系统组成的神经网络替换原来的共享参数部分 | 实现一种多专家系统集成的效果，额外计算开销小，显著提升模型效果 | 只有一个门控网络，解决不相关目标学习的效果有限 |
| MMOE | 在 MOE 的基础上，使用了多个门控网络，每个目标都有自己独有的门控网络 | 更容易捕捉到不同目标间的相关性和差异性 | 模型计算开销显著增加，未完全解决"跷跷板"现象 |
| PLE | 在 MMOE 的基础上，为每个目标设置单独的专家系统，采用多层 MMOE 的结构 | 能更好地解决多目标排序的"跷跷板"现象 | 不同目标间的损失值权重需要人工设置 |
| ESMM | 提出了三步行为序列公式，引入了额外的曝光后转化目标 | 解决了样本选择偏差和数据稀疏性问题 | 未完全解决数据稀疏性问题，点击后购买的行为依然稀疏 |
| ESM² | 在 ESMM 的基础上，引入了额外的辅助目标，进一步解决了数据稀疏性问题 | 进一步解决了 CVR 训练的数据稀疏性问题 | 目标之间强依赖，可能导致网络训练不稳定 |
| DBMTL | 通过贝叶斯网络对目标之间的依赖关系建模 | 提出了贝叶斯网络的通用范式，适合所有目标序列时序建模 | 依赖不强的目标之间效果不如预期 |

到目前为止，我们已经介绍了推荐系统中单目标模型和多目标模型的主要知识点。第 1～7 章尽可能为读者理清模型迭代的演化关系，这些知识对于构建推荐系统知识体系至关重要。第 8 章将从整个推荐系统的宏观角度，介绍业界推荐系统的前沿实践。

# 第 8 章 推荐系统的前沿实践

前面的章节主要介绍了推荐模型在系统的构建中发挥的作用，但它们并不是推荐系统的全部。事实上，推荐系统要解决的问题是综合性的，除了要解决 CTR 预估问题，还需要解决推荐的公平性问题、资源的冷启动问题、多场景融合问题，等等。其中的任何一个问题都会影响最终的推荐效果，这就要求我们从不同的角度审视推荐系统，从整体上思考问题。虽然面临很多问题，但是工业界有很多实践是可以借鉴的，本章将介绍工业界针对这些问题进行的前沿实践。

本章从 8 个不同角度介绍推荐系统的前沿实践，问题的解决方案选自阿里巴巴、谷歌、腾讯等大型互联网公司，具体包括以下应用。

（1）如何解决推荐系统中用户偏好、资源曝光偏置、位置偏置（position bias）等公平性问题？

（2）如何解决推荐系统中的多场景融合问题？有什么好的方法？

（3）如何解决推荐系统模型结构越来越复杂的问题？有什么好的压缩方法？

（4）推荐系统中冷启动问题的解决方法有哪些？

（5）推荐系统中的深度学习模型如何进行特征选择？

（6）如何解决推荐系统中的长尾问题？

（7）如何解决推荐系统中的样本不平衡问题？

（8）如何解决推荐系统中某些特征不收敛的问题？有什么好的预训练方法？

以上 8 个问题之间没有必然的逻辑关系，但它们都是推荐系统不可或缺的组成部分。这些问题的解决方法也覆盖了深度学习的各种前沿技术，如使用元学习解决资源的冷启动问题，使用知识蒸馏解决模型压缩问题，使用 BERT 预训练特征 Embedding。只有理解了这些问题，并且能够利用各种前沿技术解决这些问题，才能构建出功能全面、整体架构成熟的推荐系统。

推荐系统领域是各种前沿技术最大的应用领域之一，目前最前沿的研究成果大多来自工业界知名互联网公司的实践。2016 年谷歌首次把深度学习引入推荐系统，2018 年阿里巴巴提出使用知识蒸馏压缩深度学习模型，2019 年中国科学院（简称中科院）提出使用元学习解决资源的冷启动问题，同年腾讯基于 Look-alike 解决资源的长尾问题，谷歌单独对位置偏置建模来解决资源曝光的公平性问题，2021 年阿里巴巴公开其多场景融合深度学习模型，推荐系统迎来了各种前沿技术应用的浪潮。

本章将介绍各种前沿技术在推荐系统的应用，希望读者在之前的知识基础之上，关注业界前沿的技术细节，系统地掌握推荐系统的各种知识。

# 8.1　推荐系统的应用场景

本章将介绍推荐场景的各种实践，为了便于理解，本章以 360 公司的推荐场景为入口，介绍推荐系统的应用场景。360 公司的推荐场景主要在 PC 端，移动端的用户可能不太熟悉，图 8-1 展示了360 导航首页的两个主要推荐场景，分别是 cube 推荐和右侧流推荐。右侧流推荐是混合流推荐，主要包括视频推荐和图文推荐。

图 8-1　360 导航首页的 cube 推荐和右侧流推荐

除了图 8-1 所示的主要推荐场景，360 还包括很多其他子场景，比如导航 cube-火爆视频、360新闻订阅器、新标签页等。这些所有场景一天的点击量在 1 亿次以上，360 导航首页贡献了其中 70%以上的点击量。

360 导航推荐系统中主要的预估目标是 CTR，系统根据用户行为、视频/图文、上下文相关特征来预测 CTR 值。除了考虑 CTR 目标，由于曝光位置、用户群、资源热度等的差异，还需要考虑系统的各种公平性问题。由于还有很多其他子场景，因此在构建整个推荐系统时，还需要考虑多场景融合问题。

在具体的应用中，系统的各种偏差是影响整个推荐系统公平性最重要的一环。系统偏差包含曝光位置偏置、资源冷热偏置、人群分布偏置、时间偏置等多个不同内容。在工业界中，2020 年的 KDD Cup 比赛就专门设置消除偏置（debias）的题目 "KDD Cup 2020 Challenges for Modern E-Commerce Platform: Debiasing"，吸引了很多大型互联网公司的团队参加。

除了上面提到的公平性和多场景融合问题，推荐系统还面临冷启动、长尾分布等问题，本章接下来将介绍这些问题的解决方案和业界的前沿实践。

## 8.2　推荐系统的公平性问题

公平性问题是系统对用户偏好估计有偏以及曝光分配不公的统称。其中，用户偏好估计有偏是指预估值不能反映用户真实的喜好，例如模型按 CTR 排序，但是用户的真实喜好和实际曝光有很大关系，没有曝光的资源模型预估不准；曝光分配不公是指曝光量和真实用户偏好不匹配，例如由于排序策略的不公平，51% 的用户喜欢资源 A，49% 的用户喜欢资源 B，最后 Top-10 都是 A。造成公平性问题的主要原因是系统中的各种偏差，包括曝光位置偏置、资源热度偏置、人群分布偏置等。而对于曝光位置带来的偏差，SIGIR 2020 最佳论文提出了通过公平性策略消除偏置，YouTube 和华为都提出了相关的消除偏置模型。对于人群分布的偏置，在 360 推荐场景的实践中，主要通过语料采样和用户组偏置建模来消除。接下来介绍解决公平性问题的具体实践方法。

### 8.2.1　公平性策略——消除位置偏置和资源曝光偏置

为了消除推荐系统的位置偏置和曝光偏置，2020 年柏林工业大学和康奈尔大学的研究人员发表了论文 "Controlling Fairness and Bias in Dynamic Learning-to-Rank"，并获得了 2020 年 SIGIR 最佳论文奖。论文中涉及的符号较多，重要的符号如表 8-1 所示。

表 8–1　论文相关符号说明

| 符号 | 含义 | 符号 | 含义 |
| --- | --- | --- | --- |
| $d$ | 资源（如资讯推荐中的新闻、视频推荐中的视频） | $e_t(d)$ | 是否为真实有效曝光 |
| $R(d\mid x)$ | 用户偏好估计值 | $r_t(d)$ | 用户真实偏好 |
| $x_t$ | 用户信息 | $G_i$ | 类别 $i$ 的所有集合 |
| $\sigma_t(d)$ | 资源 $d$ 的排序位置 | $P_t(d)$ | 资源 $d$ 被真实曝光的概率 |
| $c_t(d)$ | 反馈信息（比如点击为 1，未点击为 0） | $\mathrm{Exp}_t(G_i)$ | 类别 $i$ 的平均曝光概率 |
| $\pi_t$ | 排序策略 | $\mathrm{Merit}_t(G_i)$ | 类别 $i$ 的平均用户偏好 |

**1. 公平性策略提出背景**

在推荐系统中，排序策略的更新方式如下。

$$\pi_{t+1} = \mathcal{A}\left((\boldsymbol{x}_1,\sigma_1,c_1),\cdots,(\boldsymbol{x}_t,\sigma_t,c_t)\right) \tag{8-1}$$

其中，$\boldsymbol{x}_t$表示用户信息，$\sigma_t$表示排序位置，$c_t$表示反馈信息（是否点击）。推荐系统的动态排序流程是根据排序策略$\pi_t$得到打分$\sigma_t$，然后获取用户反馈$c_t$，再根据反馈更新排序策略得到$\pi_{t+1}$。其中，$c_t$直接决定了下一次的排序结果$\sigma_{t+1}$。

给定用户信息$\boldsymbol{x}_t$，排序策略定义如下。

$$\pi(\boldsymbol{x}) = \underset{d \in D}{\mathrm{argsort}}\left[R(d \mid \boldsymbol{x})\right] \tag{8-2}$$

其中，$R(d \mid \boldsymbol{x})$表示用户偏好估计值。排序策略主要根据用户信息和收集的反馈信息进行排序，但问题是只有针对真实曝光过的资源反馈信息$c_t(d)$才有意义。用户反馈和用户真实偏好$r_t(d)$的关系可以表示如下。

$$c_t(d) = \begin{cases} r_t(d) & , e_t(d) = 1 \\ 0 & , 其他 \end{cases} \tag{8-3}$$

其中，$e_t(d)$表示资源是否被真实曝光。

在图8-2中，系统向用户展示了6条数据，但是用户实际只看到了前3条数据，因此只有前3条数据是真实曝光过的。由于曝光位置的偏置，因此用收集到的反馈$c_t(d)$来预估用户偏好存在以下两个问题。

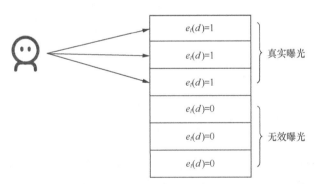

图8-2 真实曝光和无效曝光

（1）对于真实曝光$e_t(d)=1$，用户偏好$r_t(d)$可以有效获取，而对于没有真实曝光的资源，无法获取用户真实偏好。

（2）反馈值$c_t(d)=0$，有可能是因为曝光没点击，也有可能是因为没有曝光，或者因为曝光位置很靠后，不是真实曝光。

上面两个问题导致用户的真实喜好估计是有偏差的，柏林工业大学提出的方法要解决的第一个问题是如何准确地预估用户偏好。

除了上面的用户偏好估计有偏差，推荐系统面临的第二个问题是曝光分配不公平。比如在360导航的右侧流推荐中，一屏只曝光10条数据，由于排序策略的不公平性，如果51%的用户喜欢资源 A，49%的用户喜欢资源 B，最后出现的数据可能都是资源 A，但是实际资源 A 和资源 B 的用户偏好差别并不大。因此，柏林工业大学提出的方法要解决的第二个问题是如何为资源公平地分配曝光量。

在具体的实践中，柏林工业大学提出了量化用户偏好和资源曝光的公平性指标，并通过用户偏好的无偏估计来优化公平性目标。接下来我们介绍其中的技术细节，主要包括公平性定义、用户偏好的无偏估计、公平性动态控制、公平性策略应用到 CTR 预估场景。

### 2. 公平性定义

为了优化用户真实偏好以及合理分配曝光，柏林工业大学给出了公平性的定义。下面详细介绍整个量化的过程。

资源是否被曝光和排序得分、用户信息等有关，表示如下。

$$P_t(d) = P\big(e_t(d) = 1 \mid \sigma_t, \boldsymbol{x}_t, r_t\big) \tag{8-4}$$

选取和 DCG 中类似的衰减函数作为曝光概率的估计，表示如下。

$$P_t(d) = \frac{1}{\log_2\big(\mathrm{rank}\big(d \mid \sigma_t\big) + 1\big)} \tag{8-5}$$

对于资源 $d$ 的平均偏好，用 $R(d)$ 表示。对资源 $d$ 所属类别的偏好，可以用类中所有资源的平均偏好来表示。

$$Merit_t(G_i) = \frac{1}{|G_i|}\sum_{d \in G_i} R(d) \tag{8-6}$$

资源类别 $G_i$ 和资源类别 $G_j$ 的公平性差异可以表示如下。

$$D_\tau^E(G_i, G_j) = \frac{\frac{1}{\tau}\sum_{\tau=1}^{\tau} \mathrm{Exp}_t(G_i)}{\mathrm{Merit}_t(G_i)} - \frac{\frac{1}{\tau}\sum_{\tau=1}^{\tau} Exp_t(G_j)}{\mathrm{Merit}_t(G_j)} \tag{8-7}$$

公式（8-7）便是对公平性的定义，其描述的是单位偏好下的期望曝光尽可能接近，接下来介绍如何通过公平性策略，实现公平性差异趋于 0，从而提升整个系统的公平性。

### 3. 用户偏好的无偏估计

为了能够准确获取用户的真实偏好 $r_t(d)$，可以最小化估计值和真实值的差异，优化目标定义如下。

$$L^r(\boldsymbol{w}) = \sum_{t=1}^{\tau}\sum_d \big(r_t(d) - \widehat{R}^w(d \mid \boldsymbol{x}_t)\big)^2 \tag{8-8}$$

其中，$\boldsymbol{w}$ 是排序模型参数。如果能够获取真实的偏好 $r_t(d)$，那么通过最小化公式（8-8）来获取估计值。但是，实际上我们无法获取真实的 $r_t(d)$，只能通过收集到的反馈信息 $c_t(d)$ 来估计。为此可以设计一个新的优化目标，保证随着训练数据的增加，最后收敛到真实的目标。新的优化目标定义如下。

$$L^c(\boldsymbol{w}) = \sum_{t=1}^{\tau} \sum_d \widehat{R}^w(d \mid \boldsymbol{x}_t)^2 + \frac{c_t(d)}{P_t(d)}\left(c_t(d) - 2\widehat{R}^w(d \mid \boldsymbol{x}_t)\right) \tag{8-9}$$

可以证明，公式（8-9）是公式（8-8）的无偏估计，即满足下面的关系。

$$E_e\left[L^c(\boldsymbol{w})\right] = L^r(\boldsymbol{w}) \tag{8-10}$$

这样通过最小化公式（8-9），便可以得到一个接近真实偏好 $r_t(d)$ 的估计值。

同样，我们无法获取所有用户的平均偏好 $R(d)$，但是可以给出一个估计值，保证随着时间的叠加，最后收敛到真实的偏好 $R(d)$。

$$\widehat{R}^{IPS}(d) = \frac{1}{\tau}\sum_{t=1}^{\tau}\frac{c_t(d)}{P_t(d)} \tag{8-11}$$

公式（8-11）给出了 $R(d)$ 的一个无偏估计，即满足下面的关系。

$$E_e\left[\widehat{R}^{IPS}(d)\right] = R(d) \tag{8-12}$$

有了用户偏好 $R(d)$ 的估计值，我们便可以通过公式（8-7）计算不同资源类别的公平性差异。接下来介绍如何通过公平性动态控制，使系统整体公平性最优。

**4．公平性动态控制**

有了公平性的衡量以及用户偏好的无偏估计，就可以通过公平性动态控制来保证系统的公平性。衡量所有曝光资源公平性的指标表示如下。

$$\bar{D}_{\tau} = \frac{2}{m(m-1)}\sum_{i=1}^{m}\sum_{j=i+1}^{m}\left|D_{\tau}(G_i, G_j)\right| \tag{8-13}$$

公式（8-13）描述了资源两两之间的公平性差异，因此计算结果越小，系统越公平。公平性控制算法（公平性策略）定义如下。

$$\sigma_{\tau} = \underset{d \in \mathcal{D}}{\text{argsort}}\left[\widehat{R}(d \mid \boldsymbol{x}) + \lambda \text{err}_{\tau}(d)\right] \tag{8-14}$$

其中，err 满足以下关系。

$$\forall G \in \mathcal{G}, \forall g \in G : \text{err}_{\tau}(d) = (\tau-1)\cdot\max_{G_i}\left(\widehat{D}_{\tau-1}(G_i, G)\right) \tag{8-15}$$

随着时间的迭代，经过公式（8-14）和公式（8-15）的公平性控制，$\bar{D}_{\tau}$ 逐渐趋近于 0，最后实现优化系统公平性的目的。

前文介绍了通过公式（8-9）可以得到用户偏好的无偏估计，使得估计值尽可能接近用户真实偏好。细心的读者会发现，公式（8-9）的期望其实是真实偏好的 MSE 损失函数，因此主要适合用于回归场景。例如，电影评分预估就是回归问题，但是推荐系统主要是对是否点击进行预估，因此是二分类问题。柏林工业大学的论文并没有给出二分类问题用户偏好的无偏估计，下面我们结合对公式（8-9）的推导，给出 CTR 预估场景的用户偏好的无偏估计。

### 5. 公平性策略应用到 CTR 预估场景

在推荐系统的实际应用中，比如 360 导航右侧流的资讯推荐是一个典型的 CTR 预估场景，不能直接按公式（8-9）计算模型损失，需要重新设计。

在 CTR 预估场景中，二分类常用的交叉熵损失函数表示如下。

$$L^r(\boldsymbol{w}) = \sum_{t=1}^{\tau}\sum_d r_t(d)\log\left(\widehat{R}^{\boldsymbol{w}}(d\,|\,\boldsymbol{x}_t)\right) + \left(1-r_t(d)\right)\log\left(1-\widehat{R}^{\boldsymbol{w}}(d\,|\,\boldsymbol{x}_t)\right) \tag{8-16}$$

将公式（8-16）进行转化，得到公式（8-17）。

$$L^r(\boldsymbol{w}) = \sum_{t=1}^{\tau}\sum_d r_t(d)\left[\log\left(\widehat{R}^{\boldsymbol{w}}(d\,|\,\boldsymbol{x}_t)\right) - \log\left(1-\widehat{R}^{\boldsymbol{w}}(d\,|\,\boldsymbol{x}_t)\right)\right] + \log\left(1-\widehat{R}^{\boldsymbol{w}}(d\,|\,\boldsymbol{x}_t)\right) \tag{8-17}$$

公式（8-18）给出公式（8-17）的一个估计值。

$$L^r(\boldsymbol{w}) = \sum_{t=1}^{\tau}\sum_d \frac{c_t(d)}{p_t(d)}\left[\log\left(\widehat{R}^{\boldsymbol{w}}(d\,|\,\boldsymbol{x}_t)\right) - \log\left(1-\widehat{R}^{\boldsymbol{w}}(d\,|\,\boldsymbol{x}_t)\right)\right] + \log\left(1-\widehat{R}^{\boldsymbol{w}}(d\,|\,\boldsymbol{x}_t)\right) \tag{8-18}$$

可以证明公式（8-18）是公式（8-17）的无偏估计，因此可以通过最小化公式（8-18）得到用户真实偏好的估计值。

总结前面的内容，我们将公平策略应用于 CTR 预估场景，主要包含以下 3 个步骤。

（1）离线训练二分类模型，修改损失函数如公式（8-18）所示。

（2）离线计算公平性差异，计算方式参考公式（8-7）。

（3）线上修正模型预估得分 $R(d\,|\,\boldsymbol{x}) = \widehat{R}(d\,|\,\boldsymbol{x}) + \lambda\mathbf{err}_\tau(d)$。

为了验证上面公平性控制的效果，将其应用于 360 导航右侧流推荐，上线后头部数据的曝光量降低了 5%～10%，公平性偏离度的方差降低了 6.2%。通过公平性策略，系统的曝光分配变得更加合理，低 CTR 的头部数据受到打压。图 8-3 展示了各类资源曝光的变化。

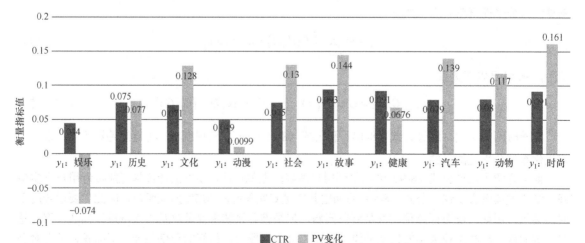

图 8-3　各类资源曝光的变化

## 8.2.2 YouTube 消除位置偏置实践

8.2.1 节介绍了推荐系统中影响公平性的主要偏差是用户偏好偏置以及曝光偏置，并提出带来曝光偏置的一个原因是模型预估。除了模型预估带来的曝光偏置，推荐系统中的展现位置偏置也是曝光偏置的重要原因。由于用户更倾向于和位置靠前的资源进行交互，因此位置靠后的资源 CTR 总是较低，导致总是排在后面的资源曝光量越来越少。图 8-4 所示为 360 导航首页中用户使用笔记本电脑进入页面。

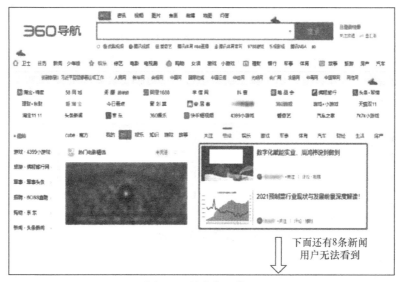

图 8-4　曝光位置偏置

从图 8-4 可以看到，右侧方框内只有两条新闻，实际上下面还有 8 条新闻，但是用户根本看不到，这就是位置偏置。位置偏置会导致系统收集到的反馈信息不准确，比如用户未点击可能是真的不喜欢，也有可能像图 8-4 所示场景一样没有看到。反馈信息不准必然会影响模型效果，使得一屏下面的资源预估不准，最终导致曝光偏置。

为了解决位置偏置，YouTube 在 2019 年发表了论文"Recommending What Video to Watch Next: A Multitask Ranking System"，提出了消除位置偏置的方法。YouTube 提出的消除偏置模型结构如图 8-5 所示。

如图 8-5 所示，在训练的时候，主模型的输出和位置偏置网络结构的输出求和后一起经过 sigmoid，输出最终的预估值，可以表示成如下形式。

$$y_{ctr} = sigmoid\left(logits_{ctr} + logits_{bias}\right) \tag{8-19}$$

在训练过程中，将浏览位置特征作为输入，设置 dropout 概率为 10%，避免过度依赖位置特征。线上服务时，位置特征设置为空。

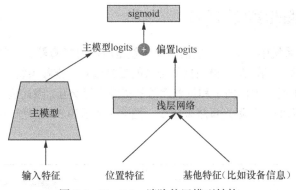

图 8-5　YouTube 消除偏置模型结构

　　YouTube 消除偏置的方法虽然简单，但是在很多场景都取得了不错的效果。除了可以用于解决位置偏置，YouTube 的方法还可以用于解决用户偏置、场景偏置等其他偏置，是一个通用的架构，具有很好的扩展性。

## 8.2.3　华为消除位置偏置实践——PAL 模型

　　针对位置偏置问题，华为诺亚方舟实验室在 2019 年也提出了相应的解决方案，在 RecSys 2019 年会议上发表了论文 "PAL:A Position-bias Aware Learning Framework for CTR Prediction in Live Recommender Systems"，提出了 PAL 模型。

　　PAL 模型假设用户点击广告的概率由下面两部分组成。

　　（1）广告被用户看到的概率。

　　（2）用户看到广告后点击的概率。

　　可以表示成如下形式。

$$P(y=1\,|\,x,\mathrm{pos}) = P(\mathrm{seen}\,|\,x,\mathrm{pos}) \cdot P(y=1\,|\,x,\mathrm{pos},\mathrm{seen}) \qquad (8\text{-}20)$$

进一步的假设如下。

　　（1）用户是否看到广告只和广告的位置有关。

　　（2）用户看到广告后，是否点击与广告的位置无关。

　　基于上面两个假设，公式（8-20）可以转化为如下形式。

$$P(y=1\,|\,x,\mathrm{pos}) = P(\mathrm{seen}\,|\,\mathrm{pos}) \cdot P(y=1\,|\,x,\mathrm{seen}) \qquad (8\text{-}21)$$

　　PAL 模型结构和 Base 模型结构如图 8-6 所示。

　　图 8-6（a）所示为 PAL 模型结构，图 8-6（b）所示为将偏置作为特征使用的 Base 模型结构。在 Base 模型结构中，离线训练将偏置作为特征使用，线上预测时直接将偏置置为空，或者使用一个默认值。

　　PAL 模型结构主要包含下面两个部分。

　　（1）ProbSeen：表示广告被用户看到的概率。

（2）pCTR：表示用户看到广告后，点击广告的概率。

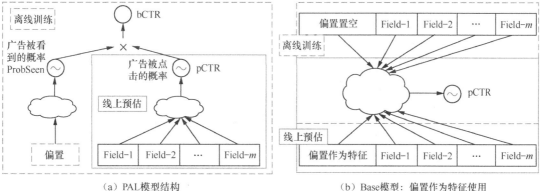

（a）PAL模型结构　　　　　　　　　（b）Base模型：偏置作为特征使用

图 8-6　PAL 模型结构和 Base 模型结构

PAL 模型在离线训练时，会使用 ProbSeen 和 pCTR 的乘积作为预估值，而在线上预估时，只使用 pCTR 作为预估值。离线训练的损失函数表示如下。

$$L\left(\theta_{\mathrm{ps}}, \theta_{\mathrm{pCTR}}\right) = \frac{1}{N}\sum_{i=1}^{N} l\left(y_i, \mathrm{bCTR}_i\right) = \frac{1}{N}\sum_{i=1}^{N} l\left(y_i, \mathrm{ProbSeen}_i \times \mathrm{pCTR}_i\right) \tag{8-22}$$

在实际的应用中，会发现 YouTube 消除偏置的方法比 PAL 模型效果更优。分析原因，可能是 PAL 模型的乘积方式在训练过程中，两个目标梯度回传时需要将另外一个目标的输出作为梯度的一部分考虑进去，两个目标相互影响，最终导致模型上线效果没有 YouTube 的加和方式（见公式（8-19））好。

## 8.2.4　360 消除用户组偏差实践——语料采样

在推荐场景中，为了给资源找到兴趣相投的用户，往往采用不同方式对用户进行分组，简单的分组方式包括基于地域或者基于活跃程度分组。但无论是哪一种分组方式，不同用户组都有明显差异。比如在 360 导航推荐场景中按用户活跃度分组，相同资源类型下，各组 CTR 有明显差异。不同用户组之间，各类资源偏好程度也明显不同。那么用户组导致的偏差会带来什么问题？

假如 a 资源、b 资源在用户组间投放分布不同，a 资源更多地投放在冷用户组上，导致收集的数据中 a 资源 CTR 明显偏低，a 资源则"看起来很差"，这样就导致预估不准，影响模型效果。此外，冷用户上投放的类别分布和活跃用户上投放的类别分布有明显差异，将语料放在一起训练模型，必然带来系统偏差。图 8-7 展示了冷用户组和活跃用户组上不同资源类型的曝光差异，可以看出两者有明显差异，冷用户组上娱乐数据曝光占比明显更高。

那么如何消除用户组带来的偏差？

由于偏差是由资源的"不公平竞争"导致的，因此在模型学习阶段必须考虑，在模型预测阶段必须消除。在 360 推荐系统的具体实践中，首先考虑直接从语料层面消除偏置。为此，需要重新设计一套实时性好、可重复采用的框架。

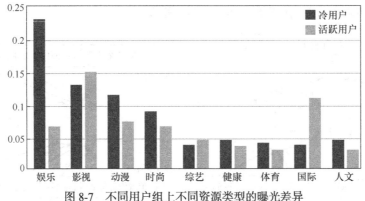

图 8-7　不同用户组上不同资源类型的曝光差异

在 360 导航右侧流推荐的实践中，之前的特征分为线上和线下两部分，一部分特征从线上带出，如上下文特征，另一部分从离线日志中抽取，如用户的历史点击信息。但是这样可能导致线上、线下特征不一致，为此我们重新设计了一套语料流程，所有特征从线上带出。此外，为了保证语料可回溯，方便实验不同的采样策略，线上不再对语料采样，所有语料全部带出，采样逻辑放在离线部分来完成。这样做可以保证即使当前采样策略有问题，还可以改变采样策略，重新生成训练语料。新的语料采样逻辑如图 8-8 所示。

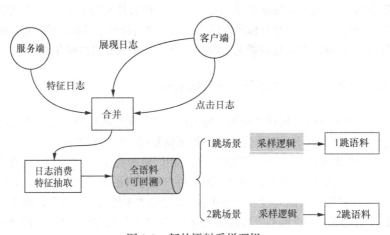

图 8-8　新的语料采样逻辑

将图 8-8 中的架构应用到 360 导航右侧混合流视频推荐场景。在具体的采样策略上，线上只保留 30 天内有视频点击行为的用户语料，线下采样时只保留 1 小时内 1 跳场景视频点击用户的样本。图 8-9 所示为语料采样后各用户组上各类资源的 CTR，可以发现在多数资源上，各用户组 CTR 差异并不大。

新的语料采样逻辑上线后，线上视频点击量提升了约 15%，语料消偏的方式效果显著。为什么保留 1 小时内有视频点击用户的样本可以实现用户层面的消偏呢？

| grp | 亲子 | 人文 | 健康 | 军事 | 动漫 | 动物 | 国内 | 国际 | 娱乐 |
|---|---|---|---|---|---|---|---|---|---|
| 1 | 0.253886 | 0.330685 | 0.311586 | 0.288211 | 0.226029 | 0.291189 | 0.347107 | 0.385897 | 0.347626 |
| 2 | 0.208746 | 0.27306 | 0.2485 | 0.256881 | 0.185497 | 0.249015 | 0.292475 | 0.344988 | 0.263174 |
| 3 | 0.225101 | 0.272293 | 0.253424 | 0.260208 | 0.155125 | 0.252291 | 0.28869 | 0.357752 | 0.253742 |
| 4 | 0.213025 | 0.272211 | 0.246129 | 0.265684 | 0.153599 | 0.244535 | 0.28699 | 0.347272 | 0.242858 |
| 5 | 0.215537 | 0.268141 | 0.244123 | 0.27632 | 0.142487 | 0.238675 | 0.268682 | 0.353255 | 0.230203 |
| 6 | 0.203489 | 0.254587 | 0.235855 | 0.278283 | 0.161121 | 0.221462 | 0.258303 | 0.341328 | 0.221726 |
| 7 | 0.193716 | 0.228918 | 0.220809 | 0.271874 | 0.160361 | 0.197797 | 0.247805 | 0.326947 | 0.18929 |

图 8-9　语料采样后各用户组上各类资源的 CTR

这是基于一种假设，即用户已经在观看视频就说明已经完成了用户的筛选，把永远不会看视频的那部分用户过滤掉了。在混合流场景中，用户对于不同资源类型是有偏好的，不是所有用户都是视频受众，新语料中相同时间段内视频用户数比老语料中减少了 60%。通过语料采样，我们把真正有效曝光的那部分用户行为语料筛选出来，达到了消除用户组偏差的目的。

简单的语料采样逻辑虽然能消除大部分的用户组偏差，但是要想消除场景偏置，需要对每个场景都单独做一份语料策略，而且每个场景上的策略可能大不相同。另外，采样策略本身很难保证达到最优效果，需要不断尝试策略，对一个新场景来说，成本很大，因为语料实验成本很高，而且简单策略难以消除众多偏置。为此，360 在具体实践中，尝试通过模型化的方式消除不同用户组带来的偏差，接下来介绍偏置建模消除用户组偏差的具体实践。

## 8.2.5　360 多场景融合实践——偏置建模消除用户组偏差

在 360 偏置建模消除用户组偏差的实践中，主要参考了图 8-5 所示的模型结构，区别是偏置侧新加入了用户组特征，具体的模型结构如图 8-10 所示。

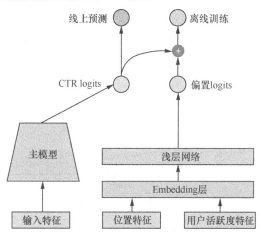

图 8-10　偏置建模消除用户组偏差的模型结构

在图 8-10 中，左侧是主模型结构，右侧的偏置网络加入了用户组特征（按用户活跃度特征分组）。离线训练时，将 CTR logits 和偏置 logits 输出求和后进行 sigmoid 运算，得到最终预估值。线上预估时，只使用左侧的 CTR logits 输出。模型上线后，各个用户组上的点击量和 CTR 变化如图 8-11 所示。

| usr_group | exp_pv | exp_clk | exp_ctr | base_pv | base_clk | base_ctr | ctr_lift | clk_lift |
|---|---|---|---|---|---|---|---|---|
| a | 3621852 | 2047 | 0.000565 | 3579647 | 1664 | 0.000465 | 21.58% | 23.02% |
| b | 1095300 | 3144 | 0.00287 | 1076611 | 2830 | 0.002629 | 9.20% | 11.10% |
| c | 494764 | 4290 | 0.008671 | 482579 | 4011 | 0.008312 | 4.32% | 6.96% |
| d | 265090 | 3438 | 0.012969 | 256302 | 3185 | 0.012427 | 4.37% | 7.94% |
| e | 294654 | 4874 | 0.016541 | 290729 | 4499 | 0.015475 | 6.89% | 8.34% |
| f | 789616 | 10507 | 0.013306 | 774541 | 9626 | 0.012428 | 7.07% | 9.15% |
| g | 1222592 | 33986 | 0.027798 | 1189205 | 31647 | 0.026612 | 4.46% | 7.39% |
| h | 648299 | 33795 | 0.052129 | 615498 | 31961 | 0.051927 | 0.39% | 5.74% |

图 8-11　偏置建模消除用户组偏差的实验结果

从图 8-11 中各个用户组的表现来看，各组用户在点击量（即 base_clk）和 CTR（即 base_ctr）上都有提升，其中冷用户组 a 在各组用户中提升最多。

总结一下用户组消除偏置的重要性：因为各组用户中的资源偏好不同，一起训练时会导致活跃用户的兴趣传导到冷用户，偏置建模消除用户组偏差的方式可以很好地解决这个问题。

## 8.2.6　360 实践——PID 建模消除资源曝光偏置

在推荐系统中，经常存在高曝光（page view，PV）低 CTR 的情况，其中有排序的原因，也有策略的原因，但主要还是召回端的问题。第 3 章介绍了推荐系统中常用的召回技术，其中基于用户点击行为的协同召回在推荐系统中应用最广，但这也会使得高点击的资源 PV 不断增加而 CTR 不断降低，该资源无法退场，导致其他好的资源无法获得曝光。图 8-12 展示了这一问题，资源 PV 不断增加，CTR 不断下降，但是没有很好的退场机制，资源曝光偏置越来越大。

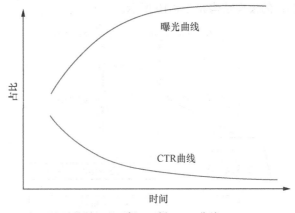

图 8-12　高 PV 低 CTR 曲线

为了解决高 PV 低 CTR 的曝光偏置，360 在具体实践中应用控制算法 PID（proportion integration differentiation）比较好地解决了这个问题。

PID 是一个应用非常广泛的控制算法。小到控制一个元件的温度，大到控制无人机的飞行姿态和飞行速度等，都可以使用 PID。PID 其实就是比例、积分、微分控制，如下所示。

$$U(t) = \mathrm{kp}\left( \mathrm{err}(t) + \frac{1}{T_1}\int \mathrm{err}(t)\mathrm{dt} + \frac{T_D \mathrm{derr}(t)}{\mathrm{dt}} \right) \tag{8-23}$$

其中，括号内第一项是比例项，第二项是积分项，第三项是微分项，括号前面是一个系数。PID 通过比例调节、积分调节、微分调节不断修正输入，然后将修正结果应用到执行机构中，通过测量元件得到反馈并重新输入控制单元，再经过比例调节、积分调节、微分调节，如此反复循环，使系统达到动态平衡。

图 8-13 所示为 PID 结构，包含前面讲的 3 种调节，通过测量元件得到反馈，再重新输入，反复循环。

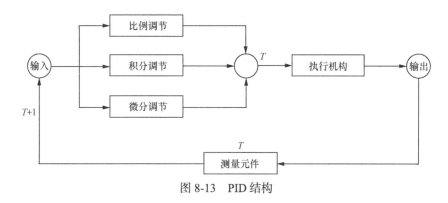

图 8-13　PID 结构

总的来说，PID 在得到系统的输入后，将输入经过比例、积分、微分 3 种运算方式，叠加到输出中，从而控制系统的行为。

在掌握 PID 的原理后，怎么将 PID 应用到推荐系统中资源曝光偏置的问题上呢？在 360 的实践中，通过收集展现日志和点击日志，应用 PID 中的比例、积分、微分等调节方式，不断调节资源池中的投放数据，最终使得 PV 和 CTR 达到动态平衡，如图 8-14 所示。

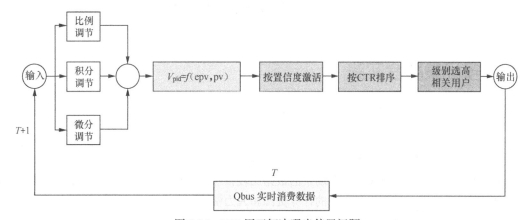

图 8-14　PID 用于解决曝光偏置问题

如图 8-14 所示，将 PID 应用于推荐系统中解决资源曝光偏置问题。具体地，首先根据 PV 和点击计算 PID 值，然后根据 PID 值按置信度激活，PID 值反映了激活概率，接下来对激活的资源按 CTR 排序，选取高 CTR 的数据，重复以上步骤。其中，最关键的是 PID 值的计算，计算方法如下所示。

$$PID = \gamma \times \left( \left( \frac{ctr}{avgctr} - 1 \right) \times \alpha \right)^{\beta} \times \frac{pv}{totalpv} \tag{8-24}$$

公式（8-24）中的 $\left( \left( \frac{ctr}{avgctr} - 1 \right) \times \alpha \right)^{\beta}$ 反映了资源的 CTR 信息，$\frac{pv}{totalpv}$ 反映了已曝光量。可以看出整体上达到了 CTR 和 PV 的动态平衡，这样可以避免高 PV 低 CTR 资源的过度投放。

将 PID 应用到 360 右侧流推荐场景，实验结果如图 8-15 所示。图 8-15（a）所示为基础流量头部数据 PV 和 CTR 变化，随着 CTR 的下降，PV 并没有降低，还在持续投放资源。图 8-15（b）所示为实验流量头部数据 PV 和 CTR 变化，CTR 显著降低时，数据的 PV 也降低了，PV 和 CTR 基本达到动态平衡的效果。

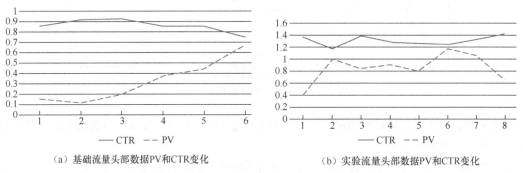

（a）基础流量头部数据PV和CTR变化　　　　（b）实验流量头部数据PV和CTR变化

图 8-15　PID 实验结果对比（图中 CTR 和 PV 做了某种归一化处理）

PID 在 360 右侧流推荐场景上线，整体点击量提升了 4% 左右，在 360 导航的魔方（cube）渠道也取得了 4%～5% 的提升，是解决系统资源过度投放问题的良好实践。

# 8.3　多场景融合实践

大型的互联网公司，比如阿里巴巴、亚马逊这样以电商为主营业务的公司，百度、今日头条、360 这样以信息流为主营业务的推荐公司，通常需要对多个场景的数据进行 CTR 预估。对于这种多场景预估的情况，常见的做法是每个场景使用自己独立的数据训练单独的模型，并单独部署上线。这种做法存在一定的缺陷：首先，部分场景的数据比较稀疏，模型难以得到充分的训练；其次，不同场景的模型单独训练，需要消耗更多的计算资源和人力资源。

不同场景的用户和数据具有一定的交集，因此不同场景的信息共享在一定程度上可以提升 CTR

预估模型的效果。但是，不同场景的用户行为存在一定的差异，导致数据分布存在一定的差异，简单地混合所有场景的数据来学习一个共享模型,用于所有场景的 CTR 预估,可能达不到预期的效果。那么如何有效利用各场景的数据，使用统一的模型来进行多场景的 CTR 预估呢？接下来，本节将介绍工业界具体的实践，主要内容包括在 360 导航场景中的多塔结构的融合方法，以及阿里巴巴提出的 STAR 模型多场景融合方法。

### 8.3.1　360 多场景融合实践——将场景信息作为特征加入模型

在 360 导航场景中，最初使用的方法是直接将场景信息作为特征加入模型。如图 8-16 所示，在偏置网络特征中加入场景信息，左侧进行 CTR 学习时各个场景共享一个模型输出。

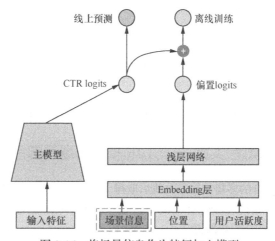

图 8-16　将场景信息作为特征加入模型

按照图 8-16 所示的结构，在 360 导航右侧流推荐的 1 跳、2 跳两个图文场景上线后，两个场景的点击量都有所提升，其中 1 跳的点击量提升了 5%以上。但是在 360 的混合流横版、火爆视频、混合流竖版 3 个视频场景上线后，火爆视频场景的点击量有所提升，而混合流横版（主场景）的点击量下降明显，说明各个场景上的用户行为并不完全一致，一个塔的输出不足以刻画每个场景的用户行为偏好。

### 8.3.2　360 多场景融合实践——多塔结构学习各个场景

8.3.1 节介绍了多场景融合的一种简单方法，直接将场景信息作为特征使用。这种方法在场景差异不大的情况下能取得不错的效果，但是对于场景差异很大的情况，往往会导致某些场景指标的下降。

在 360 多场景融合实践中，为了解决上面的问题，在后续的实验中尝试从模型结构上进行优化，使用多塔结构，让每个场景拥有自己独立的塔结构。具体地，尝试为每个场景设置一个塔来学习这个场景下的用户个性化行为模式，底层共享 Embedding，偏置侧加入场景信息、位置、用户活跃度等特征。多塔结构多场景融合的模型结构如图 8-17 所示。

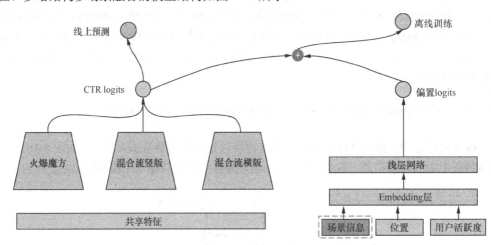

图 8-17　多塔结构多场景融合的模型结构

在最终上线后，混合流横版（主场景）的点击量持平，火爆视频场景的点击量提升 3.5%，混合流竖版的点击量持平。这也证明了多塔结构在多场景融合中可以有效平衡不同场景的用户行为差异。

### 8.3.3　阿里巴巴多场景融合实践——STAR 模型多场景融合

8.3.2 节介绍了多场景融合的多塔结构，上线后取得了不错的效果。在多塔结构之后，阿里巴巴在 2021 年发表的论文 "One Model to Serve All: Star Topology Adaptive Recommender for Multi Domain CTR Prediction" 中提出了多场景融合的最新方法——STAR 模型。

阿里巴巴提出的方法称作星型自适应推荐（star topology adaptive recommender，STAR），模型结构如图 8-18 所示。模型的输入主要包括用户行为序列、用户画像特征、上下文特征、目标物品特征，辅助网络还包含场景信息特征。接下来，ID 类特征通过 Embedding 层转换成对应的 Embedding。由于 Embedding 参数量较大，不同场景共享 Embedding。

模型结构主要包含 3 个主要的模块，分别是分区归一化（partitioned normalization，PN）、星型拓扑全连接（star topology FCN）、辅助网络（auxiliary network）。接下来，本节分别对这 3 个部分进行介绍。

#### 1．分区归一化

经过共享 Embedding 层之后，将用户行为序列对应的 Embedding 进行池化，并与其他输出 Embedding 进行拼接，得到合并后的向量 $z$。为了使网络学习更快更稳，通常的做法是加入批归一化（BN）层。在训练阶段，计算每一个批量的均值和方差，并通过如下的方式对数据进行转化，其中 $\gamma$ 和 $\beta$ 是训练学习的参数。

$$z' = \gamma \frac{z - \mu}{\sqrt{\sigma^2 + \varepsilon}} + \beta \tag{8-25}$$

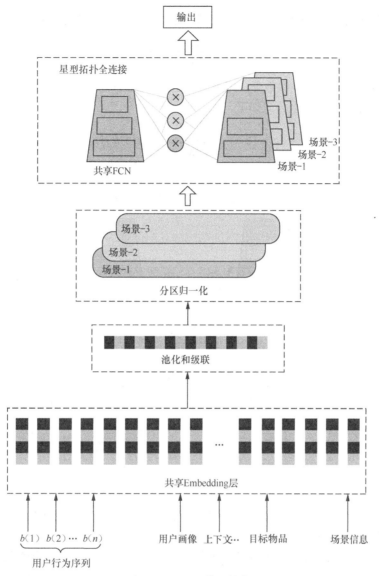

图 8-18 STAR 模型结构

而在测试阶段，计算全部样本的均值和方差，并通过如下的方式对测试数据进行优化。

$$z' = \gamma \frac{z - E}{\sqrt{\mathrm{Var} + \varepsilon}} + \beta \tag{8-26}$$

然而，在多数场景的 CTR 预估中，数据只有在其对应的场景内被认为是独立同分布的。如果使用相同的均值（或者方差）以及参数 $\gamma$ 和 $\beta$，难以体现不同场景的独有信息，从而使模型效果变差。因此，STAR 模型提出了分区归一化，假设当前的批量数据是从第 $p$ 个场景中得到的（训练的时候，一个批量的数据要保证是同一个场景的），那么基于如下公式对数据进行转换。

$$z' = (\gamma \times \gamma_p) \frac{z - \mu}{\sqrt{\sigma^2 + \varepsilon}} + (\beta + \beta_p)$$
（8-27）

可以看到，除全局的 $\gamma$ 和 $\beta$ 参数外，每个场景还有独立的参数 $\gamma_p$ 和 $\beta_p$。而在测试阶段，使用每个场景数据的均值和方差，转换公式如下。

$$z' = (\gamma \times \gamma_p) \frac{z - E_p}{\sqrt{\mathrm{Var}_p + \varepsilon}} + (\beta + \beta_p)$$
（8-28）

### 2．星型拓扑全连接

经过分区归一化之后，需要经过星型拓扑全连接层，其结构如图 8-19 所示。

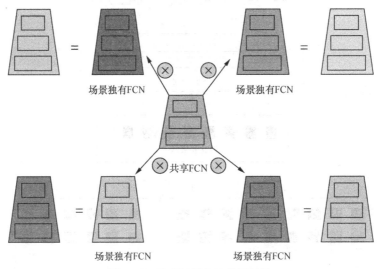

图 8-19　星型拓扑全连接层结构

从图 8-19 可以看出，星型拓扑全连接层包含两部分，一部分是所有场景共享的网络，在图 8-19 的中间部分；另一部分是每个场景独有的网络，在图 8-19 的周围部分。假设一共有 $M$ 个场景，那么星型拓扑全连接层中共有 $M + 1$ 个网络。基于共享的网络和独有的网络，每个场景的最终参数表示如下。

$$W_p^* = W_p \otimes W, b_p^* = b_p + b$$
（8-29）

经过星型拓扑全连接层的输出可以表示如下。

$$\mathrm{out}_p = \phi\left(\left(W_p^*\right)^\mathrm{T} \boldsymbol{in}_p + b_p^*\right)$$
（8-30）

通过共享的网络，可以学习不同场景共通的信息，而通过独有的网络，可以捕获每个场景私有的信息。当然，还有其他不同的结合方式，比如将 $\boldsymbol{in}_p$ 分别输入共享的网络和独有的网络中，对得到的输出再进行计算，这种方式或许可以得到更好的效果，但计算复杂度是有增加的。

### 3. 辅助网络

STAR 模型辅助网络的设计和图 8-17 所示的偏置网络设计非常相似，都是在偏置侧加入了场景信息。一般来说，一个好的多场景 CTR 预估模型应该具备以下两个特点。

（1）具有场景独有的特征。

（2）这些场景相关的特征能够直接影响 CTR 的效果。

其背后的思考是：描述场景信息的特征非常重要，因为它可以减少模型捕获场景之间区别的难度。因此，STAR 模型中增加了辅助网络来进一步学习场景之间的差异。而 STAR 模型中主要加入的特征是场景 ID 特征，并通过 Embedding 层转化为对应的 Embedding。随后和其他的偏置特征进行拼接，通过全连接网络得到输出。假设星型拓扑全连接层的输出为 $s_m$，而辅助网络的输出为 $s_a$，则最终的输出表示如下。

$$\text{sigmoid}\left(s_m + s_a\right) \tag{8-31}$$

假设一共有 $p$ 个场景，那么 STAR 模型的优化目标可以表示如下。

$$\min \sum_{p=1}^{M} \sum_{i=1}^{N_p} -y_i^p \log\left(\widehat{y}_i^p\right) - \left(1 - y_i^p\right) \log\left(1 - \widehat{y}_i^p\right) \tag{8-32}$$

介绍了 STAR 的模型结构之后，接下来介绍 STAR 模型的实验效果。

### 4. STAR 模型的实验效果

为了验证 STAR 模型的效果，阿里巴巴的工程师使用了 19 个场景的数据，不同场景的样本量和 CTR 都差别很大，具体数据如表 8-2 所示。在实验的 19 个场景中，样本占比为 10% 以上的场景有 3 个，分别是 16.76%、12.16% 和 28.76%，加起来的占比是 57.68%。

阿里巴巴选取的基础模型将所有场景样本混合在一起训练，加入了场景信息作为特征。其他对照的模型包括 Shared-Bottom、MulANN、MMOE 以及 Cross-Stitch。对照模型大多是多目标学习模型。多场景和多目标的主要区别是多场景模型大多解决的是不同场景的相同问题，如 CTR 预估，其标签空间是相同的；而多目标一般完成的是相同场景内的不同目标，如 CVR 预估，其标签空间是不同的。

表 8-2 每个场景的样本占比和 CTR

| 场景编号 | 样本占比 | CTR | 场景编号 | 样本占比 | CTR |
|---|---|---|---|---|---|
| 1 | 0.99% | 2.14% | 11 | 0.76% | 12.05% |
| 2 | 1.61% | 2.69% | 12 | 1.31% | 3.52% |
| 3 | 3.40% | 2.97% | 13 | 3.34% | 1.27% |
| 4 | 3.85% | 3.63% | 14 | **28.76%** | **3.75%** |
| 5 | 2.79% | 2.77% | 15 | 1.17% | 12.03% |
| 6 | 0.56% | 3.45% | 16 | 0.46% | 4.02% |
| 7 | 4.27% | 3.59% | 17 | 1.05% | 1.63% |
| 8 | **16.76%** | **3.24%** | 18 | 0.91% | 4.64% |
| 9 | 10.00% | 3.23% | 19 | 5.85% | 1.42% |
| 10 | **12.16%** | **2.08%** | — | — | — |

表 8-3 所示为不同模型的对比，这里只列举了整体的效果，可以看出 STAR 模型相比基础和其他模型有显著提升。表 8-3 中的 Shared-Bottom 模型是一个多塔结构，每个场景都有独立的塔结构。

表 8–3　STAR 模型和其他模型的对比

| 模型 | AUC | AUC 提升百分比 |
| --- | --- | --- |
| Base | 0.6364 | — |
| Shared-Bottom | 0.6398 | +0.53% |
| MulANN | 0.6353 | −0.17% |
| MMOE | 0.6403 | +0.61% |
| Cross-Stitch | 0.6415 | +0.80% |
| **STAR** | **0.6506** | **+2.23%** |

为了验证 STAR 模型的提升主要来自哪一部分，阿里巴巴的工程师对 STAR 模型每个模块的效果进行了测试，其结果如表 8-4 所示。

表 8–4　STAR 模型不同结构的对比

| 模型 | AUC | AUC 提升百分比 |
| --- | --- | --- |
| Base（BN） | 0.6364 | — |
| Base（PN） | 0.6485 | +1.90% |
| STAR FCN（BN） | 0.6455 | +1.43% |
| **STAR FCN（PN）** | **0.6506** | **+2.23%** |

从表 8-4 可以看出，STAR 模型的效果主要来自 PN，也就是对每个场景的样本单独做 BN，可能是每个场景的差异太大，单独做 BN 能有效地区分不同场景的行为差异。

最后看 STAR 模型是否能够捕获不同场景的差异性，阿里巴巴的工程师对比了 Base 模型和 STAR 模型在不同场景的 PCOC（预测的平均 CTR/实际的平均 CTR）指标的结果，如果 PCOC 接近于 1，则说明预测更加准确。实验结果表明，STAR 模型对于场景的差异性捕获较好，PCOC 大多接近于 1。

# 8.4　知识蒸馏在推荐系统中的应用

4.4.2 节曾介绍过知识蒸馏在粗排中的应用，本节将系统介绍知识蒸馏在推荐系统的应用。

## 8.4.1　知识蒸馏的背景

随着深度学习的快速发展，推荐系统的模型结构变得越来越复杂，网络越来越深，模型参数也越来越多。这也带来了实际工程上的问题：模型的响应速度越来越慢，离线效果有提升，但是由于耗时问题而无法正常上线。为了解决模型效果和响应速度的矛盾，知识蒸馏应运而生。

2018 年，阿里妈妈精准定向业务线的算法团队，提出了一种提升轻量网络性能的训练方法——火箭发射（Rocket Launching），在阿里巴巴展示广告数据集上，离线 GAUC 提升了 0.3%。同年，阿里巴巴的淘宝算法推荐团队提出了优势特征蒸馏（PFD）并将其应用于淘宝推荐，上线后，CTR 提升了 5%，CVR 提升了 2.3%。2019 年，爱奇艺借鉴阿里妈妈提出的 Rocket Launching，在爱奇艺短视频场景中上线了知识蒸馏学生网络，CTR 提升了 2.3%，在图文推荐场景中，时长提升了 4.5%，CTR 提升了 14%。由此可见，知识蒸馏在具体应用中确实能取得不错的效果，但是由于知识蒸馏在训练过程中有两个模型（教师网络和学生网络）、3 个损失值（教师网络损失值、学生网络损失值、蒸馏损失值），因此如何平衡不同模型的训练是影响模型效果的重要因素。

## 8.4.2　阿里巴巴广告知识蒸馏实践

在知识蒸馏的具体实践中，阿里巴巴一直走在前沿，该企业在 2018 年发表的论文 "Rocket Launching: A Universal and Efficient Framework for Training Well-performing Light Net" 中，提出了用于解决模型响应速度的知识蒸馏模型——Rocket Launching。本节对 Rocket Launching 的主要思路进行详细的介绍。

### 1．Rocket Launching 提出背景

在工业界中，一些在线模型对响应时间提出了非常严苛的要求，从而在一定程度上限制了模型的复杂程度。模型复杂程度的受限可能会导致模型学习能力的降低，进一步导致效果的下降。

为了解决这一问题，2018 年阿里妈妈提出了 Rocket Launching 模型，利用复杂的模型来辅助训练一个精简模型，测试阶段利用学习好的小模型来进行推断。为什么叫火箭发射？是因为从训练到预测的过程就像火箭发射的过程一样。

（1）开始阶段（训练阶段）：助推器（booster）载着卫星共同前进，助推器提供动力，推动卫星前行。

（2）第二阶段（预测阶段）：助推器被丢弃，只剩下轻巧的卫星独自前行。

### 2．Rocket Launching 模型结构

Rocket Launching 模型结构主要分为 Light Net 和 Booster Net，对应知识蒸馏中的学生网络和教师网络，模型结构如图 8-20 所示。

图 8-20 中左侧教师网络结构，右侧是学生网络结构。模型具有以下几个特点。

（1）学生网络和教师网络共享底层参数 $W_S$。

（2）教师网络使用更复杂的模型结构 $W_B$。

（3）蒸馏目标是 logit 输出，学生网络 logit 拟合教师网络 logit。

前面有提到，知识蒸馏有 3 个损失值，其中最关键的是蒸馏损失值的设计，Rocket Launching 的蒸馏损失值表示如下。

$$L\left(x; W_S, W_L, W_B\right) = H\left(y, p(x)\right) + H\left(y, q(x)\right) + \lambda \left\| l(x) - z(x) \right\|_2^2 \tag{8-33}$$

其中，$p(x)$是学生网络输出，$q(x)$是教师网络输出，$l(x)$和 $z(x)$分别是学生网络和教师网络的 logit 输出。

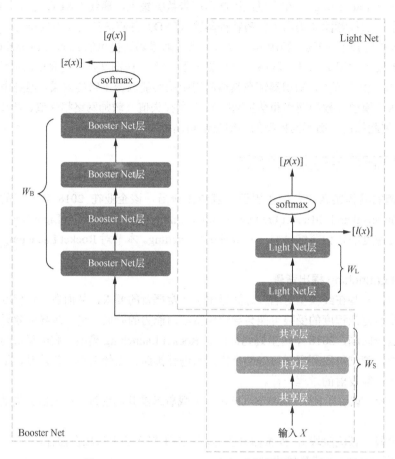

图 8-20　Rocket Launching 知识蒸馏模型结构

### 3. Rocket Launching 模型训练

图 8-21 展示了 Rocket Launching 模型的训练过程，教师网络和学生网络都会更新共享参数 $W_\text{S}$，在梯度反向传播时，3 个损失值更新参数部分总结如下。

（1）教师网络损失值 $H\left(y, p\left(x\right)\right)$：更新参数 $W_\text{B}$ 和 $W_\text{S}$。

（2）学生网络损失值 $H\left(y, q\left(x\right)\right)$：更新参数 $W_\text{L}$ 和 $W_\text{S}$。

（3）蒸馏损失值：更新参数 $W_\text{L}$ 和 $W_\text{S}$。

从图 8-21 可以看出，Rocket Launching 模型的 3 个损失值都会更新共享底层参数，而学生网络和教师网络独有的参数只会使用各自的损失值进行更新。

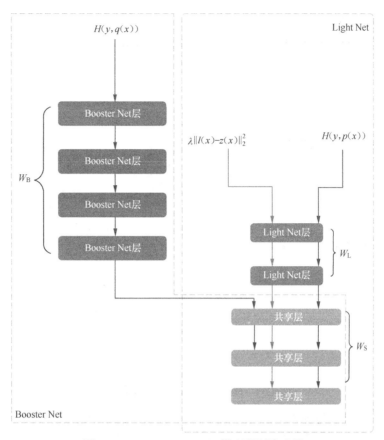

图 8-21 Rocket Launching 模型的训练过程

将 Rocket Launching 模型用于阿里巴巴展示广告数据集，相比单纯"跑"学生网络，GAUC 绝对值提升了 0.3%，相对值提升了 0.47%。从实验结果来看，Rocket Launching 对效果有提升作用，但是由于 Rocket Launching 从一开始就使用学生网络直接学习教师网络输出，因此在训练初期教师网络欠拟合的情况下，会有一定概率导致训练偏差。另外，Rocket Launching 联合训练时，教师网络和学生网络都会在反向传播时更新共享 Embedding 参数，可能会拉低教师网络的性能，这主要是因为学生网络的效果不如教师网络。这些问题都会导致上线的学生网络效果不佳，阿里巴巴针对以上问题都做了改进，在后面的内容中将具体介绍。

### 8.4.3 阿里巴巴淘宝推荐知识蒸馏实践

阿里巴巴在提出 Rocket Launching 知识蒸馏模型之后，并没有停止其知识蒸馏模型演化的进程，而是在 2018 年之后又提出了演化版本，在发表的论文"Privileged Features Distillation at Taobao Recommendations"中正式提出了优势特征蒸馏（PFD）模型。4.4.2 节曾介绍过 PFD 在粗排中的应用，本节对 PFD 在精排中的模型结构以及模型训练优化进行详细介绍。

### 1．PFD 在精排中的模型结构

将 PFD 应用于精排的 CTR 预估，模型结构如图 8-22 所示。

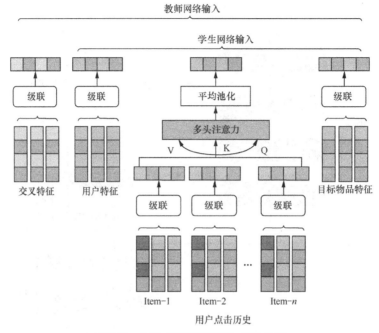

图 8-22 PFD 应用于精排的 CTR 预估

从图 8-22 可以看出，与将 PFD 应用于粗排一样，将 PFD 应用于精排的 CTR 预估时，学生网络输入不包含交叉特征，而教师网络输入包含所有的特征。图 8-22 只展示了 PFD 应用于 CTR 预估，如果是应用于 CVR 预估，那么优势特征还包含点击的相关特征。

按照图 8-22 的结构，如果想将单独的 PFD 扩展到 PFD+MD 结构，也就是优势特征蒸馏+模型结构蒸馏，那么只需要在最上层的 MLP 层设置不同的参数，保证教师网络的 MLP 层比学生网络的 MLP 层更宽、更深。

### 2．PFD 的模型训练优化

8.4.2 节曾提到 Rocket Launching 在训练过程中可能存在网络训练不稳定、效果不佳的问题。对此，PFD 提出了相应的优化方法。

**问题 1**：同步训练导致训练不稳定。训练初期，在教师网络欠拟合的情况下，学生网络直接学习教师网络输出，存在一定概率导致训练偏离正常。

**解决方法**：开始阶段设置蒸馏损失值的权重为 0，迭代 $k$ 步后设置为固定值。

**问题 2**：如何避免学生网络和教师网络相互适应而损失精度？

**解决方法**：蒸馏损失值只影响学生网络参数的更新，而对教师网络不做梯度回传。

**问题 3**：是否共享底层参数？

**解决方法**：实验结果表明，底层参数共享，训练时间更短，效果更好，如表 8-5 所示。

表 8-5　PFD 底层参数共享实验结果

| 实验 | 学生网络 AUC | 教师网络 AUC | 训练时间/h |
|---|---|---|---|
| 底层参数独立 | 0.9069 | 0.9887 | 20.56 |
| 底层参数共享 | 0.9082 | 0.9911 | 14.97 |

PFD 在淘宝推荐场景上线后，离线 AUC 提升了 0.49%，线上 CVR 提升了 2.3%。由于 PFD+MD 的离线实验效果相比较 PFD 并没有明显提升，因此上线的版本只有单独的 PFD，这很有可能是因为精排底层的结构已经足够复杂，上层的 MLP 层优化空间有限。

### 8.4.4　爱奇艺知识蒸馏实践

近年来，随着人工智能的发展，深度学习开始在工业界的不同场景落地，与以前的机器学习相比，深度学习很重要的特点就在于它能在模型侧自动构建特征，实现端到端学习，效果也明显提升，但新的问题（如模型效果和推理效率的冲突）也开始凸显。

为了应对模型效果和推理效率的冲突，爱奇艺提出了新的在线知识蒸馏方法来平衡模型效果和推理效率，并在推荐场景中取得了明显的效果，在短视频信息流和图文信息流两个重要场景上线后都取得了明显的正向效果。

爱奇艺提出了一种新的排序模型框架——双 DNN 排序模型。其核心思想在于提出新的联合训练的方法，用于解决高性能复杂模型的上线问题。图 8-23 所示为爱奇艺知识蒸馏的模型结构，和 8.4.2 节阿里巴巴的 Rocket Launching 相比，模型做了部分改进，主要包括蒸馏误差的设计以及模型训练的优化。

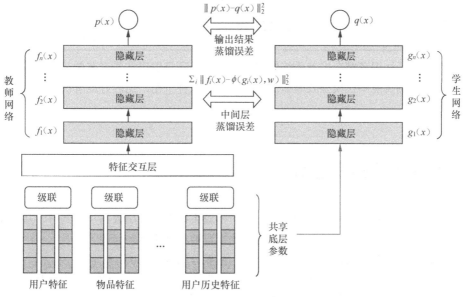

图 8-23　爱奇艺知识蒸馏的模型结构

爱奇艺知识蒸馏的模型结构主要有以下几个特点。

　　（1）Rocket Launching 只使用教师网络预测结果来指导学生网络的训练，爱奇艺的方法让学生网络同时拟合预测结果和教师网络结构表示（图 8-23 中的 $\sum_i \left\| f_i(x) - \varphi(f_i(x), w) \right\|_2^2$），两个网络的性能差距会进一步缩小。

　　（2）Rocket Launching 联合训练时教师网络和学生网络都会在反向传播时更新共享 Embedding 参数，爱奇艺的方法是学生网络直接共享，不再更新，实验发现同时更新会拉低教师网络性能。

　　在优化之后，爱奇艺的工程师做了详细的实验，模型大小如表 8-6 所示。可以看出，学生网络的大小比教师网络小很多，线上耗时从 91 ms 降低到了 16 ms。

表 8–6　爱奇艺知识蒸馏模型大小

| 模型 | 模型大小/GB | QPS | P50/ms |
| --- | --- | --- | --- |
| 学生网络（右侧） | 2 | 374.2 | 16 |
| 教师网络（左侧） | 7.4 | 11.78 | 91 |

　　为了验证模型的效果，爱奇艺的工程师选取了阿里巴巴的 Rocket Launching 作为对照组，实验结果如表 8-7 所示。从实验结果来看，爱奇艺的知识蒸馏模型相比 Base 有显著提升，教师网络的 AUC 提升了 1.5%，学生网络的 AUC 提升了 0.67%。和阿里巴巴的 Rocket Launching 相比，教师网络的 AUC 提升了 0.05%，学生网络的 AUC 提升了 0.44%

表 8–7　爱奇艺知识蒸馏实验结果

| 模型 | 教师网络 AUC | 学生网络 AUC |
| --- | --- | --- |
| Base | 0.7331 | 0.7331 |
| Rocket Launching | 0.7437 | 0.7348 |
| 爱奇艺知识蒸馏 | **0.7441** | **0.7380** |

　　本节主要介绍了知识蒸馏在推荐系统的应用，选取了阿里巴巴和爱奇艺的具体实践。从实验结果来看，知识蒸馏确实能够在模型效率和性能之间达到一种平衡，比较好地解决模型效果和效率的冲突。

# 8.5　推荐系统的冷启动问题

　　冷启动问题是推荐系统经常面对的问题，任何推荐系统都要经历数据从无到有、从简单到丰富的过程。那么在信息缺乏的时候，如何进行有效的推荐被称为冷启动问题。

　　具体地讲，冷启动问题根据数据缺乏的不同，主要分为以下两类。

　　（1）用户冷启动：新用户第一次进入系统后，没有历史行为数据时的个性化推荐。

　　（2）物品冷启动：系统加入新物品（新的短视频、新的图文、新的商品等）后，在该物品还没有交互记录时，如何将该物品推荐给用户。

针对不同应用场景，解决冷启动问题需要不同的方法，但是总体上可以将解决冷启动的策略归为以下 3 类。

（1）基于规则的冷启动方法。

（2）丰富冷启动过程中可获得的用户和物品特征。

（3）利用元学习、迁移学习等机制。

## 8.5.1　基于规则的冷启动过程

在用户冷启动场景下，可以使用"热门排行榜""最高评分""最近流行趋势"等榜单作为默认的推荐列表。事实上，大多数音乐、视频等应用都采用这类方法作为用户冷启动的规则。

在物品冷启动场景下，可以根据一些规则找到该物品的相似物品，利用相似物品的推荐逻辑完成物品的冷启动过程。在不同场景下，相似物品的计算过程也不一样。比如在图文推荐场景下，可以根据文章的语义相似度找到最相似的文章，然后完成推荐。3.7.3 节曾介绍过在美团民宿短租业务如何解决短租房的冷启动，下面具体介绍实现方法。

在新上线短租房时，美团会根据短租房的属性对其指定一个类别，对于同样类别中的房屋会有类似的推荐规则。那么，为冷启动短租房指定类别所依靠的规则主要有以下 3 点。

（1）同样的价格范围。

（2）相似的房屋属性（面积、房间数等）。

（3）距离在 10km 以内。

找到符合以上规则的 3 个短租房，根据这 3 个已有短租房的类别完成短租房的冷启动。

通过以上例子可以看出，冷启动的规则更多的是依赖业务领域知识，需要充分利用数据特点才能很好地完成冷启动。

## 8.5.2　引入辅助信息优化 Embedding 冷启动

基于规则的冷启动过程在大多数情况下是有效的，是非常实用的冷启动方法。但是该过程并不是端到端的方法，和主模型是分离的。那么有没有可能通过改进推荐模型达到冷启动的过程？答案是有的，改进的主要方法就是在模型中加入更多用户或物品信息。我们可以加入一些其他类型的特征，典型的用户特征是人口属性特征，典型的物品特征是一些内容型特征，一般称为辅助信息。

事实上，任何深度学习模型都可以通过引入辅助信息生成 Embedding，从而完成冷启动。典型的例子是 3.6.2 节介绍的淘宝团队的 EGES 模型，其模型结构如图 3-28 所示。

可以看到图 3-28 中的稠密 Embedding 就是不同的特征域对应的 Embedding 层，每一个 Embedding 对应一类特征，$SI_0$ 就是物品 ID 本身，$SI_1 \sim SI_n$ 就是 $n$ 个所谓辅助信息，如物品类别、标签等。这些过程经过加权平均生成这个物品最终的 Embedding。所以当一个物品没有历史行为信息的时候，也就是没有 $SI_0$ 的时候，还可以通过其他特征生成其 Embedding，从而完成该物品的冷启动过程。当不同特征的 Embedding 生成之后，完全可以把生成物品 Embedding 的过程转移到线上，这样就能够彻底解决冷启动的问题，因为只要新的物品生成，我们就能够得到它的特征，并组装出它的 Embedding。

### 8.5.3　元学习优化 Embedding 冷启动

在推荐系统中，经常遇到新广告冷启动的问题，为了很好地解决 CTR 预估中的冷启动任务，中科院的研究员在 2019 年设计了基于元学习（meta-learning）的方法获取冷启动广告的 Embedding。当模型预估新的广告的 CTR 时，新的广告 ID 进入模型会经历冷启动（cold-start）和热加载（warm-up）两个阶段，中科院设计了 Embedding 生成器来获取新 ID 的 Embedding，取得了不错的效果。本节将介绍中科院的实现细节，下面先介绍一下什么是元学习。

**1．元学习**

在机器学习里，我们通常会使用某个场景的大量数据来训练模型，当场景改变时，模型就需要重新训练。但是对人类而言，一个小孩成长过程中会见过很多物体的照片。某一天，当他第一次仅仅看了几张狗的照片，就可以很好地对狗和其他物体进行区分，这是因为他在成长过程中学会了学习。

元学习的含义为学会学习（learn-to-learn），就是带着对人类这种"学习能力"的期望诞生的。元学习希望模型获得一种学会学习的能力，可以在获取已有知识的基础上快速学习新的任务。例如让 AlphaGo 迅速学会下象棋，让一个猫咪分类器迅速具有分类猫的能力。那么元学习和机器学习有什么区别？表 8-8 总结了元学习和机器学习两个概念的关键要素。

**表 8-8　元学习和机器学习对比**

| 模型 | 目的 | 输入 | 函数 | 输出 | 流程 |
|---|---|---|---|---|---|
| 机器学习 | 通过训练数据，学习输入 $X$ 到输出 $Y$ 的映射，找到函数 $f$ | $X$ | $f$ | $Y$ | 初始化 $f$ 参数；<br>输入数据 $<X,Y>$；<br>计算损失值，优化 $f$ 参数；<br>得到 $y=f(x)$ |
| 元学习 | 通过很多训练任务 $T$ 及对应的训练数据 $D$，找到函数 $F$。$F$ 可以输出一个函数 $f$，$f$ 用于新的任务 | 很多训练任务及对应的训练数据 | $F$ | $f$ | 初始化 $F$ 参数；<br>输入训练任务 $T$ 及对应的训练数据 $D$，优化 $F$ 参数；<br>得到 $f=F^*$，新任务中 $y=f(x)$ |

在机器学习中，训练单位是一条数据，通过数据来对模型进行优化。数据可以分为训练集、测试集和验证集。在元学习中，训练单位分层级，第一层训练单位是任务，也就是说，元学习中要准备许多任务来进行学习，第二层训练单位才是每个任务对应的数据。

两者的目的都是找一个函数（function），只是两个函数的功能不同，要做的事情不一样。机器学习中的函数直接作用于特征和标签，去寻找特征与标签的关联。而元学习中的函数用于寻找新的 $f$，新的 $f$ 才会应用于具体的任务。

为了便于理解，简单描述基于与模型无关的元学习（model agnostic meta-learning，MAML）的过程。MAML 是 2017 年 ICML 会议上提出的一种元学习方法，它先将数据集分成 $N$ 个小的子集，每个子集都有一个训练集和一个测试集，模型在训练时会先在这个小的训练集上计算一次损失并更新一次参数，然后用这个更新后的参数计算测试集的损失，测试集上的损失为元学习的最终损失，用于更新元学习参数，即用第二轮的梯度更新元学习参数。

总结一下 MAML 的训练流程，如图 8-24 所示。

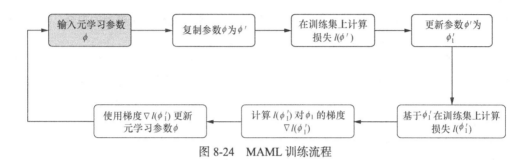

图 8-24　MAML 训练流程

在了解元学习的训练流程之后，接下来介绍中科院使用元学习优化 Embedding 冷启动的具体实践。

**2. 冷启动**

在工业界，相比于没有 ID 输入的方法，一个被学得很好的广告 ID Embedding 能极大提升预测准确率。尽管有许多成功的方法，但它们都需要相当多的数据来学习 Embedding 向量。而且对于一些只有很少训练样本的"小"广告，它们训练得到的 Embedding 很难和"大"广告一样出色，这些问题就是工业界所谓的冷启动问题。

冷启动是在线广告中非常重要的一个环节，广告系统中存在着大量长尾广告的新广告。以 KDD-CUP-2012 的数据来看，5% 的广告 ID 占了 80% 的样本，如图 8-25 所示。

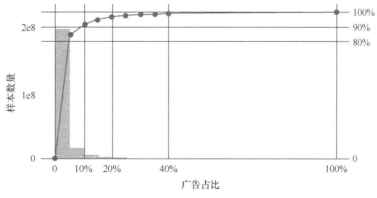

图 8-25　广告的长尾分布

为了解决新广告冷启动的问题，2019 年中科院发表了论文 "Warm Up Cold-start Advertisements: Improving CTR Predictions via Learning to Learn ID Embeddings"。中科院提出的方法主要是利用广告特征（包括类别等特征）来学习广告 ID 的 Embedding，通过两个阶段模拟在旧广告（有曝光的广告）ID 上训练 Embedding 生成器，使用元学习来提升冷启动和热加载阶段的效果。论文的主要目标有以下两点。

（1）更好的冷启动：对于没有标签的新广告（冷启动的广告），希望能够获得较小的误差（这里的误差是指 CTR 预估误差）。

（2）快速热加载：在获取少量标签样本后（长尾广告），希望能够加速模型的拟合，减小预测误差，模型可以快速收敛适应这样的 ID。

为了达到这两个目标，针对手中的"大"广告设计了冷启动和热加载两个阶段的模拟。在冷启动阶段，需要为没有标签的 ID 赋予 Embedding 初值。在有少量标签样本的热加载阶段，通过模拟模型拟合过程来更新 Embedding，用这种方式来学习如何学习新广告 ID 的 Embedding。

中科院提出的方法主要有以下 4 点贡献。

（1）提出使用 Meta-Embedding 来学习如何学习新广告 ID 的 Embedding，从而解决冷启动问题。新广告初始 Embedding 由广告的内容和属性作为输入学习得到。

（2）提出简单有效的方法来训练 Meta-Embedding 生成器，该方法基于第二步梯度更新模型参数。

（3）提出的模型很容易部署到线上以解决冷启动问题，该 Embedding 生成器初始化的 Embedding 可以代替随机初始化。

（4）提出的方法在冷启动阶段和热加载阶段都取得了 SOTA。

### 3．Base 模型结构

在广告 CTR 预估中，输入特征 $x$ 可以表示为 $x = (i, u_{[i]}, v)$，其中 $i$ 表示广告 ID，$u_{[i]}$ 表示广告的特征，$v$ 表示上下文等其他特征。假设 $f$ 是各种模型（如 MLP、FM、PNN 等），则预估值可以表示为如下形式。

$$\hat{p} = f\left(i, u_{[i]}, v\right) \tag{8-34}$$

对于 ID 类特征，经过独热编码后可以通过查找表得到 Embedding，假设广告 $i$ 的 Embedding 表示为 $\phi_{[i]}$，输入模型后的结果可以表示为如下形式。

$$\hat{p} = f_{\theta}\left(\phi_{[i]}, u_{[i]}, v\right) \tag{8-35}$$

其中，$f_{\theta}$ 表示 Base 模型，$\theta$ 是其参数，模型结构如图 8-26 所示。

模型的损失值表示成如下的形式。

$$l(\theta, \phi) = -y \log \hat{p} - (1 - y) \log(1 - \hat{p}) \tag{8-36}$$

模型训练完成后，通过查找表可以很容易地获得旧广告 ID 的 Embedding。但是对于新广告 ID $i^*$，因为在训练数据中没有见过，因此新广告 ID 的 Embedding 是由随机数生成的，这样会导致预测结果效果非常差，这就是众所周知的冷启动问题。

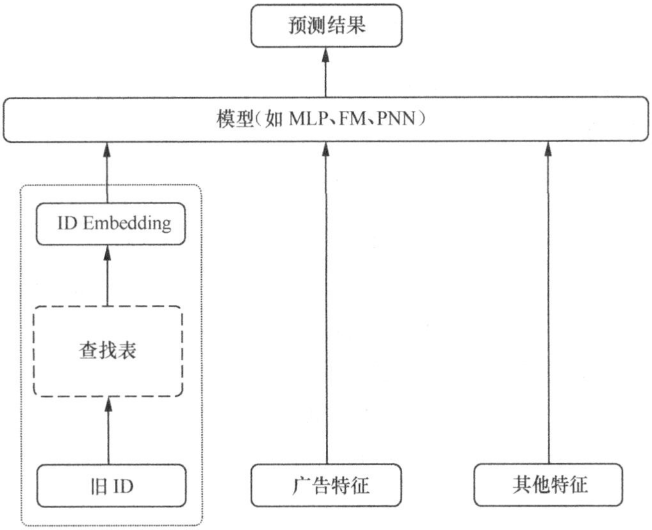

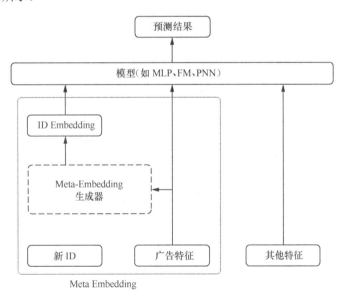

图 8-26 Base 模型结构

为了解决这个问题，中科院提出了通过元学习 Embedding 生成器来初始化新广告的 Embedding，模型结构如图 8-27 所示。

图 8-27 通过元学习初始化新广告的 Embedding

对于新广告 $i^*$，生成器根据输入的广告特征，生成对应的初始 Embedding，表示如下。

$$\phi_{[i*]}^{\text{init}} = h_w\left(\boldsymbol{u}_{[i*]}\right) \tag{8-37}$$

接下来的问题是如何训练这个生成器 $h_w$。

#### 4. 将 CTR 预估转化为元学习

从元学习的视角，将 CTR 预估转化为如下形式。

$$\hat{p} = g_{[i]}\left(\boldsymbol{u}_{[i]}, \boldsymbol{v}\right) = f_\theta\left(\phi_{[i]}, \boldsymbol{u}_{[i]}, \boldsymbol{v}\right) \tag{8-38}$$

将学习每个广告 ID Embedding 的问题看作单独的任务，那么可以将 CTR 预估看作元学习的一个实例。对于广告 $i = 1, 2, \cdots$，其对应的任务分别为 $t_1, t_2, \cdots$，每个任务用于学习特定的模型 $g_{[1]}$，$g_{[2]}$，$\cdots$，它们共享 Base 模型的参数 $\theta$，同时拥有自己任务的参数 $\phi_{[1]}, \phi_{[2]}, \cdots$。

对于旧的广告 ID 集合 $i \in \mathcal{I}$，由于之前已经在训练 Base 模型中见过，因此可以获得学习好的模型参数 $\theta$ 以及每个 ID 的 Embedding $\varphi_{[i]}$。但是对于新的广告 $i^* \notin \mathcal{I}$，就无法获取对应的 Embedding $\phi_{[i*]}$。因此可以考虑从旧的广告 ID 中学习如何学习 $\phi_{[i*]}$，这就是以元学习的视角考虑 CTR 预估的冷启动问题。

#### 5. Meta-Embedding

由于共享参数 $\theta$ 通常要通过相当多的历史数据训练而得，因此其效果是很好的。当训练 Meta-Embedding 时，在整个过程中可以不再更新参数 $\theta$，只需要考虑冷启动问题中如何学习新广告 ID 的 Embedding。

由于新广告无法获取 Embedding，因此论文中考虑使用 Embedding 生成器（图 8-27 中的 Meta-Embedding 生成器）来替代，输入是广告的特征，输出是对应的 Meta-Embedding，表示如下。

$$\phi_{[i*]}^{\text{init}} = h_w\left(\boldsymbol{u}_{[i*]}\right) \tag{8-39}$$

将上面的 $\phi_{[i*]}^{\text{init}}$ 作为初始 Embedding，模型的预测结果可以表示为如下形式。

$$g_{\text{meta}}\left(\boldsymbol{u}_{[i*]}, \boldsymbol{v}\right) = f_\theta\left(\phi_{[i*]}^{\text{init}}, \boldsymbol{u}_{[i*]}, \boldsymbol{v}\right) \tag{8-40}$$

这里 $g_{\text{meta}}$ 为元学习器，输入为对应的特征，输出为预测结果，但是元学习器中不包含 Embedding 矩阵，可训练参数来自 Meta-Embedding 生成器 $h_w(\cdot)$ 的参数 $w$。

下面介绍使用旧 ID 模拟新 ID 冷启动的详细过程。对于每个旧 ID 的任务 $t_i$，可以获得相应的训练样本 $D_{[i]} = \left\{\left(\boldsymbol{u}_{[i]}, \boldsymbol{v}_j\right)\right\}_{j=1}^{N_i}$。最开始随机选择两个相交的训练样本 $D_{[i]}^a$ 和 $D_{[i]}^b$，接着就是冷启动阶段和热加载阶段。

#### 6. 冷启动阶段

首先在第一个小批量 $D_{[i]}^a$ 上预测结果，以子集 $a$ 中的第 $j$ 个样本为例（子集 $a$ 相当于元学习中的训练集），预测结果表示如下。

$$\hat{p}_{aj} = g_{\text{meta}}\left(\boldsymbol{u}_{[i]}, \boldsymbol{v}_{aj}\right) = f_\theta\left(\phi_{[i]}^{\text{init}}, \boldsymbol{u}_{[i]}, \boldsymbol{v}_{aj}\right) \tag{8-41}$$

然后计算损失函数，表示为如下形式。

$$l_a = \frac{1}{K}\sum_{j=1}^{K}\left[-y_{aj}\log\hat{p}_{aj}-\left(1-y_{aj}\right)\log\left(1-\hat{p}_{aj}\right)\right] \tag{8-42}$$

到这里，就完成了冷启动阶段：通过生成器 $h_w(\cdot)$ 生成了 Embedding $\phi_{[i]}^{\text{init}}$，并在第一个批量上获得了损失 $l_a$。

这里为什么叫冷启动阶段？因为模型的输入是第一步第一波来的数据，模型刚开始训练这个 ID，那对模型来讲肯定是冷启动了。

**7．热加载阶段**

接下来，在第二个批量 $D_{[i]}^{b}$ 上模拟热加载的学习阶段。先用上面的损失 $l_a$ 对 Embedding 执行一次更新，表示为如下形式。

$$\phi_{[i]}^{'} = \phi_{[i]}^{\text{init}} - \alpha\frac{\partial l_a}{\partial\phi_{[i]}^{\text{init}}} \tag{8-43}$$

在更新一次 Embedding 后，接下来可以在第二个批量上进行预测并计算损失（这里的第二个批量相当于元学习中的训练集）。预测结果表示为如下形式。

$$\hat{p}_{bj} = g_{\text{meta}}^{'}\left(\boldsymbol{u}_{[i]},\boldsymbol{v}_{bj}\right) = f_{\theta}\left(\phi_{[i]}^{'},\boldsymbol{u}_{[i]},\boldsymbol{v}_{bj}\right) \tag{8-44}$$

损失函数可以表示为如下形式。

$$l_b = \frac{1}{K}\sum_{j=1}^{K}\left[-y_{bj}\log\hat{p}_{bj}-\left(1-y_{bj}\right)\log\left(1-\hat{p}_{bj}\right)\right] \tag{8-45}$$

到这里热加载阶段就结束了。热加载也很容易理解，因为模型已经将 ID 训练过一轮，因此在这个基础上再训练，也就是第二轮训练，相当于在预训练模型上热加载。这里获得的损失 $l_b$ 在 MAML 中就是元学习的损失。

**8．统一优化目标**

中科院从两方面评估初始 Embedding 的好坏。

（1）对于新广告的 CTR 预估，误差尽可能小。

（2）对于有一定样本积累的新广告，能够快速学习到好的效果。

损失 $l_a$ 和 $l_b$ 刚好能够解决上面的两个问题。在第一个批量中，由于使用初始 Embedding 做预测，因此 $l_a$ 自然能作为评估冷启动阶段 Meta-Embedding 生成器效果的指标。在第二个批量中，由于 Embedding 已经被更新过一次，因此可以直接用 $l_b$ 指标评估热加载阶段的效果。

为了统一这两个损失，中科院提出了 Meta-Embedding 的最终损失，表示为如下形式。

$$l_{\text{meta}} = \alpha l_a + \left(1-\alpha\right)l_b \tag{8-46}$$

由于 $l_{\text{meta}}$ 是初始 Embedding 的函数，因此可以通过链式法则计算参数 $\boldsymbol{w}$ 的梯度，表示如下。

$$\frac{\partial l_{\text{meta}}}{\partial w} = \frac{\partial l_{\text{meta}}}{\partial \phi_{[i]}^{\text{init}}} \frac{\partial \phi_{[i]}^{\text{init}}}{\partial w} = \frac{\partial l_{\text{meta}}}{\partial \phi_{[i]}^{\text{init}}} \frac{\partial h_w}{\partial w} \tag{8-47}$$

通过元学习训练整个 Meta-Embedding 的算法流程如下所示。

---

### Meta-Embedding 算法流程

输入 $f_\theta$：预训练的 Base 模型

输入 $\mathcal{I}$：所有广告 ID 集合

1. 随机初始化参数 $w$
2. **while** not done **do**
3. 　　从 $\mathcal{I}$ 中随机选择 $n$ 个 ID $\{i_1, \cdots, i_n\}$
4. 　　**for** $i \in \{i_1, \cdots, i_n\}$ **do**
5. 　　　　生成初始 Embedding：$(\phi_{[i]}^{\text{init}}) = h_w(u_{[i]})$
6. 　　　　随机采样 $K$ 个样本：$D_{[i]}^a$ 和 $D_{[i]}^b$
7. 　　　　在数据集 $D_{[i]}^a$ 上评估损失：$l_a(\phi_{[i]}^{\text{init}})$
8. 　　　　更新一次 Embedding：$(\phi_{[i]}') = (\phi_{[i]}^{\text{init}}) - \alpha \dfrac{\partial l_a(\phi_{[i]}^{\text{init}})}{\partial (\phi_{[i]}^{\text{init}})}$
9. 　　　　在数据集 $D_{[i]}^b$ 上评估损失：$l_b(\phi_{[i]}')$
10. 　　　　计算统一的损失：$l_{\text{meta},i} = \alpha l_a(\phi_{[i]}^{\text{init}}) + (1-\alpha) l_b(\phi_{[i]}')$
11. 　　更新 Meta-Embedding 生成器的参数 $w$：$w \leftarrow w - b \displaystyle\sum_{i \in \{i_1, \cdots, i_n\}} \frac{\partial l_{\text{meta},i}}{\partial w}$

---

可以看到上面的算法和元学习流程很像，只要把 $l_a$ 前面的参数 $\alpha$ 设置为 0，就是标准的元学习过程。整个训练流程如图 8-28 所示。

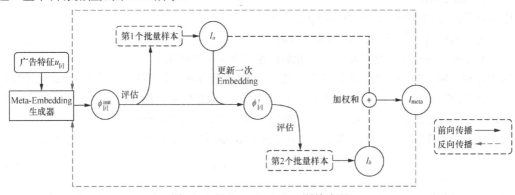

图 8-28　Meta-Embedding 训练流程

### 9. Meta-Embedding 模型结构

前面介绍了如何训练 Meta-Embedding，Meta-Embedding 模型结构如图 8-29 所示。

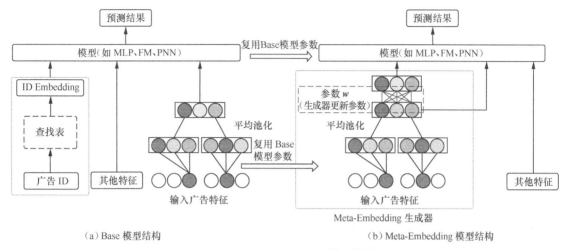

（a）Base 模型结构　　　　　　　　　　（b）Meta-Embedding 模型结构

图 8-29　Meta-Embedding 模型结构

训练 Meta-Embedding 生成器和训练 Base 模型的方法基本一样，区别在于训练 Meta-Embedding 时只更新生成器最后全连接的参数 $w$，其他部分全部复用 Base 模型参数。

为了验证模型的效果，中科院进行了详细的实验。开始先使用旧的广告 ID 训练 Base 模型，然后基于 Base 模型的共享参数训练 Meta-Embedding，Meta-Embedding 只更新生成器部分的参数 $w$。训练完成后，开始测试新广告上的效果。具体步骤如下所示。

（1）在旧的广告 ID 上训练 Base 模型。

（2）离线训练 Meta-Embedding。

（3）生成每个新广告的 Embedding（随机初始化或者 Meta-Embedding 初始化）。

（4）在测试集上测试新广告的冷启动效果。

（5）在 batch-a 上更新一次广告，然后在测试集上评估效果（评估热加载效果，测试集上都是见过的广告）。

（6）在 batch-b 上增量更新一次广告，然后在测试集上评估效果。

（7）在 batch-c 上继续增量更新一次广告，然后在测试集上评估效果。

图 8-30 展示了实验结果，反映了 AUC 的提升以及 logloss 的下降比例，对照组是基础模型的冷启动阶段。最后的实验结果显示冷启动阶段的提升最大，后面随着热加载训练次数的叠加，效果有所下降。

中科院所提出的 Embedding 冷启动方法的核心思想主要是基于 MAMAL 学习如何更好地初始化 Embedding，用以解决冷启动问题，同时加速热加载阶段的模型拟合，实验结果验证了方法的有效性。

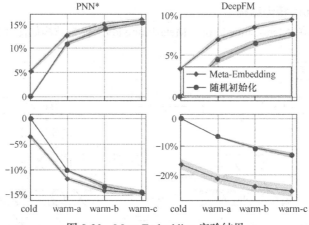

图 8-30　Meta-Embedding 实验结果

# 8.6　深度学习模型的特征选择

我们知道特征选择在机器学习中是非常重要的，冗余的特征不仅没有效果，还会影响模型的性能。由于机器学习模型简单，可以很快完成模型的训练，因此每验证一个特征，可以重新训练一次模型。但是深度学习模型就很难这样做，由于结构复杂，训练一次模型的计算开销太大、时间太久，因此为了快速进行特征选择，往往不会像机器学习模型那样，每次都重新训练模型。

那么深度学习模型有没有快速进行特征选择的方法呢？答案是有的，本节将介绍业界深度学习特征选择的常用方法，包括基于 L2 的特征选择以及基于 SE Block 的特征选择。接下来介绍实现细节。

## 8.6.1　基于 L2 的特征选择

基于 L2 的特征选择是深度学习中简单有效的方法。简单来说，就是模型完成训练后，计算每个特征 Embedding 权重的 L2 范数，然后按 L2 范数进行排序，得分越高的表明特征越重要。L2 范数有效的原因是特征权重反映了对模型的影响程度，参数值越大，对模型最终预测结果的影响就越大，因此就越重要。

在 360 图文推荐的具体实践中，我们曾根据 L2 范数计算特征权重，并把高权重的特征迁移到粗排模型中，最终取得了不错的效果。通过离线实验发现，L2 范数越大的特征，对模型 AUC 的贡献往往也越大。

## 8.6.2　基于 SE Block 的特征选择

SE Block 本来用于计算机视觉中，通过对特征通道间的相关性建模，对重要的特征通道进行强化来提升模型准确率。后来阿里巴巴将 SE Block 迁移到深度学习的特征选择，用 SE Block 得到特征重要性分数。

假设一共有 $M$ 个特征，$e_i$ 表示第 $i$ 个特征的 Embedding 向量，SE Block 把 $e_i$ 压缩成一个实数 $s_i$。具体来讲，先将 $M$ 个特征的 Embedding 拼接在一起，经过全连接层并用 sigmoid 函数激活以后，得到 $M$ 维的向量 $s$。

$$s = \text{sigmoid}\big(W[e_1, e_2, \cdots, e_M] + b\big) \tag{8-48}$$

这里向量 $s$ 的第 $i$ 维对应第 $i$ 个特征的重要性分数，然后将 $s_i$ 乘回到 $e_i$，得到新的加权后的特征向量用于后续计算。

图 8-31 所示为 SE Block 模型结构（见文前彩插），特征经过 Embedding 层之后，接着是 SE Block 模块，SE Block 的输出作为上层网络的输入，模型训练完成后，便可以得到对应特征的权重。

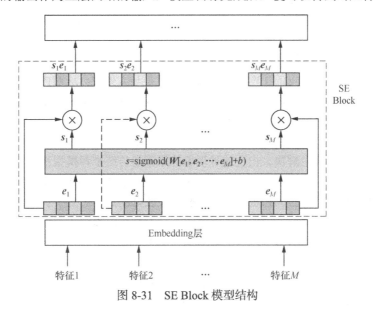

图 8-31　SE Block 模型结构

在得到特征的重要性分数之后，我们可以将所有特征中重要性最高的 Top-$K$ 个特征作为候选特征，并基于 AUC、QPS 和 RT 等离线指标，对效果和算力进行平衡，最终在满足 QPS 和 RT 要求的情况下，选择 AUC 最高的一组特征交叉作为模型最终使用的特征。后续的训练和线上打分都基于选择出来的特征交叉。通过这种方式可以灵活地进行特征筛选。

SE Block 在阿里巴巴的粗排中发挥了重要作用，选择 GAUC 最高的一组特征交叉作为粗排模型 COLD 的特征，上线后也取得了不错的效果。

在 360 图文推荐的实践中，使用 SE Block 进行特征选择，发现最终选出来的特征都是 multi-hot 的特征，而且这些 multi-hot 特征都采用求和池化的方式。为了平衡特征效果，我们对所有的 multi-hot 特征进行平均池化，使用 SE Block 进行特征选择，最终 Top-$K$ 不再都是 multi-hot，但是头部特征的 AUC 并不是最高的，SE Block 在不同场景还是有其局限性。

# 8.7　推荐系统的其他问题

本章前面部分介绍了推荐系统公平性、知识蒸馏、冷启动等各种前沿实践。本节将介绍推荐系统的其他问题，包括如何解决推荐系统长尾问题，如何平衡训练样本的不平衡问题，以及深度学习中的预训练方法。

## 8.7.1　基于 Look-alike 解决推荐系统长尾问题

长尾问题一直是推荐系统中的经典问题，但现今流行的 CTR 预估方法无法从根本上解决这个问题。为此，2019 年微信团队在 Look-alike 方法的基础上，针对微信看一看的应用场景设计了一套实时 Look-alike 框架，在解决长尾问题的同时也满足了资讯推荐的高实时性要求。

### 1．未缓解的马太效应

在内容的生态系统中，自然分发状态会造成一种现象，即头部 10% 的内容占据了系统 90% 的流量，剩下 90% 的内容集中在长尾的 10% 里，这种现象就是马太效应。这对内容的生产方、内容系统的生态和使用系统的用户来说，都是不健康的状态。出现这种现象是因为系统分发能力不够强，无法处理信息过载的现象，推荐系统设计的初衷就是解决马太效应的问题。

回顾推荐系统的发展，规则匹配→协同过滤→线性模型→深度学习模型这一发展历程，逐步缓解了马太效应，但并没有完全解决。出现这种现象的原因是传统推荐模型都对部分特征有依赖，没有把特征完全发掘出来，导致模型推荐结果是趋热的，生态系统内优质长尾内容的投放依然困难。这是因为推荐模型最终趋向于行为特征，或者后验结果较好的数据。对于优质长尾内容，如"小众兴趣"的音乐、电影，以及深度报道的新闻专题等，获得相应的曝光依旧困难，一直处于马太效应长尾 90% 的部分，这会影响推荐系统的生态，导致推荐系统的内容越来越窄。

### 2．为什么无法准确投放长尾

这个问题归根结底是对内容的建模不够完整。先来看推荐系统建模流程。首先得到原始样本，即业务下的训练数据，形式是三元组<userid, itemid, label>。原始样本中，一条样本可以完整地表示一个用户在某个时间点对一个物品产生的一次行为，把这个三元组当作信息的最完整形式。对于这个完整形式，直接建模很简单，如传统的 Item CF，或者协同过滤。协同过滤是初级方法，它直接拟合用户 ID、物品 ID、标签，因为可以完全利用原始样本的信息，拟合的准确性非常好。这种方法的弱点也很明显，对原始样本中没有包含的用户 ID 或者物品 ID，没有泛化推理能力，后续新曝光的用户和物品是无法处理的。我们要做的第二步就用于解决这个问题，对原始样本进行抽象。既然无法获取所有的用户 ID 和物品 ID，那就要对用户或者物品做一层抽象，如用户抽象成基础画像的年龄、性别或所处地域，物品抽象成语义特征的话题（topic）、类别属性（tag）等。对物品历史行为特征简单做统计，统计内容包括过去一段时间的 CTR、曝光量、曝光次数。最后基于泛化过的特征进行拟合，得到最终模型。

那么问题出在哪里？对原始特征进行抽象意味着发生了信息损失，这部分信息损失导致模型拟合时走向了比较"偏"的道路。举个简单的例子，两个物品有相同的主题、历史 CTR、历史曝光次数、点击次数，可以说这两个物品是相同的吗？显然有可能是不同的，使用统计特征无法完整表达这种可能性。有些物品被这组用户看过，有些物品被那组用户看过。尽管语义特征和行为特征都相同，但两组用户不同，物品的受众也不同。这里说的抽象的方式，是不完整的物品行为建模，也是对物品历史行为不完整的刻画，这就导致整个模型对物品后验数据十分依赖，也导致了推荐结果趋向于 CTR 表现好或者 PV 表现好的物品，最终后验结果表现好的数据又会更进一步被模型推荐且曝光，造成恶性循环。一方面，加剧了头部效应，使模型陷入局部最优。另一方面，整个推荐系统边界收窄，用户趋向于看之前表现好的数据，很少看到能拓宽推荐系统边界或者用户视野的长尾数据。

### 3. Look-alike 模型

前面解释了为什么无法准确投放长尾，根本原因在于模型无法对物品行为完整建模，这一步的信息损失太大。那么有什么方法可以解决这个问题呢？我们首先想到的方法是 Look-alike。

Look-alike 是广告领域的经典方案，这类模型的使用方法很简单，首先假设有一个候选集合的物品，我们要推荐这部分物品，怎么推荐呢？第一步，找到历史上已知的、广告主提供的对物品表达过兴趣的用户，这部分用户称为种子用户。第二步，使用用户相似度法，找到和种子用户相似度最高的目标人群，称为目标用户，把这部分物品直接推送给目标用户。这个方法在广告系统中是用来做定向投放的，效果很好。接下来我们看看 Look-alike 模型的整体思路。

找到相关的物品以及对它发生过历史行为的种子用户，直接将种子用户的特征作为模型的输入，这是正样本。此外，从全局用户中负采样一部分用户作为负样本。用历史行为的用户特征来学习物品的历史行为，相当于把不同用户看过的物品区分开，其实是对物品的历史行为特征的完整建模。之前提到，行为样本是信息量最大的样本，它们没有经过抽象，如果能完整地用受众用户的行为来计算物品的特征，可以说是最完整的物品历史特征的建模。

Look-alike 在广告领域的应用已经很完善，也有很多研究。可以把 Look-alike 相关的研究分成两个方向，第一种是基于相似度的 Look-alike。这种 Look-alike 比较简单，主要思路是把所有用户做用户 Embedding，并映射到低维的向量中，对向量做基于 k-means 或者局部敏感哈希的聚类，根据当前用户属于哪个聚类，把这个种子用户感兴趣的内容推给目标用户。这种方法的特点是性能强，因为比较简单，只需要找簇中心，或者向量相似度的计算。

第二种是基于回归的 Look-alike，包括 LR、树模型、深度学习方法，主要思路是直接对种子用户的特征建模。把种子用户当作模型的正样本，针对每个物品训练一个回归模型，进行二分类，得出种子用户的特征规律。这种方法的优点是准确性高，因为会针对每个物品建模。但这种方法的缺点也很明显，训练开销大，针对每个物品都要单独训练一个模型。这对广告来说可以接受，因为广告的候选集没有那么大，更新频率也没有那么高。但是对于微信看一看这样的推荐场景，会存在以下两个缺点。

（1）对内容时效性要求高，如推荐的新闻专题，必须在 5 分钟或 10 分钟内送达用户。

（2）候选集更新频率高，每天的候选集上千万，几乎每分每秒都有新的内容，如果内容无法进入推荐池，会影响推荐效果。

#### 4．微信看一看的核心需求

在微信看一看场景下，如果还用广告领域的经典的 Look-alike 是无法解决问题的。对每个候选集建模采用回归的方法，如每分钟都要对新加入的候选集建模，包括积累种子用户、做负采样、训练，模型收敛后离线预测目标用户的相似分值，这种方法在线上的时效性是不能接受的。对于基于相似度的 Look-alike，它的问题是计算过于简单。因此得出来的结论是传统的 Look-alike 不能直接应用到微信看一看推荐场景。

微信看一看有以下 3 个核心需求。

（1）实时。新物品分发不需要重新训练模型，而要能实时完成种子用户的扩展。

（2）高效。因为线上加到排序模型 CTR 的后面，所以要在保持模型核心指标 CTR 的前提下，再加强长尾内容分发，这样模型才有意义。要学习准确和多样的用户表达方式。

（3）快速。Look-alike 模型要部署到线上，实时预测种子用户和目标用户群体的相似度，要满足线上实时计算的耗时性能要求，也要精减模型预测的计算次数。

#### 5．RALM 的结构

基于以上 3 个核心需求，微信团队在 2019 年提出了一个新的方法，全称是"Real-time Attention Based Look-alike Model for Recommender System"，简称 RALM。

RALM 可总结为 user-to-user 模型。回想经典的 CTR 预估模型，是 user-to-item 的 pointwise 的处理流程建模。RALM 借鉴了 Look-alike 的思想，把物品替换成种子用户，用种子用户的用户特征代替物品的行为特征。模型从 user-to-item 模型，变成了 user-to-user 模型。

RALM 离线训练分为两个阶段，第一阶段是生成用户 Embedding，第二阶段是 Look-alike 学习。用户 Embedding 的生成方法有很多种，比如双塔结构，这里不再介绍，我们主要介绍 Look-alike 学习的模型结构。

图 8-32 所示为 RALM 中 Look-alike 模型结构。获取种子用户 Embedding 后，将其聚类成 $k$ 个簇，然后计算目标用户和每个簇的注意力值，按注意力值加和后得到新的 Embedding，最后计算新的 Embedding 和目标用户的相似度。

在图 8-32 中，右侧是目标用户 Embedding，经过全连接，左侧是种子用户 Embedding。两侧都经过 Embedding 之后，首先对种子用户的 Embedding 进行聚类，得到 $k$ 个聚类中心，把种子用户的向量根据 $k$ 个聚类中心进行聚合，得到 $k$ 个向量。在这 $k$ 个向量之上，一边做全局 Embedding，一边和目标用户做局部 Embedding。有了这两个 Embedding 后，通过加权和的方式，做 cos 运算，再拟合 user-to-item 的标签。

种子用户聚类的过程需要迭代，比较耗时。并非每个批量都更新聚类中心，而是采取迭代更新的方式，例如把 1000 个批量作为一轮，训练完 1000 个批量之后，这 1000 个批量更新聚类中心。到了第二轮训练，根据全连接参数的变化，再更新种子用户的聚类中心，每通过一轮训练就更新一次聚类中心，保证和核心参数的更新是同步的。这样既保证了训练的效率，也保证了训练的准确性。对于聚类的优化，使线上的计算次数减小到了 $k$，之前 $k$ 是万量级的，现在 $k$ 是百量级的，耗时也减少了很多。

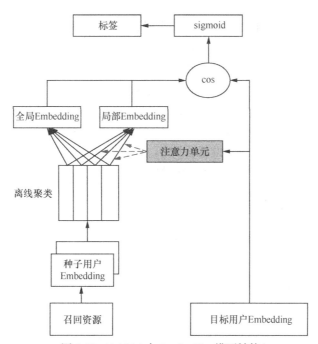

图 8-32 RALM 中 Look-alike 模型结构

了解了 RALM 结构之后，现在的关键是它在推荐系统中如何使用。微信团队主要使用两种方式。

（1）直接采用召回的方式，设置一个曝光阈值，用于直接确定是否曝光。

（2）把 RALM 输出的相似分值传到下游 CTR 模型作为参考。

除了以上两种方式，还可以直接把 RALM 作为粗排模型使用。总而言之，RALM 是一个高效、通用的模型结构，主要用于解决资源的长尾问题。

## 8.7.2 正负样本不平衡实践——Focal loss

在推荐系统的模型训练中，我们常常遇到正负样本不平衡的问题。模型的损失值虽然降低到很小的区间，但是对于正样本的误差很大，往往导致关键指标（如 AUC 指标很低）。例如，在图文推荐场景中，对于是否点击目标，正负样本的比例一般都小于 0.1；而对于是否关注目标，正负样本的比例更低，往往不到 0.01，甚至有些场景中不到万分之一。对于正负样本的比例不到万分之一的场景，使用交叉熵损失函数往往导致模型的预估值都在很小的范围内，模型更倾向于预估值接近于 0，导致关键指标 AUC 在 0.5 附近，没有区分能力。

为了解决模型训练中正负样本比例不平衡的问题，Facebook AI 团队的何恺明在 2018 年提出使用 Focal loss 替代交叉熵损失函数，使模型更加倾向于容易分错的样本。Focal loss 的定义如下。

$$L_{fl} = \begin{cases} -(1-\hat{y})^{\gamma} \log \hat{y}, & y=1 \\ -\hat{y}^{\gamma} \log(1-\hat{y}), & \text{其他} \end{cases} \tag{8-49}$$

根据公式（8-49），可以得知 Focal loss 为什么能够解决样本不平衡的问题。例如在负样本远比正样本多的情况下，模型肯定会倾向于数目多的负类。这时负类的值 $\hat{y}^\gamma$ 很小，而正类的值 $(1-\hat{y})^\gamma$ 就很大，模型就会开始更多关注正样本。

在 360 图文推荐场景中，关注目标的正负样本比例不到 1%，直接训练导致模型的 AUC 趋近于 0.5。改用 Focal loss 后，关注目标的 AUC 能提升到 0.7 左右，可以看出 Focal loss 对于正负样本不平衡的场景确实有很不错效果。但是 Focal loss 不一定适合所有情况，对于正负样本差异不大的情况，往往效果不明显。例如在 360 图文推荐场景中，对于 CTR 目标，由于采样后的正负样本比例大概是 0.2，这时采用 Focal loss 并不能提升模型的效果。

### 8.7.3　深度学习推荐系统的预训练实践

随着 BERT 的流行，预训练模型开始在推荐系统中大放异彩。前面我们介绍过使用辅助信息解决物品的冷启动问题，除了物品的类别、标签等属性可以作为辅助信息，在图文推荐场景中还可以使用文章的语义 Embedding 作为辅助信息，比如使用 BERT 生成的文章向量作为新文章的辅助信息。

预训练除了用于解决物品的冷启动，还可以用于加速模型的收敛，提升模型的效果。在 360 图文推荐场景中，我们使用 BERT + 微调（fine tuning）的方式优化模型的效果，即使用 BERT 训练用户的行为序列，生成文章的 Embedding，再将其作为主模型的初始化参数，加速主模型的收敛，最后离线验证 AUC 提升了 0.5% 左右，模型收敛速度有所增加。

## 8.8　小结

本章从不同的角度审视推荐系统，系统地梳理了工业界最新的前沿实践，从多个不同角度介绍大型互联网公司推荐系统的前沿实践，包括如何解决推荐系统的公平性问题、推荐系统中多场景融合方法、使用知识蒸馏解决模型效果和推荐效率的矛盾、基于规则和元学习优化推荐系统冷启动问题、使用 L2 和 SE Block 进行推荐系统特征选择、基于 Look-alike 解决推荐系统长尾问题、使用 Focal loss 解决样本不平衡问题、深度学习推荐系统的预训练实践等内容。

作为本书的最后一章，本章为读者介绍了推荐系统面临的常见问题，以及业界前沿的解决方法。当然，这些问题并不是推荐系统的全部，甚至可以说只是冰山一角，但是我们希望通过本章的内容，为读者打开通往推荐系统知识体系的一扇门，帮助加深读者对工业界推荐系统的了解。